教育部高等学校航空航天类专业教学指导委员会推荐教材

航空航天类专业应用型人才培养教材

U0158277

航空工艺装备技术

刘占军　邱福生　贺军　王朔　主编

北京航空航天大学出版社

内 容 简 介

本书是高等学校航空类专业规划教材,主要介绍航空工艺装备成型加工中常用设备的工作原理和工艺、设备的基本结构和技术参数、设备的选择和维护等。本书共分 16 章,分别为航空工艺装备技术概述、通用压力机、液压机、专用压力机、蒙皮拉型工艺装备、喷丸成型工艺装备、快速成型制造技术及设备、超塑成型/扩散连接技术工艺装备、塑性成型生产系统、注塑机、螺旋压力机、旋压工艺装备和其他成型设备、数控弯管设备、深孔加工设备和柔性自动化钻铆系统。

本书紧紧围绕专业选材,讲解透彻,图文并茂,内容新颖,为航空专业学生提供了大量实例,并收集了大量国内外最新研究成果和技术资料,即有广度,又有深度。

本书适用于航空、航天、汽车、飞行器制造工程专业以及相关机械专业本科课程教学,也可供高职高专相关专业师生及技术人员参考。

图书在版编目(CIP)数据

航空工艺装备技术 / 刘占军等主编. -- 北京 : 北京航空航天大学出版社,2023.1

ISBN 978 - 7 - 5124 - 4008 - 1

Ⅰ. ①航… Ⅱ. ①刘… Ⅲ. ①航空设备－工艺装备 Ⅳ. ①V241

中国国家版本馆 CIP 数据核字(2023)第 001900 号

航空工艺装备技术

主　编　刘占军　邱福生　贺军　王朔
策划编辑　周世婷　　责任编辑　周世婷

*

北京航空航天大学出版社出版发行

北京市海淀区学院路 37 号(邮编 100191)　http://www.buaapress.com.cn
发行部电话:(010)82317024　传真:(010)82328026
读者信箱:goodtextbook@126.com　邮购电话:(010)82316936
北京富资园科技发展有限公司印装　各地书店经销

*

开本:787×1 092　1/16　印张:20.75　字数:531 千字
2023 年 1 月第 1 版　2023 年 1 月第 1 次印刷　印数:1 000 册
ISBN 978 - 7 - 5124 - 4008 - 1　　定价:66.00 元

航空航天类专业应用型人才培养教材
编 委 会

前　言

　　航空工艺装备技术已成为现代工业生产的重要工艺手段，具有广阔的发展前景。近年来，以微电子和计算机为代表的高新技术与航空工艺装备技术的结合，更加体现了这种工艺方法生产效率高、制件质量好、节省材料和尺寸精度高及性能稳定等一系列特点。它在产品研制、试制、批量生产和大量生产的各个阶段都是不可缺少的，不仅影响企业产品更新换代的速度和市场反应能力，而且对保证产品质量的稳定性和降低生产成本都有重要影响，因此，在国民经济的各个工业部门得到广泛应用。

　　我国航空工艺装备技术的发展，经历了从无到有，从仿制到自行设计制造，从自我发展到中外联合，特别是改革开放以来得到很快地发展，无论是设备的种类和数量都基本上满足了国民经济各部门生产的需要，而且开始进入国际市场。"工欲善其事，必先利其器"，先进的加工设备是集机械、电子、光学、液压、气动、检测于一体的多功能、高精度、高自动化、高可靠性、低噪声的设备。随着我国经济实力的进一步提高和科学技术的发展，制造商将为航空工艺装备提供更多、更好的设备。

　　本书紧紧围绕专业选材，讲解透彻，图文并茂，内容新颖，为广大飞行器制造专业学生提供了大量实例，并收集了大量国内外最新研究成果和技术资料，即有广度，又有深度。

　　本书由沈阳航空航天大学刘占军、邱福生、贺军和王朔老师主编，刘占军负责审阅全书。

　　本书在编写过程中得到各兄弟院校、有关工厂和科研单位的大力支持和帮助，并提出许多宝贵意见，在此表示衷心感谢。

　　由于时间仓促，编者水平有限，书中错误和欠妥之处在所难免，敬请广大教师、读者批评指正。

编　者

2021 年 8 月

目　　录

第1章 概 述

1.1 航空工艺装备概述

1.1.1 航空工艺装备概念

航空工艺装备主要是指飞机工艺装备,包括通用机床装备、专用工艺装备、常用工具和试验设备。通用机床装备包括蒙皮拉形设备、喷丸成型设备、超塑成型设备、旋压成型设备、压力机、液压机及其他成型设备。专用工艺装备包括型架、夹具、模具、标准样件、量规等。图 1-1~图 1-3 所示分别为飞机型架,蒙皮拉形设备,压力机。

图 1-1 飞机型架

图 1-2 蒙皮拉形设备

图 1-3 压力机

国外某型飞机研制中,工艺装备的费用占总研制经费的 16%～19%。某型飞机工艺装备总数达 20 000 项,其中标准工装 600 项,装配工装 660 项,零件工装 17 000 项,拼装夹具 1 600 项,总造价几千万元人民币,仅工装的设计制造时间就长达几年。

国外另一型飞机全机采用工艺装备总数约达 61 000 项,比原飞机增加很多,其中标准工装约 600 项,生产用工装约 61 000 项。在生产用的工装中,零件工装约 50 000 项,装配工装约 800 项,试验设备(含地面设备)约 600 项。

国外还有一型飞机生产中,工艺装备繁多、数量巨大,总数高达 135 000 多项,仅工艺装备的设计制造周期就要占飞机研制周期的 1/3。

1.1.2　飞机工艺装备的作用

飞机工艺装备的作用主要是保证飞机制造的质量,提高劳动生产率,降低产品成本。飞机制造的质量是指飞机产品的几何参数准确度和物理参数准确度。飞机产品的几何参数准确度包括外形准确度和相对位置准确度。相对位置准确度又包括零件之间的相对位置准确度、工件与刀具之间的相对位置准确度、工件与机床之间的相对位置准确度和工件与量具之间的相对位置准确度;物理参数准确度是指产生、测量和控制物理参数准确度,包括温度、压力、电流、时间和光照等物理参数。

1.1.3　飞机工艺装备的分类

飞机工艺装备分为标准工艺装备和生产工艺装备。标准工艺装备指作为生产工艺装备的制造依据和统一标准,如用于安装型架的标准样件,制造成型模的标准模型(表面样件)等。生产工艺装备是直接用于飞机制造和装配的工艺装备,包括毛坯工艺装备、零件工艺装备、装配工艺装备、辅助工艺装备、检验工艺装备和精加工型架等。

毛坯工艺装备是指锻模、铸模等;零件工艺装备是指钣金成型设备,如蒙皮拉形设备、喷丸成型设备、超塑成型设备和旋压成型设备等;装配工艺装备是指铆接和焊接设备等;辅助工艺装备是指工作台、工作梯、起重运输设备等;检验工艺装备是指检验型架、零件检验夹具等;精加工型架是指部件精加工设备等。

工装选择具体要考虑如下主要因素:产品结构的特点,生产性质和产量,互换协调的要求,工厂的技术条件和发展水平。

1.2　航空标准工艺装备

1.2.1　标准工艺装备的定义和分类

1. 标准工艺装备的定义

标准工艺装备是以 1:1 的真实尺寸体现产品某些部位几何形状和尺寸的刚性实体,是制造、检验和协调生产用工艺装备的模拟量标准,也是保证生产用工装之间和产品部件、组件之间尺寸和形状协调与互换的重要依据。

2. 标准工艺装备的功用

标准工艺装备作为标准尺度,用于制造、协调、检验、复制其他方法制造不能达到协调准确度要求的有关工艺装备。标准工艺装备中的标准量规和标准平板有时还用于协调综合标准样件上各对接接头或孔系的相对位置,以达到机体部件、组合件、零件和附件的协调、互换性要求。标准工艺装备必须具有足够的刚度以保持其尺寸和形状的稳定性,同时应具有比生产用工艺装备更高的准确度。

用标准工艺装备模拟量传递的协调方法和用数字量传递的协调方法,虽然在不同的技术发展阶段有所侧重,但都是飞机制造工艺中保证协调互换的重要方法和手段。

3. 标准工艺装备的分类

标准工艺装备分为标准量规、标准平板、综合标准样件(安装标准样件)、表面标准样件、反标准样件、对合协调台。

(1)标准量规

标准量规也叫作对接接头标准样件,为制造与协调成组叉耳接头对接的协调依据。标准量规一类是用于协调制造标准工装和作为厂际互换协调的原始依据,具有较强的刚性,一般不直接用于协调制造生产用工艺装备;另一类是直接用来协调制造生产用工艺装备的标准量规。

对于部件、段件间的叉耳式的交点连接,常用成对的正反量规来保证工艺装备交点的协调,并用以安装对应的标准样件上的交点。通常利用型架装配机或光学仪器安装原始量规。

标准量规一般由骨架、接头和支承元件组成,常带有与有关标准工艺装备协调一致的标高系统或定位系统;当采用光学工具法时,标准量规必须带有基准定位叉耳、目标孔和工具球等测量定位基准元件;为了协调的需要,标准量规上可带有局部外形;需要时标准量规可组合使用。图1-4所示是标准量规具体应用实例——机身尾翼对接量规。

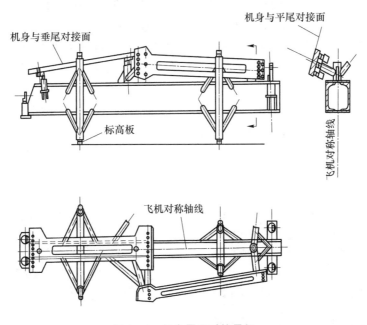

图1-4 机身尾翼对接量规

(2)标准平板

标准平板(也叫作平面多孔对接标准样件)是平面多孔对接分离面上,保证端面对接孔协调的原始依据。用于协调标准工装的标准样件称标准平板(或模板),一般不直接用于安装型架定位件,仅作为协调标准工装的原始依据;只供安装型架定位件用的标准样件称为结合平板(模板)。

部件、段件间的结合部位用多个螺栓连接时采用标准平板,以保证相应工艺装备对应螺栓孔和销钉孔的协调一致。标准平板的孔在精密坐标镗床或数控机床上加工,以保证准确度。当标准平板带有切面外形时,其外形按模线样板加工。

标准平板结构特点:具有对接端面的全部孔,其孔径常为产品孔的最后尺寸;用于协调标准样件的标准平板,可以制出外形,也可以不带外形;标准平板上必须有使用位置的明确标志,例如"顺(逆)向""上""下""左""右",以及"用于××轴线面"等标记;对于以凸缘衬套端面为平面基准的标准平板,应在其中选定位置均匀分布的 3 个孔作为基准点,将由此 3 孔端面所组成的平面作为标准平板测量和使用基准平面,以保持其基准的稳定性。

(3)综合标准样件(也称安装标准样件)

综合标准样件(也称安装标准样件)是制造与协调曲面外形与对接接头的依据。样件具有真实的、精确的切面外形和接头,用它来制造、检查、协调型架。

综合标准样件分为整体标准样件、局部标准样件和零件标准样件,包括能组成全机标准样件的部件标准样件、段件标准样件、组合件标准样件以及零件标准样件。部件、段件、组合件样件常设计成分解式的结构,便于使用。

① 整体标准样件　整体标准样件具有产品部件、组合件的较完整的外形和交点接头,具有完整的标高定位系统,具有完整的测量基准元件,具有产品主要的结构轴线(面)、重要的零件外形线、重要螺栓孔和其他孔的位置。图 1-5 所示是整体标准样件。

② 局部标准样件　局部标准样件的结构特点可以制成局部切面外形,也可以制成全型面外形;其一般带有交点接头和对接孔及完整的标高定位系统;

③ 零件标准样件　零件标准样件是制造与协调复杂机械加工零件和焊接零件的协调依据。结构形式一般与产品零件近似,为了提高零件标准样件的刚性,在非协调工作面处,可适当增加厚度。

平面型零件标准件(如翼肋样件)一般用 LY12 铝板制造。对于形状比较复杂、结构刚性差和重要的接头样件,一般采用钢件制造,有 1 个基准平面和至少 2 个定位孔(工艺孔)作为样件定位基准。图 1-6～图 1-11 所示分别为零件标准样件,水平安定面样件,机翼翼尖样件,机翼样件,减速板样件,座舱盖样件。

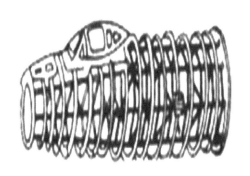

图 1-5　整体标准样件

图 1-6　零件标准样件

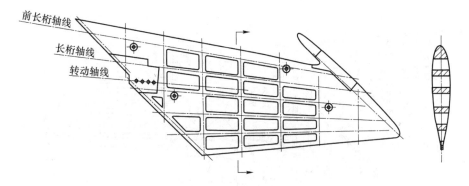

图 1-7　水平安定面样件

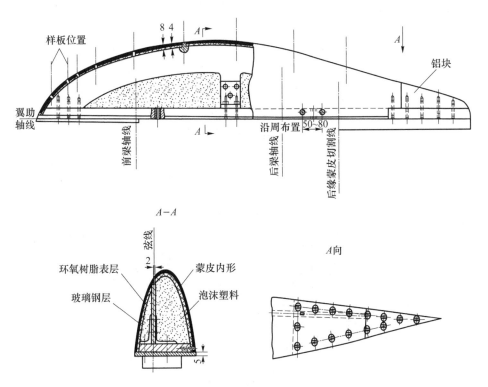

图 1-8　机翼翼尖样件

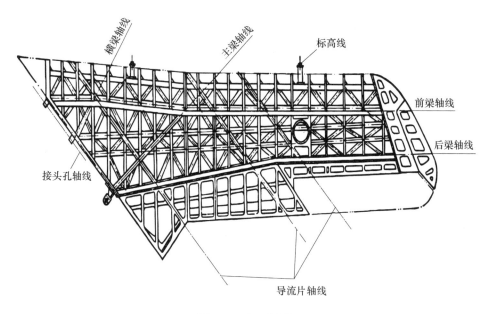

图 1-9　机翼样件

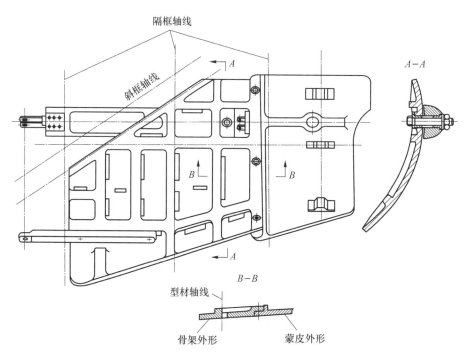

图 1-10　减速板样件

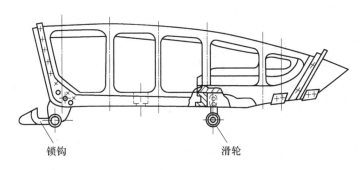

锁钩　　　　　　　滑轮

图 1-11　座舱盖样件

（4）表面标准样件

表面标准样件（也称外形标准样件）是制造与协调机体外形的依据。表面标准样件是协调复杂曲面外形钣金零件的标准工艺装备，有时也用来协调装配型架的外形定位件。具有部件、段件外形不带交点接头的实体，用以塑造、协调蒙皮拉形模具和各有关模具，也可制取样板，或制成局部的表面样件，用以安装型架定位器。图 1-12 是表面标准样件协调过程图。

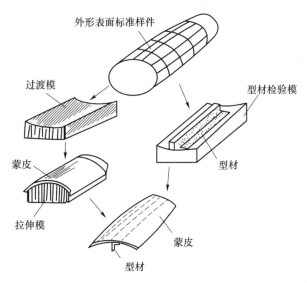

外形表面标准样件

过渡模　　　　　　　型材检验模

蒙皮　　　　　　　型材

拉伸模　　　　　　蒙皮

型材

图 1-12　表面标准样件协调过程图

表面标准样件结构特点：表面样件有完整的表面外形，其表面刻有产品结构轴线、零件结构线和边缘线，并标记出各种刻线的名称或产品图号；根据不同用途和外形复杂情况，表面标准样件可采用正的或反的外形表面；为方便成型模具的制造和移形，常将表面标准样件制成蒙皮内形。图 1-13 所示为木质机身表面样件，图 1-14 所示为发动机罩过渡段样件。

（5）反标准样件

反标准样件一般都具有与标准样件相对应的外形和接头定位件，以及定位样件的标高板或定位孔；应避免标准样件在反标准样件中的强迫对合，除必需的基准面和接头外，其他外形和接头定位件都应留有 3～5 mm 的等距间隙；还应具有足够的结构刚度。

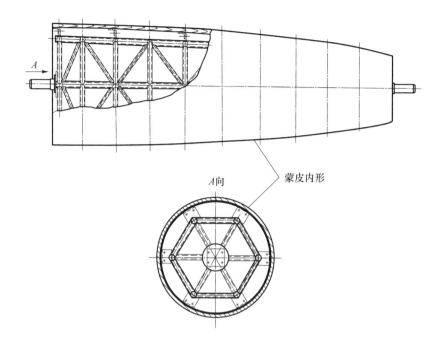

图 1-13　木质机身表面样件

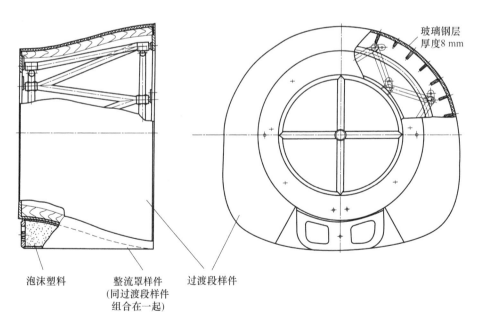

图 1-14　发动机罩过渡段样件

反标准样件的功能特点：用以协调安装标准样件和表面标准样件，协调和检查部件、段件、组合件标准样件。反标准样件的结构形式类似于型架，飞机座舱座椅部分的反标准样件常设计成对合台。为了减少标准工艺装备数量，有时可用型架或样板来代替。图 1-15 所示为平台式机翼反样件,图 1-16 所示为油箱反样件(用于油箱样件检修)。

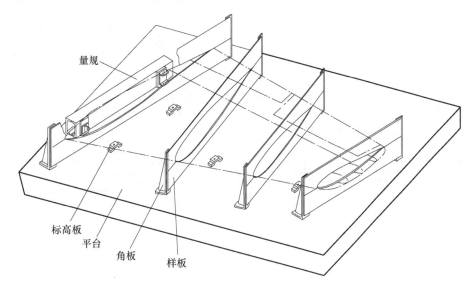

量规

标高板
平台
角板
样板

图 1-15　平台式机翼反样件

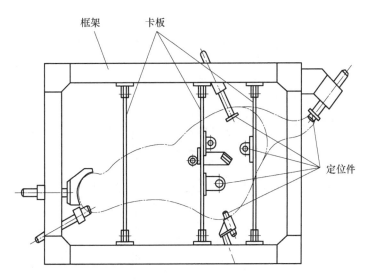

框架　　卡板

定位件

图 1-16　油箱反样件

(6) 对合协调台

对合协调台为参加对合的标准工艺装备提供定位基准,用于协调成组量规和局部标准样件,有时也可用来协调装配型架的定位件。对合协调台具有供参加对合的所有标准工艺装备或基准标准工艺装备定位用的定位基准,以控制参与对合协调的标准工艺装备的位置正确。

图 1-17 所示为对合协调台,图 1-18 所示为发动机罩对合协调台。

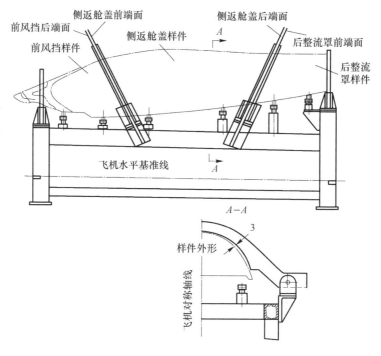

图 1-17 对合协调台

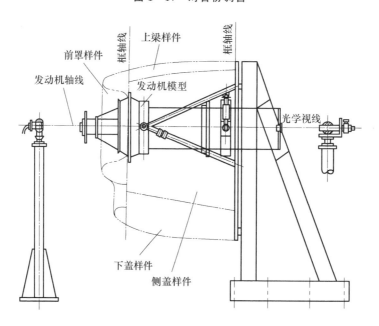

图 1-18 发动机罩对合协调台

1.2.2 标准工艺装备结构元件

1. 接头零件

接头零件包括叉耳接头和其他接头,叉耳接头又包括叉耳配合和叉耳接头孔。图 1-19

所示为留有间隙的叉耳接头。叉耳接头结构分为整体式和焊接式。整体式结构适用于大尺寸零件,整体锻造;小尺寸零件用棒料或板材直接加工。

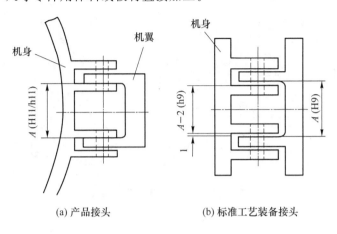

(a) 产品接头　　　　　　　　(b) 标准工艺装备接头

图 1 - 19　留有间隙的叉耳接头

2. 外形零件

外形零件取光滑的飞机气动理论蒙皮外形或内形,分为切面外形板、整流罩外形件和薄边缘部位外形件。图 1 - 20 所示为蒙皮外形与样件外形关系,图 1 - 21 所示为曲线板与骨架的连接。

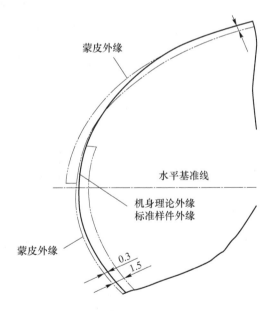

图 1 - 20　蒙皮外形与样件外形关系

3. 测量元件

测量元件包括测量基准件和水平测量点,测量基准件包括基准块、基准孔、工具球、基准单孔耳子和刻线。飞机部件外形上的水平测量点是飞机外形几何参数的测量基准点,图 1 - 22 所示为测量基准件。

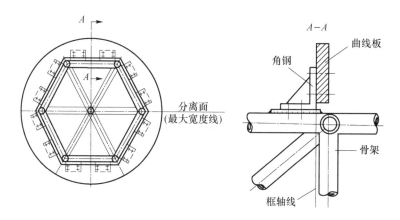

图 1－21　曲线板与骨架的连接

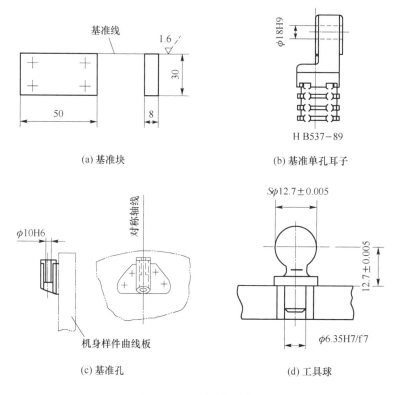

图 1－22　测量基准件

4. 标高元件

在基准面(数量尽可能少,但不少于三个)刚度允许的条件下,标高板之间的距离应尽可能大一些。图 1－23 为标高板标注示意图。

5. 骨　架

骨架应有足够的刚度,以保证标准工艺装备外形和尺寸的稳定性,骨架结构应使其他元件在骨架上的连接可靠,应使标准工装有较好的制造工艺性和使用性。在骨架的冷热加工制造过程中,应有消除内应力的措施,确保骨架和标准工艺装备的稳定性。图 1－24 所示为整体铸铝式骨架,图 1-25 所示为薄壁盒式骨架。

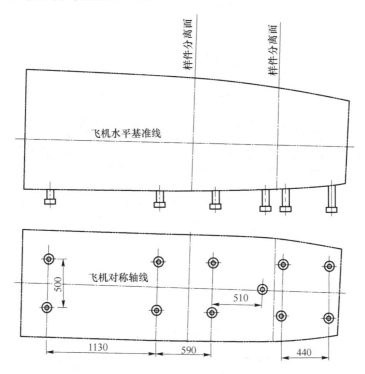

图 1-23 标高板标注示意图

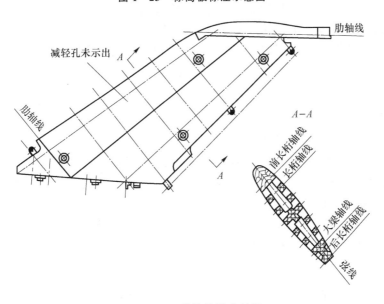

图 1-24 整体铸铝式骨架

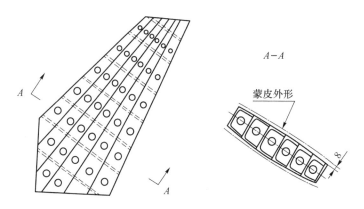

图 1-25 薄壁盒式骨架

1.2.3 标准工艺装备的结构设计

标准工艺装备的结构设计最主要是设计要求,设计要求包括设计基准、刚度和尺寸稳定性。

1. 设计基准

标准工艺装备的设计基准应力求同产品的设计基准相一致,只有有利于工艺操作时,才可采用不同于产品设计基准的转换基准。相邻部件、组合件的标准工艺装备,其设计基准应尽量一致。设计基准、工艺基准和检验基准应尽量一致。

设计基准包括设计基准、制造基准、使用基准和检验基准。标准样件的设计基准普遍采用飞机的设计基准。除了基本坐系之外,还有辅助坐标系。

为了使标准样件的使用方便,在标准样件上安装标高板、基准块(或基准面),刻有基准线,或打上基准点。标高系统是标准样件的使用基准,也是制造基准。基准块和基准平面是检验基准。

2. 刚 度

应根据产品结构尺寸、形状的特点,合理选择主体骨架结构。并应注意局部刚度的加强,特别是重要交点接头、连接部位以及标准样件分离面对接部位等。对于机翼大梁类标准样件,若采用整体刚性结构,则会过于笨重而影响使用,因此可采用"分段"组合结构。就其整体来说属于柔性结构,使用时可用光学测量方法进行调整。

由于产品结构尺寸、形状的限制,当标准工艺装备的刚性难以保证时,可通过加强架和标高架以及增加标高支点数量等方法来增强标准工艺装备的刚度。

3. 尺寸稳定性

焊接构架和铸锻件在进行精加工和安装其他元件之前,必须进行时效处理,以消除结构内应力。为克服温度对标准工艺装备尺寸稳定性的影响,应尽可能采用线膨胀系数相近的材料,并合理布置结构,还应对大部件标准工艺装备进行对合检查并规定使用时的温度。

标准样件的具体结构设计对象包括:基准设计、骨架设计、外形设计、对合接头设计和结构本身的设计。

1.2.4　标准工艺装备的协调方法

标准工艺装备制造过程中的协调方法是标准工艺装备设计过程中须具体设计的一个重要内容,涉及标准工艺装备的结构方案、设计基准以及整个制造方法。

协调方法包括:直接协调、间接协调和加入尺寸控制环节。

1. 直接协调法

直接协调法是有协调关系的两个标准工装之间通过直接移制进行协调的方法。直接协调又包括型面的移制、对合交点的协调、孔型的移制、成套标准工艺装备的协调。图 1-26 所示为有协调关系的两个标准工装。

图 1-27 所示为机身对接面标准平板上长桁接头(通用)孔按钻模移制的定位,平板上的钻模定位孔按样板或尺寸镗制,钻模直接用来协调接头零件的钻孔夹具。

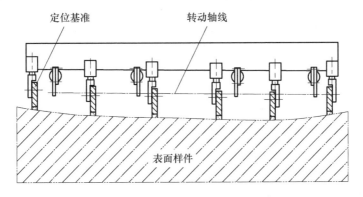

图 1-26　有协调关系的两个标准工装

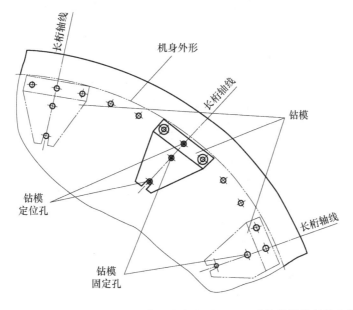

图 1-27　机身对接面标准平板上长桁接头(通用)孔按钻模移制的定位

图 1-28 所示为发动机舱上的一组舱门铰链量规的协调过程,量规 A 按尺寸制造并以发

动机舱装配型架上的定位件外形定位,而量规 B 则以此进行协调制造。

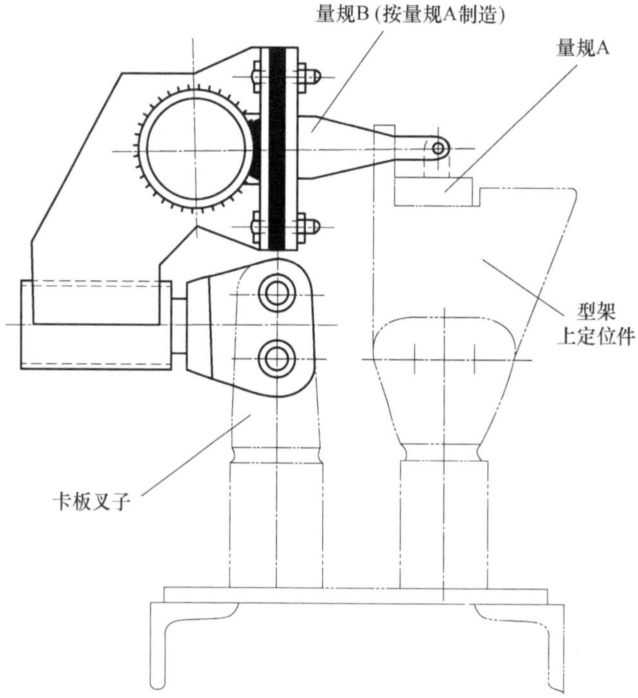

图 1-28　发动机舱上的一组舱门铰链量规的协调

2. 间接协调法

两个标准工装之间不以直接对合的方式达到协调,而是借助一个过渡工艺装备的移制手段来达到协调的方法称为间接协调法。两相邻的标准工装因结构原因不能直接进行对合协调时,则采取过渡协调方法。间接协调法包括相同部件的移制和相邻部件的移制,图 1-29 所示为相同部件的移制。进气道样件的前部须与下盖样件的前端在对合台上进行协调,但由于结构封闭而不便操作,所以只能采取过渡方法进行协调。图 1-30 所示为进气道样件的前部同下盖样件的对合关系,图 1-31 所示为相邻部件的移制。

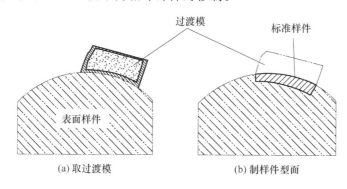

(a) 取过渡模　　　　　　　　　(b) 制样件型面

图 1-29　相同部件的移制

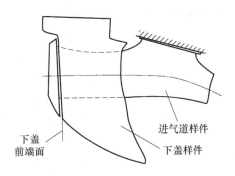

图 1 - 30　进气道样件的前部同下盖样件的对合关系

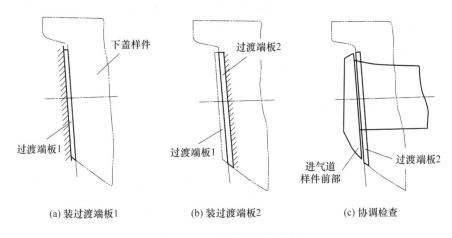

(a) 装过渡端板1　　　　(b) 装过渡端板2　　　　(c) 协调检查

图 1 - 31　相邻部件的移制

3. 加入尺寸控制环节

在协调链中,某些环节会采取尺寸控制方法,例如采用机械坐标设备安装方法和光学工具测量方法等,一般包括如下几个方法:

① 等距型面移制　标准工装型面与移制依据型面之间存在一个等距时,其等距尺寸按公差控制。

② 按尺寸控制更换件　同一标准工装上的同一部位放置的不同功用的(有协调关系)两个元件,因结构上的干涉而采取分别放置的方法。

③ 转换几何要素表达　指将型面用其他易于测量或加工的几何要素来点的方式表达,一般用孔来表达。

④ 局部型面数控加工　相邻两个标准件,若其中一个采用数控加工方法加工,另一个采用样板钳工加工,这样是会引起协调误差的。可将另一个样件在分离面处的截面也采用数控加工方法。

4. 典型协调方法

对于飞机部件分离面处的结合接头、导管、钢索引出端头等,为保证其协调与互换准确,应选择标准量规或结合平板。除机身机翼结合接头标准量规外,对于有些左右对称结构件,只选择一件。例如,水平尾翼(上、下翼面对称)交点量规只制作一件,左右共用。

一般应按产品设计分离面分别选择部件标准样件,如前机身、后机身、机翼、尾翼、舱盖等。

但是,除了按产品设计分离面分解成若干个标准样件外,还必须根据工艺分离面的划分程度,在确保标准样件刚度和精度的前提下,增加若干个样件的设计分离面,以缩短制造周期和便于使用。

对于形状复杂的主要受力构件,如机翼的主梁、前梁、整体油箱的骨架零件等,已有的结构补偿难以保证分别加工的协调性。当装配尺寸采用补充加工又不经济时,可以采用零件标准样件。这些零件标准样件须选用一套反标准样件来进行配套协调,也可以利用夹具或型件代替。

对于装配协调性要求高的钣金零件,如座舱盖、风挡、机尾罩、机头罩、W 形梁等,应通过标准样件取反模型或反样件来进行协调。

对于曲度不大、刚性较差的钣金零件,通过样板即能控制容差达到协调,一般不选择标准样件。对于形状尺寸及配合位置需要经过试装才能确定的钣金零件,可不选择标准工艺装备,而以标准实样代替样件。

对于直线尺寸的配合,凡用测量工具通过控制尺寸容差即能保证协调精度的零件,一般不选择标准工艺装备。

虽属于配合面,但工艺装备不多,且选择标准工艺装备又不经济时,可以通过工艺装备直接对合。

应用计算机辅助设计制造技术时,可直接传递数字量,即通过数控加工,将飞机形状和尺寸直接传递到零件上,靠零件自身形状和尺寸的准确度来保证最后装配的组件或部件符合设计要求。因此,标准工艺装备的数量明显减少。如波音飞机,其标准工艺装备仅保留少数量规和标准平板,它的 48 段和 81 段,即机身后段以及水平尾翼和垂直尾翼的标准工艺装备,由原来的 32 件减少到 5 件,生产工艺装备由 30 件减少到 26 件。

图 1-32 所示为某机翼副翼悬挂支臂交点量规协调过程实例。铰链间距量规用以控制副翼铰链轴线的直线性和间距要求,是保证厂际互换的标准量规;副翼悬挂支臂交点量规为组合式量规,其上支臂样件为悬挂支臂机械加工夹具的协调依据;两端支臂样件上的铰链孔预先镗制(以同后梁腹板接合面和孔为基准)出,供铰链间距量规定位用;中间支臂的铰链孔按铰链间距量规浇铸;各支臂同腹板样件结合孔的孔位按腹板样件协调。

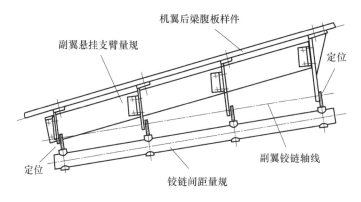

图 1-32 某机翼副翼悬挂支臂交点量规协调过程实例

1.3 装配工艺装备

1.3.1 装配工艺装备概念

装配工艺装备(简称装配工装),指在完成产品从组件到部件装配以及总装配过程中,用以控制其几何参数所用的具有定位功能的专用装备。

1.3.2 装配工艺装备分类

装配工艺装备按用途或工作性质可分为装配型架、对合型架、精加工型架、检验型架等;按装配对象(工件)的连接方法可分为铆接装配型架、胶接装配型架、焊接装配型架;按工序可分为组合件装配型架、板件装配型架、部件装配型架。

装配型架又称为装配夹具,一般尺寸较大的称为装配型架,尺寸较小的称为装配夹具。

1.3.3 装配工艺装备的结构

装配工艺装备的结构包括骨架、定位件、压紧件和辅助设备。骨架是型架基体,固定支撑定位件、夹紧件等,保持各元件空间位置的准确度和稳定性。定位件和压紧件是型架的主要工作元件,定位件保证工件在装配过程中具有准确的位置,压紧件配合定位元件完成定位功能。辅助设备包括:工作踏板、工作梯、托架、工作台、起重吊挂、地面运输车、照明、压缩空气等。图1-33所示为机翼总装配型架。

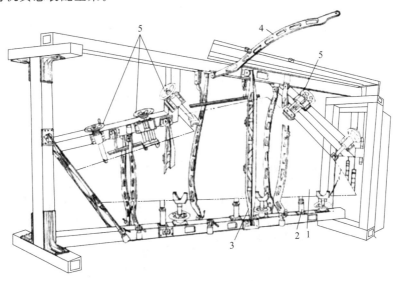

1—标准样件;2—前缘标高板;3—转接标高梁;4—卡板;5—接头定位器

图 1-33 机翼总装配型架

1. 骨架的结构

骨架是型架、夹具的基础构件,是根据元件的布局、功能(如产品的上、下架等)需要和制造工艺的要求进行设计的,其结构布局必须考虑合理的力的传递。

（1）框架式结构

框架式结构主要用于隔框、翼肋、大梁等平面形状的组合件、板件,如小型立体组合件(翼尖、舱门、小尺寸尾翼)。框架的放置方式:竖放、转动式、平放。图1-34所示为四点支撑的框架式型架。

（2）组合式结构

组合式骨架一般由底座、立柱、支臂、梁等标准化元件组成。组合式骨架的主要特点是规格化、标准化程度高,类似于积木式结构,当机型改变时,元件大多可重复使用。组合式骨架一般用于打混凝土地基,用地脚螺钉将重量不大的型架直接固定在地基上。图1-35所示为组合式结构。

图 1-34　四点支撑的框架式型架

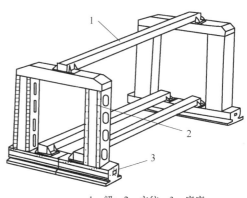

1—梁；2—立往；3—底座

图 1-35　组合式结构

（3）分散式骨架

分散式型架不设整体骨架,各个定位夹紧件固定在分散的金属骨架上。分散的骨架依靠车间地基把它们连成一个整体。图1-36所示为前机身总装型架。

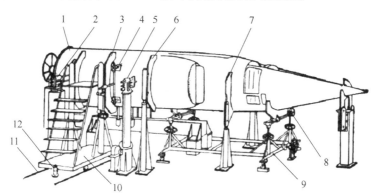

1—型架平板；2、5—接头定位器；3、4—架车上的卡板和接头定位器；
6、7—卡板；8—横向调整手轮；9、10—架车；11—导轨；12—架车定位摘销

图 1-36　前机身总装型架

分散式骨架的优点是取消了整体骨架,大大节省了材料,与组合式型架相比,可节省50%

的金属,型架结构大大简化,比较开敞,有利于架内装配工作的进行。分散式结构主要适用于大尺寸的装配型架,尤其是比较复杂的机身总装型架。分散式骨架的缺点是要求车间地基比较稳固,地基的不均匀下沉对型架准确度影响极大。

(4) 整体底座式结构(多支点可调支承)

型架的骨架中有一个整体的底座,底座用多支点可调支承支撑在车间地面上,型架的其他骨架及所有的定位夹紧元件都固定在底座上。

整体底座式结构的优点是可消除地基变动的影响,型架是浮动的,搬移比较方便;缺点是耗费金属多,一台大型部件装配型架需要几十吨金属。底座可由几块标准块体直接拼接而成。图 1-37 所示为整体底座式结构。

L-1011"三星"是美国洛克希德公司为了满足 20 世纪 70 年代中短程民航机市场的需要研制的三发宽机身客机。1966 年开始设计,1970 年 3 月第一架原型机开始制造,1970 年 9 月原型机出厂,同年 11 月 26 日首次试飞,1972 年获美国联邦航空局型号合格证,1972 年 4 月 26 日交付使用。L-1011 虽局部采用了主动控制等先进技术,但该技术使成本上升,加之 20 世纪 70 年代后期世界民航处于萧条时期,又由于 L-1011 是与波音 747 和 DC-10 同一量级的宽机身客机,并起步晚于它们,所以无法同波音 747 和 DC-10 竞争。L-1011 在生产了 250 架后,于 1983 年 8 月 19 日关闭了生产线,L-1011 整个项目亏损严重。客舱可根据不同需要,每排可安排 6 座、8 座和 9 座,载客量 260~300 人。图 1-38 所示为 L-1011"三星"机翼总装型架。

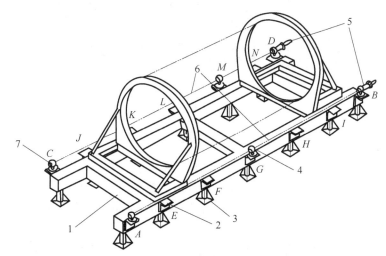

1—底座;2—角铁;3—可调支承;4—光学站;5—准直望远镜;6—基准视线; —基准光学站

图 1-37　整体底座式结构

图 1-39 为客机机翼总装型架的示意图,它的底座由多块尺寸为 2 m×4 m 或 1.5 m×2 m 的铸铝平台拼成,铸件壁厚约为 30 mm,内有方格形筋条。平台表面经过刨平,在组合好的平台表面上可直接装置光学站,以便定期检查其平面度。

2. 型架的定位件及夹紧件

使用装配型架时,需要保证所定位的工件处于正确、可靠的位置,把它们夹紧在这个位置上,是定位件、夹紧件必须完成的任务。定位是指工件被夹紧后所占有的位置,所以,定位与夹

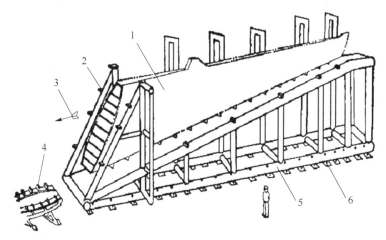

1—机翼；2—型架平板固定接头；3—机翼出架方向；4—已下架的型架平板；5—底座；6—可调支承

图 1 - 38   L - 1011"三星"机翼总装型架

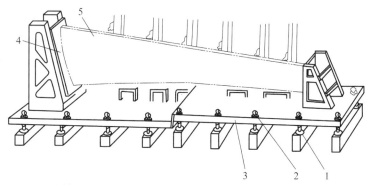

1—可调支承；2—光学站；3—铸铝平台；4—型架平板；5—机翼

图 1 - 39   平台式底座的机翼总装型架

紧虽然作用不同,但它们是密切相关的,因此在结构上常常合为一体,称为定位夹紧件。

定位夹紧件又分为型材零件的定位夹紧件和外形定位件及夹紧件。

型材零件的定位夹紧件适用于带有弯边的隔框、翼肋、梁的钣金零件及它们的型材缘条、直线和曲线形状的长桁等零件。

外形定位件及夹紧件用来确定飞机部件的气动力外形,一般分为 3 类:卡板、内型板和包络式定位面板(或称包络面)。位于部件下方,起支承作用的卡板一般称为托板。图 1 - 40 所示为卡板、托板及内型板。

（1）卡   板

卡板由卡板本体和卡板端头组成。卡板的上、下端头一般用轴销固定在叉形接头(叉子)上,而叉子又用快干水泥固定在型架骨架的杯座中,卡板可绕上面或下面的轴销转动。有些不长的卡板,采取悬壁式固定,称为半卡板,其悬臂长度一般为其固定长度 l_1 的 $1 \sim 1.5$ 倍,即 $l_2 = (1 \sim 1.5) l_1$,最大不超过 2.5 倍,否则刚度较差,定位误差变大。图 1 - 41 所示为卡板。

（2）卡板的工作外形及位置的确定

卡板的工作表面可以是飞机的蒙皮外形,也可以是骨架外形(蒙皮内形)。在一些以骨架

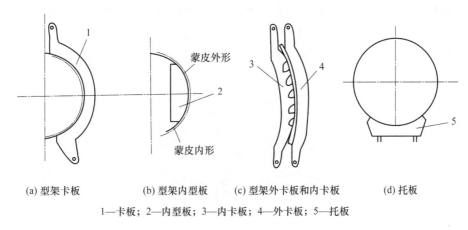

(a) 型架卡板   (b) 型架内型板   (c) 型架外卡板和内卡板   (d) 托板

1—卡板；2—内型板；3—内卡板；4—外卡板；5—托板

图 1-40　卡板、托板及内型板

为基准的装配型架上,有时要求卡板既能定位骨架外形,又能在装配蒙皮时起夹紧蒙皮的作用,从而又要求卡板带蒙皮外形。为兼顾这两方面,卡板的工作表面加工成蒙皮外形,而在卡板表面上分布一些局部的活动垫板。图 1-42 所示为卡板位置的确定。

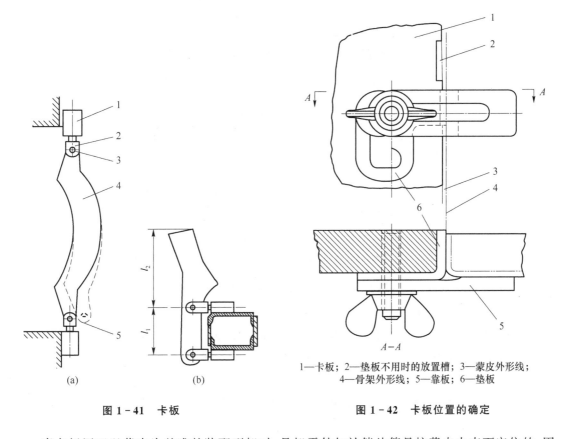

1—卡板；2—垫板不用时的放置槽；3—蒙皮外形线；
4—骨架外形线；5—靠板；6—垫板

图 1-41　卡板　　　　　　　　**图 1-42　卡板位置的确定**

当卡板用于以蒙皮为基准的装配型架时,骨架零件如补偿片等是按蒙皮内表面定位的,因此,只要求卡板能确定蒙皮的外表面,紧靠住卡板工作面即可。

蒙皮的夹紧方式有以下几种:当使用内外卡板时,用内卡板上的橡皮垫或螺旋式夹紧件夹紧。当不用内卡板时,可在卡板侧面装上角片,用工艺螺栓把蒙皮夹紧。螺栓是通过蒙皮与桁条的一个铆钉孔拉紧的,此孔暂不铆上铆钉,用临时装上的螺旋式夹紧件(顶杆)夹紧。图1-43所示为带蒙皮夹紧装置的卡板,图1-44所示为用螺旋式顶杆从内部顶紧蒙皮。

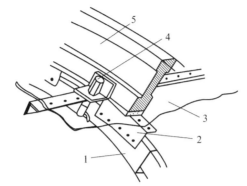

1—机身隔框;2—补偿片;3—蒙皮;4—工艺螺栓;5—卡板

图1-43 带蒙皮夹紧装置的卡板

正面 2　　3 背面

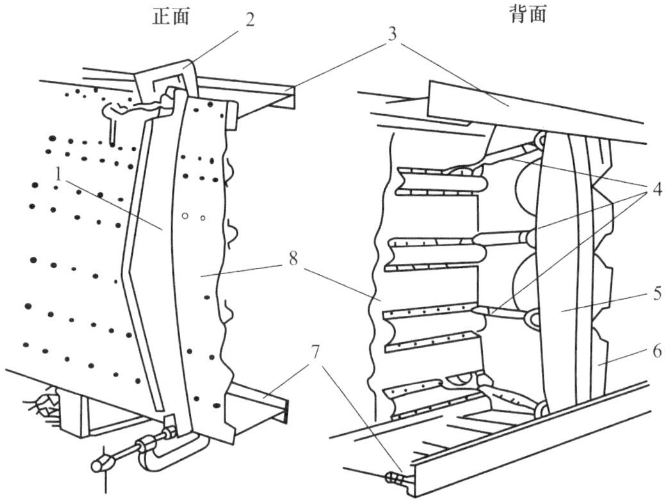

1—卡板;2—弓形夹;3—机翼前梁;4—松紧螺套;5—木柱;6—翼肋;7—机翼后梁;8—板件蒙皮

图1-44 用螺旋式顶杆从内部顶紧蒙皮

（3）卡板本体的结构

卡板本体材料多为二次铸铝,即回收的废铝,重量轻,加工容易,刚度也好,又与被定位的工件材料相同,比较经济。卡板的剖面形状有长方形、工字形、Ⅱ字形等,可根据卡板尺寸大小、刚度及重量来选择。卡板的厚度一般等于或大于骨架零件的弯边高度,卡板的高度主要取决于卡板长度。一般小尺寸卡板高度 $a=80\sim100$ mm;约1 m长的卡板, $a\approx150$ mm;大尺寸卡板的 a 可达250 mm。

（4）卡板端头

卡板端头可以由本体材料直接延伸出来,为了增加卡板端头的耐磨性,在固定孔中压入卡板端头或用快干水泥固定钢衬套。对于大尺寸卡板,为了加强端头,采用了附加的钢端头,并用螺栓及销钉固定在一长板本体两端。

在型架内工作时,卡板经常开闭,用插销操作比较麻烦,尤其是尺寸大的卡板。因受胀缩的影响,卡板孔与叉子孔不易完全重合,销钉不易插入。图1-45所示为卡板端头衬套的固定方法。

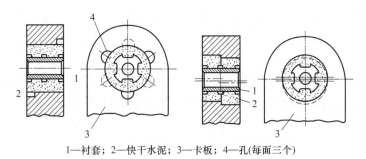

1—衬套;2—快干水泥;3—卡板;4—孔(每面三个)

图1-45 卡板端头衬套的固定方法

(5)卡板的吊挂和平衡装置

为操作安全和减轻工作疲劳,应给较重、较大的向上打开的卡板装上保险挂钩和附设配重装置。

2. 内型板

在机身和机翼段件、部件型架,以及各种板件、舱门等曲面外形的装配件型架上,比较广泛地采用着内型板定位件。内型板可以对蒙皮内表面及骨架零件定位。蒙皮靠内型板外形面定位时,在蒙皮外表面用橡皮绳将其压紧。隔框、翼肋由内型板侧面(基准面)上的定位孔销定位并固定,长桁等纵向骨架零件可按内型板上的缺口定位。

内型板常用铸铝、铝板制成,也可用木制层板制成。内型板应具有足够的刚度,因此当内型板较长时,应适当加宽、加厚。

内型板位置的确定:因为内型板与骨架零件(隔框或翼肋)同在蒙皮的内侧,所以确定内型板的位置时主要是要考虑是否便于铆接装配工作。内型板可取在骨架零件的基准面处,也可离开一定距离,在骨架零件弯边之前或之后。一般情况下,为了保证角片铆接工作的开敞性,内型板都应里于隔框及翼肋零件无角片的一侧。图1-46所示为确定内型板位置。

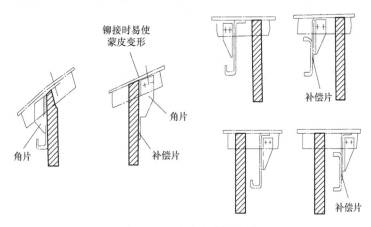

图1-46 确定内型板位置

内型板的另一种形式是假肋、假框定位件,装配时按假肋或假框来定位真肋或真框及蒙皮或板件。内型板与卡板相比,它的主要优点是型架结构简单、重量轻,定位操作和工件出架都比较方便。

3. 接头定位件、型架平板及工艺接头定位件

为保证各部件的互换和对接接头的协调,在装配型架上要有接头定位件。对于这些接头定位件,用于叉耳接头的称为叉耳式接头定位件,简称接头定位件;用于围框式接头(凸缘连接接头)的则称为型架平板。

还有一种重要的接头定位件称为工艺接头,工艺接头是为了装配时定位和夹持工艺上需要而加在飞机结构的较强部位上的暂时性接头。工艺接头可以突出于部件气动力表面,当飞机装配完成后即可卸下。

(1)耳式接头定位件

耳式接头定位件为导杆式,有标准件,分为单导杆式及双导杆式两种,用于接头的定位。定位件的悬臂长度不宜过大,定位精度与悬臂尺寸、导套长度、导杆导套间隙等都有关。单导杆式用于尺寸较小的接头定位。图 1-47 所示为单导杆接头定位件。

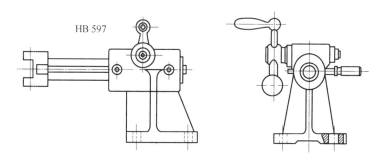

HB 597

图 1-47 单导杆接头定位件

(2)架平板

型架平板的工作面一般可用 20～25 mm 厚的钢板制成,为保证其刚度,又把它连接在钢管焊成的加强框架上,钢板上有和部件的围框式接头协调的对接孔。另一种型架平板是用铸铝制成的工字形剖面的框架,这种结构的刚性好、重量轻,又与工件的热膨胀一致,铸铝式型架平板对大型部件很重要。型架平板的对接孔和基准孔按标准平板协调制造,孔内镶有淬火的钢衬套(压入或用胶泥固定)。

(3)工艺接头

工艺接头的工作情况有如下几种:在段件或部件装配型架中,仅对工件起支承作用。在段件或部件装配型架中,对板件、段件既起支承作用,又起定位作用。在段件或部件的对接型架中,起支承及定位作用。图 1-48 所示为用于部件对接的工艺接头。

1.3.4 装配工艺装备的设计原则

1. 型架设计的原始资料

型架设计的原始资料包括型架设计任务单、装配件的结构图纸与技术条件、产品装配方案或指令性工艺规程和工艺装备协调图表、型架设计技术条件、型架元件及结构的标准化资料。

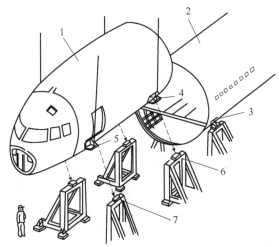

1、2—机身前段和中段；3、4、5—工艺接头；6、7—型架上的工艺接头定位件

图 1-48 用于部件对接的工艺接头

2．型架设计的内容和步骤

设计工作分为三个阶段：①拟定草图或型架设计方案；②绘制工作总图；③绘制零件图。

设计草图或拟定型架设计方案确定的内容如下：型架的设计基准，装配对象在型架中的位置，工件的定位基准，主要定位件的形式和布置方式，尺寸公差，工件的出架方式，型架的安装方法；还需要验算骨架刚度，估算型架支撑与地基，分析温度对型架准确度的影响。

3．型架设计基准的选择

一般情况下，应以飞机部件的设计基准作为成套装配型架和成套标准工艺装备的设计基准。

在具体选择时应注意：对相邻部件的装配型架（例如，中翼-外翼-副翼-襟翼装配型架），或者同一部件中不同组合件的装配型架（例如，机翼中的前缘-梁-板件装配型架），都应当选择同一设计基准轴线。

选择型架设计基准时，应力求简化尺寸的计算，以便制造与检验。型架设计基准的选择要与安装方法相适应。例如，用型架装配机安装型架时，要求有3根相互垂直的坐标轴线作为基准；用划线钻孔台安装卡板端头或塑造卡板工作面时，要求基准线垂直于各框或肋的平面，各安装尺寸都应是50的倍数。图 1-49 所示为机翼前梁夹具设计基准的选择。

4．装配对象在型架中的放置位置

工件在型架中的放置状态应使工人在最有利的工作姿态下工作，即应使工人的大部分操作是在站立姿态下，工作高度在 1.1～1.4 m 范围内。此外，还应考虑节省车间面积。

装配对象在型架中放置的一般原则：对一般尺寸的梁、隔框、翼肋等平面组合件，可在非转动式夹具内平放或竖放。对大尺寸框类或圆形结构件，如大型机身隔板、机头罩等，可设计成转动式夹具。机身类的段、部件的放置状态大多与飞机的飞行状态一致，这样放置可使隔框处于垂直位置，定位件布置方便，特别是型架平板布置合理，同时大型飞机机身装配时往往以座舱地板作为定位基准，地板处于水平位置，对装配工作有利。对于翼面类部件，习惯于垂直放置，即前缘向下，这样放置适合采用卡板定位的型架，装配工作可以从两面接近，也便于前缘内部的操作。

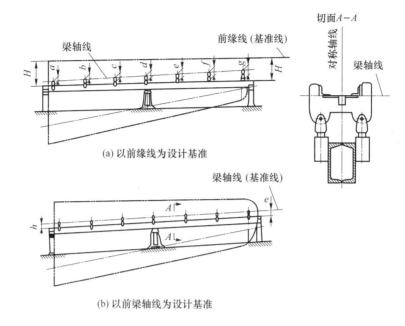

(a) 以前缘线为设计基准

(b) 以前梁轴线为设计基准

图 1-49 机翼前梁夹具设计基准的选择

5. 出架方式

工件在型架内装配完以后的出架方式是型架结构方案中的主要问题之一,对型架结构影响较大,出架方式选择得好,可以简化型架结构,出架安全,不致损伤工件,还可节省厂房面积,简化搬运设备。对于较小的工件,出架较为简单,只要有关的定位夹紧件能收缩足够尺寸,就能取出工件。对于大尺寸部件,尤其是大型飞机的大部件,应认真考虑出架方式。大尺寸部件一般有三种出架方式:从型架上方吊出,纵向出架,侧向出架。

不太重的产品,可用型架内专用吊车吊出。较重的产品可用架车从侧向下架。图 1-50 所示为型架实物。

图 1-50 型架实物

1.3.5 飞机装配型架的安装

首先,能否保证飞机装配的精度,很大程度上取决于装配型架的准确度,而且主要是型架安装的准确度。这一点与一般机械制造有很大差别。为了保证飞机装配的准确度,必须对型架的制造准确度提出更高的要求。

其次,每个部件在各个装配阶段都采用了各不相同的装配型架,因此,在型架的安装过程中,还要保证这些型架之间的协调准确度。在飞机产量比较大的情况下,某些型架可能需要复制几台,不仅要保证它们的一致性,还要保证装配型架和零件加工工艺装备的协调准确度。

其三,飞机在成批生产中,使用的装配型架和标准工艺装备数量多,结构复杂,因此制造工作量很大。飞机工厂需要设置专门的型架制造车间,以完成型架的制造和日常检修工作。

型架安装所用方法:①用通用测量工具安装型架;②用标准样件安装型架;③用型架装配机安装型架是安装型架的主要方法;④用光学仪器和激光准直仪安装型架;⑤用 CAT 技术安装型架(Computer Aided Theodolite,计算机辅助电子经纬仪)。型架装配机是一种具有空间坐标系的机床,它能迅速而又比较准确地将需要安装的型架元件置于规定的空间位置上。图1-51 所示为型架装配机,图 1-52 所示为激光准直仪安装型架。

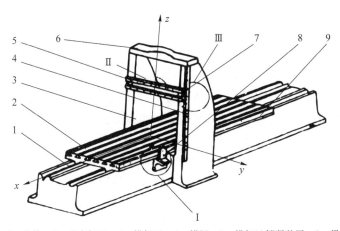

1—底座;2—工作台;3—立柱;4—垂直标尺;5—横标尺;6—横梁;7—横标尺锁紧装置;8—纵向定位;9—纵标尺

图 1-51　型架装配机

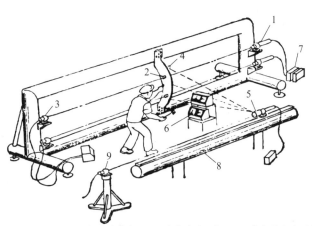

1—激光准直仪;2—卡板光电目标;3—球体光电目标;4—直角器光电目标;
5—激光直角器;6—指示放大器;7—电源;8—工具轴;9—球体目标

图 1-52　激光准直仪安装型架

1.4 飞机工艺装备发展趋势

工艺装备结构的改变具体体现为大量采用孔定位件,采用多支点可调支撑,改善民机制造环境。柔性装配工艺装备采用拼装型架方式和可卸定位件方式。

随着 CAD/CAM 技术的普遍应用以及飞机结构件采用整体机械加工工件为主的"硬壳"式飞机的发展,飞机装配工艺装备的设计将采用与飞机产品同样的设计方法和设计环境。首先建立工艺装备的三维数字实体模型,进行装配过程模拟。当满足飞机装配工艺要求后,再绘制生产用图纸。

飞机数字化预装配步骤:

① 将包含 3D 信息的"EBOM"文件导入"DELMIA"系统中,进行工艺分析。

② 在 DPE 环境下对工作现场进行规划。

➤ 建立和调入资源;

➤ 生产线规划、资源配置;

③ 在 DPE 环境下进行详细的工艺设计;

➤ 建立 AO 的索引,对整体装备工艺进行规划,相当于装配流程图;

➤ 将资源信息(工装\零件架\运输车\托架\工具等)关联到相关 AO;

➤ 对 AO 进行排序,哪些可以并行,哪些必须串行,这些都有明确的规定。

④ 进行三维工艺流程详细设计、优化、验证。

⑤ 对装配工艺流程进行分析与仿真,检验装配工具的可达性、装配操作空间的开敞性等。

⑥ 输出 MBOM、AO 零组件配套以及各类相关工艺报表。

思考题

1. 何谓装配工艺装备?

2. 装配工艺装备分类有哪些?

3. 简述装配工艺装备的设计原则。

第2章　通用压力机

2.1　冲压加工与通用压力机

2.1.1　冲压加工

冲压加工是通过冲压设备上的冲压模具对毛坯施加压力,使材料产生分离或成型,而得到预定制件的形状和尺寸的一种加工工艺方法。毛坯可以是金属材料或者非金属材料。分离是将冲压件按预定轮廓与材料产生分离,也称冲裁。分离工序包括落料、冲孔、切断、剖切、切边、切舌、整修、精冲等。成型是使冲压毛坯在不破坏的条件下产生塑性变形。成型工序包括弯曲、拉深、胀形、扩口、缩口、旋压、压印、整形、翻边等。

冲压加工对冲压设备的基本要求:

冲压加工所用的设备称为冲压设备,冲压工序的变形性质和工艺特点应该与所采用的冲压设备的功能相协调,同时又符合生产批量和制件尺寸精度的要求。

冲压加工对冲压设备的基本要求如下:

① 冲压设备的公称压力要大于冲压工序所需要的变形力,同时设备的冲压变形功也能够满足冲压工序的要求。

② 冲压设备的工作行程要保证冲压毛坯能够放入冲压模具内并能顺利冲压,冲压结束后又能顺利从模具内取出制件。

③ 冲压设备的工作行程速度要符合冲压变形速度的要求,且能满足生产效率的要求。

④ 冲压设备的装模高度要与模具的闭合高度相协调。

⑤ 冲压设备的滑块和工作台垫板尺寸要能够保证模具正确和可靠地安装,同时工作台垫板孔也能顺利地卸料。

2.1.2　通用压力机的工作原理和构成

压力机按工作原理分为曲柄压力机、螺旋压力机和液压机三种;按工艺用途分为通用压力机和专用压力机。

通用压力机是采用曲柄滑块机构的锻压机械,因此也称为通用曲柄压力机。下面介绍两种典型的通用压力机的工作原理和结构组成。

1. JB23-63型通用压力机

图2-1为JB23-63型压力机运动原理图,其工作原理为:电动机1通过小带轮2和传动带把能量和速度传给大带轮3,再经过传动轴和小齿轮4、大齿轮5传给曲轴7。连杆9上端装在曲轴上,下端与滑块10连接,通过曲轴上的曲柄把旋转运动变为滑块的往复直线运动。滑块运动的最高位置称为上止点位置,而最低位置称为下止点位置。冲压模具的上模11装在滑块上,下模12装在垫板13上。因此,当板料放在上模11、下模12之间时,即可以进行冲裁或

成型加工。曲轴 7 上装有离合器 6 和制动器 8，只有当离合器 6 和大齿轮 5 啮合时，曲轴 7 才开始转动。离合器与齿轮脱开啮合和制动器制动可使曲轴停止转动，当制动器制动时，曲轴停止转动，但大齿轮仍在曲轴上旋转。压力机在一个工作周期内有负荷的工作时间很短，大部分时间为无负荷的空程运转。为了使电动机的负荷均匀，有效地利用能量，大带轮 3 起储存能量的飞轮作用。

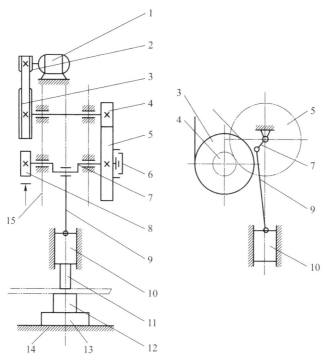

1—电动机；2—小带轮；3—大带轮；4—小齿轮；5—大齿轮；6—离合器；7—曲轴；8—制动器；
9—连杆；10—滑块；11—上模；12—下模；13—垫板；14—工作台；15—机身

图 2-1　JB23-63 型压力机运动原理图

2. J31-315 型曲柄压力机

图 2-2 为 J31-315 型压力机的运动原理图，其工作原理与 JB23-63 型压力机相同，只是它的工作机构采用了偏心齿轮驱动的曲柄连杆机构，即在最末一级齿轮上铸有一个偏心轮，构成偏心齿轮，偏心齿轮 9 由小齿轮 8 带动，绕心轴 10 旋转，带动套在偏心齿轮上的连杆 12 摆动，连杆驱动滑块 13 上下运动，实现冲压加工。此外，该型压力机上还装有液压气垫 18，在拉深时起压边作用或在冲裁卸料时顶出制件。

通用压力机一般由以下部分组成：

① 动力传动系统　从电动机至曲轴组成通用压力机的动力传动系统，作用是能量传递和速度转换。动力传动系统包括能量机构，如电动机和飞轮；传动机构，如齿轮传动、带传动等机构。

② 工作机构　工作机构由曲轴、连杆、滑块等零件组成，也称曲柄滑块机构或曲柄连杆机构，其作用是将曲柄的旋转运动转变为滑块的往复直线运动，由滑块带动模具工作。

③ 操纵系统　操纵系统包括离合器、制动器和操纵机构等，以及控制工作机构工作、停止

和工作方式的由电器、气动、液压等组成的整个操纵系统。

　　④ 机身　机身是压力机的支承部分,把压力机所有的零部件连接成一个整体。

　　⑤ 辅助系统和装置　辅助系统和装置包括润滑系统、过载保护装置以及气垫等。

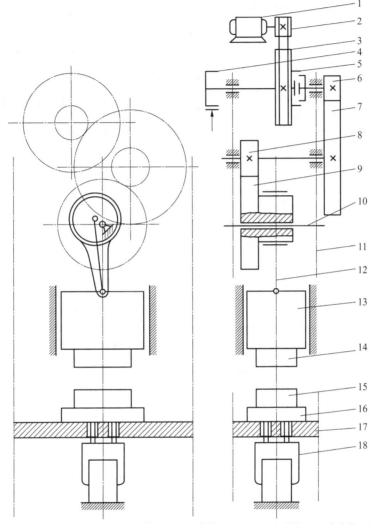

1—电动机；2—小带轮； 3—大带轮；4—制动器；5—离合器； 6、8—小齿轮；7—大齿轮；9—偏心齿轮；
10—心轴；11—机身；12—连杆；13—滑块；14—上模；15—下模；16—垫板；17—工作台；18—液压气垫

图 2 - 2　J31 - 315 型压力机运动原理图

2.1.3　通用压力机的分类和技术参数

1. 通用压力机的分类

　　机械压力机类(J)分为十组九型。按用途划分,第一组至第三组称为通用压力机;其中,第一组为单柱压力机,第二组为开式压力机,第三组为闭式压力机。每一组根据具体结构不同,又分若干型。

　　通用压力机的分类和组型代号见表 2 - 1。

表 2-1　通用压力机的分类和组型代号

组	型	通用压力机名称及代号	组	型	通用压力机名称及代号
1. 单柱压力机	1	11 单柱固定台压力机	2. 开式压力机	8	28 开式柱形台压力机
	2	12 单柱活动台压力机		9	29 开式底传动式压力机
	3	13 单柱柱形台压力机	3. 闭式压力机	1	31 闭式单点压力机
2. 开式压力机	1	21 开式固定台压力机		2	32 闭式单点切边压力机
	2	22 开式活动台压力机		3	33 闭式倾滑块压力机
	3	23 开式可倾压力机		6	36 闭式双点压力机
	4	24 开式转台压力机		7	37 闭式双点切边压力机
	5	25 开式双点压力机		9	39 闭式四点压力机

（1）按机身结构形式分

按压力机机身结构形式，分为开式压力机和闭式压力机。开式压力机机身呈 C 形，如图 2-3(a)～(c)所示，机身前面和左右面敞开，易于冲压操作，但机身刚度较差，受载后易变形，因此 4 000 kN 以下的中小型压力机多采用此种机身结构。开式压力机机身背部无开口的称为开式单柱压力机，如图 2-3(c)所示。开式机身背部有开口的称为开式双柱压力机，如图 2-3(a)所示。双柱机身除左右方向便于送料、卸料外，还可进行前后方向的送料、卸料。按开式机身按机身能否倾斜分为可倾机身（图 2-3(a)）和不可倾机身（见图 2-3(b)）。按机身工作台是否可以上下移动分为固定台机身（见图 2-3(b)）和活动台机身（见图 2-3(c)）。

闭式压力机机身为框架结构，如图 2-3(d)、(e)所示。其机身前后敞开，两侧封闭，机身刚度大，大中型压力机多采用此种机身结构。闭式压力机按机身结构不同又分成整体式压力机（见图 2-3(d)）和组合式压力机（见图 2-3(e)）。组合式压力机机身由上横梁、立柱、工作台和拉紧螺柱等组合而成。

（2）按压力机连杆数量分

按压力机连杆数量，分为单点压力机、双点压力机和四点压力机（见图 2-4）。单点压力机的滑块由一个连杆带动，一般均为小型压力机。双点压力机的滑块由两个连杆带动，运动平稳，精度高，一般为中型压力机。四点压力机的滑块由两对连杆带动，运动平稳，一般为大型压力机。

（3）按压力机工作台特点分

按压力机工作台特点分为固定工作台压力机（见图 2-3(b)）、可倾工作台压力机（见图 2-3(a)）、升降工作台压力机（见图 2-3(c)）、可移动工作台压力机和回转工作台压力机。

2. 锻压设备型号表示方法

按照国家行业标准（ZB-J62030—90）锻压设备型号编制方法的规定，锻压设备的型号由锻压设备名称、结构特征、主参数等项目的代号组成，用汉语拼音字母和阿拉伯数字表示，表示方法如图 2-5 所示。

例如，JB23-63A 的含义如下：

第一部分是类代号。J 是机械压力机类代号，是机械压力机中"机"字汉语拼音的第一个字母，用汉语拼音正体大写字母表示。锻压设备共分 8 类，另外 7 类是：液压机（Y）、自动锻压机（Z）、锤机（C）、锻机（D）、剪切机（Q）、弯曲校正机（W）、其他（T）。

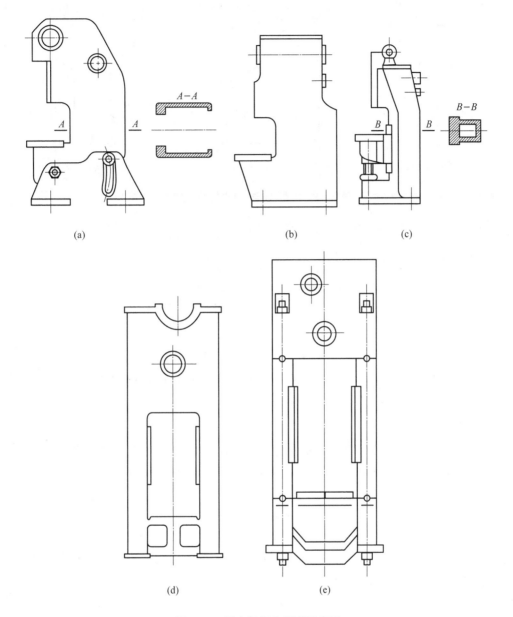

(a)　　　　　　　　　　(b)　　　　　　(c)

(d)　　　　　　(e)

图 2 - 3　压力机机身类型示意图

第二部分是变形设计代号。当基本型号的主参数相同，而次要参数不同时，称为变形设计，以 A、B、C……表示。本例的 B 表示第二次变形设计。

第三部分是组、型代号（见表 2 - 1）。本例"23"表示结构特征是开式可倾压力机。

第四部分是通用特性代号。用汉语拼音正体大写字母表示，分别为数控（K）、自动（Z）、半自动（B）、高速（G）、精密（M）、气动（Q）等。本例为通用压力机，无特性代号。如 J92K - 25 表示 250 kN 的数控压力机。

横线后面的第五部分是设备的主参数。通用压力机的主参数是公称压力，用法定计量单位"kN"的 1/10 表示。本例的"63"表示公称压力为 630 kN。

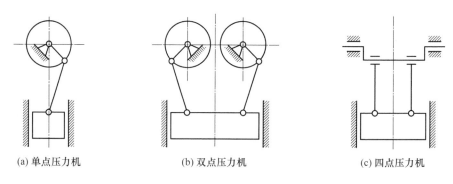

(a) 单点压力机　　　　(b) 双点压力机　　　　(c) 四点压力机

图 2-4　单点、双点、四点压力示意图

产品改进设计代号
主参数
通用特性代号
组、型代号
同一型号产品的变型顺序号
类代号

图 2-5　锻压设备型号表示

第六部分是改进设计代号,以 A、B、C……表示。当压力机的结构和性能做了改进时,称为改进设计。本例的 A 表示第一次改进设计。

3.技术参数

压力机的技术参数反映了压力机的工艺能力、所能加工制件的尺寸范围和有关生产率指标,同时也是选择、使用压力机和设计模具的重要依据。通用压力机的主要技术参数如下。

(1) 公称压力

通用压力机的公称压力是压力机的主参数,是指滑块到下止点前某一特定距离 s_0 时,或者说曲柄旋转到离下止点前某一特定角度 α_0 时,滑块所能承受的最大作用力。此处的特定距离称为公称压力行程,也称为额定压力行程或名义压力行程;此时的特定角度称为公称压力角,也称为额定压力角或名义压力角。例如 J31-315 型压力机的公称压力为 3 150 kN,是指滑块离下止点前 10.5 mm(相当于公称压力角为 20°)时滑块上所允许的最大作用力。压力机公称压力的单位是 kN。

图 2-6 所示为压力机的滑块许用负荷曲线,该曲线是由压力机的零件强度(主要是曲轴强度)确定的,表明随着曲柄转角的变化,滑块上所允许的作用力也随之改变,因此,选用压力机时制件变形抗力曲线必须全都位于图 2-5 所示的阴影线内。

目前,公称压力已经系列化,例如有 40 kN、63 kN、100 kN、160 kN、250 kN、400 kN、630 kN、1 000 kN、1 600 kN、2 500 kN、3 150 kN、4 000 kN 等。

(2) 滑块行程 s

滑块行程是指压力机滑块从上止点到下止点所经过的距离,它是曲柄半径的两倍,或是偏心齿轮、偏心轴销偏心距的两倍。其大小随压力机工艺用途和公称压力的不同而不同。滑块行程的大小反映了模具的开启高度,即压力机工作长度的大小,滑块行程越大,能够冲压制件的高度也就越大。滑块行程应满足制件进入模具、退出模具以及操作方便的要求。滑块行程的单位是 mm。

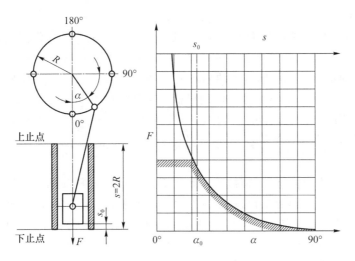

图 2 - 6　压力机滑块许用负荷曲线

如 JB23 - 63 型压力机的滑块行程为 100 mm，J31 - 315 型压力机的滑块行程为 315 mm，此类压力机的滑块行程是固定不变的。但是，有的压力机的滑块行程是可以调节的，以满足不同类型模具冲压的需要，如导板冲裁模。J23 - 10A 型压力机的滑块行程可以在 16～140 mm 范围内调节。设计模具时应该查阅压力机说明书。

（3）滑块行程次数 n

滑块行程次数是指滑块每分钟从上止点到下止点，然后再回到上止点的往复次数。滑块行程次数的高低反映了压力机冲压的生产效率。滑块行程的动作方式可以是单动，也可以是连续动作。在连续动作时，通常认为大于 30 次/分钟，人工送料很难配合好，因此滑块行程次数高的压力机只有安装自动送料装置，才能充分发挥压力机的效能，否则难以实现高生产率。

滑块行程次数越高，冲压变形的速度也越快。对于有变形速度限制的拉深成型来说，冲压速度越快，越易造成拉深破裂，导致废品率增高。因此，应根据不同材料的拉深速度要求，正确选择滑块行程次数。

（4）压力机装模高度 H 和封闭高度

压力机装模高度（GB 8845—88），又称闭合高度，是指压力机滑块处于下止点位置时，滑块下表面到工作垫板上表面的距离。当装模高度调节装置将滑块调整到最高位置（即连杆调至最短）时，装模高度达到最大值，此高度称为最大装模高度。当装模高度调节装置将滑块调整到最低位置（即连杆调至最长）时，装模高度达最小值，此称为最小装模高度。压力机装模高度调节装置所能调节的距离称为装模高度调节量（ΔH），有了装模高度调节量，就可以满足不同闭合高度模具安装的需要。模具的闭合高度应介于压力机的最大装模高度和最小装模高度之间，例如 J31 - 315 型压力机最大装模高度为 490 mm，装模高度调节量为 200 mm。另外，与装模高度技术参数并行的有封闭高度（GB 1395—74）技术参数。所谓封闭高度，是指滑块在下止点时滑块下表面到工作台上表面的距离，它和装模高度之差恰是工作台垫板的厚度。

压力机装模高度表示压力机允许安装模具的高度范围，是模具设计时考虑的重要工艺参数。

（5）压力机工作台面尺寸及滑块底面尺寸

压力机工作台面尺寸 $A\times B$ 和滑块底面尺寸 $J\times K$ 是与模座平面尺寸有关的工艺尺寸，反映了压力机工作台面与滑块底面的长度和宽度尺寸，表示压力机允许安装模具的水平尺寸大小。通常，对于闭式压力机这两项尺寸大致相同，而开式压力机的 $J\times K<A\times B$。当采用压板和 T 形螺栓固定上、下模座时，这两项尺寸应比模座尺寸大出安装压板等零件的空间尺寸。对于小脱模力的模具，通常上模只利用模柄固定到滑块上，可不考虑加压板空间。当模具采用 T 形螺栓直接固定模座时，虽不考虑留压板空间，但必须考虑工作台面及滑块底面上放 T 形螺栓的 T 形槽大小及分布位置。

（6）漏料孔尺寸

当制件或废料由下模向下漏料时，工作台或工作台垫板漏料孔的尺寸应使制件或废料顺利漏下。如果工作台或工作台垫板漏料孔的尺寸小于制件或废料尺寸，而又需要由下模向下漏料时，应该增加附加垫板支承下模，两件等高附加垫板的间距大于制件或废料的尺寸即可。模具下模座的外形尺寸应大于漏料孔尺寸，否则应增加附加垫板。此两种情况都要考虑增加附加垫板后对压力机装模高度的影响。

漏料孔的形状有圆形、长方形和圆形与长方形的复合形状三种。工作台垫板漏料孔尺寸小于工作漏料台孔尺寸。

当模具下模需要安装通用弹顶器时，通用弹顶器的外形尺寸应该小于漏料孔尺寸。

（7）模柄孔尺寸

中小型压力机的滑块底面都设有模柄孔，模柄孔是用于安装固定上模和确定模具压力中心的。当模具用模柄与滑块相连时，滑块模柄孔的直径和深度应与模具模柄尺寸相协调。中小型压力机模柄孔的形状有圆柱形和方柱形。大型压力机的滑块上没有模柄孔，而滑块底面设有 T 形槽安装固定上模。

（8）立柱间距离

立柱间距离是指双柱式压力机两个立柱内侧表面的距离。对于开式压力机，立柱间距离尺寸直接影响由前向后送料时条料的宽度，以及冲压接料机构的尺寸和安装位置。对于闭式压力机，也称为导轨间距离，其尺寸限制了模具的外形尺寸。

除上述技术参数外，还有压力机许用负荷曲线图、喉口深度、滑块顶杆横梁过孔尺寸、气垫尺寸、电动机功率、气源压强等工艺技术参数，它们也是设计模具时所必须考虑的。设计模具时，仅仅依靠设计手册查阅技术参数是不够的，必须查阅压力机样本说明书，才能够得到确切的、全面的工艺技术参数。

图 2-7 是压力机与模具安装尺寸有关的结构参数图，图中各参数说明如下：$F\times F$——滑块模柄孔径向尺寸；

- s——滑块行程；
- L——滑块模柄孔深度尺寸；
- M——连杆调节长度；
- T——滑块模柄孔中心到机身的距离；
- D——工作台垫板漏料孔尺寸；
- $a\times b$——工作台漏料孔尺寸；

- E——工作台垫板厚度;
- H——压力机最大装模高度;
- H_2——压力机最小装模高度;
- H_M——模具闭合高度;
- I——模具模柄长度。

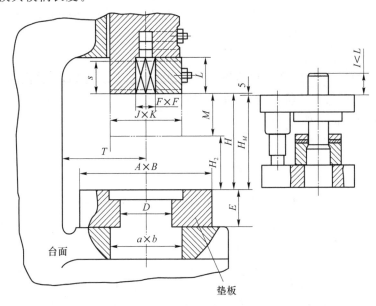

图 2 - 7 压力机结构参数示意图

2.2 通用压力机的本体结构

2.2.1 通用压力机的动力传动系统

通用压力机的动力传动系统一般由电动机、传动带、传动齿轮、传动轴、曲轴等零部件组成。

图 2 - 1 为 JB23 - 63 型压力机的动力传动系统图。因为压力机每分钟的工作行程数比电动机转速低得多,所以要经过一级至数级减速。电动机上小带轮通过传动带带动大带轮,这是一级减速;大带轮通过传动轴带动右侧的小齿轮,小齿轮带动大齿轮,这是二级减速;大带轮起到飞轮的作用,同时通过曲轴带动由连杆和滑块等零件组成的工作机构做上下往复直线运动。

压力机是非连续工作设备,是瞬间冲击载荷,为了保护电动机,一级减速都是带轮传动,以后各级减速采用齿轮传动。由于冲压生产的情况不同,需要在电动机、飞轮转动的情况下,实现压力机的单次行程、连续行程和寸动调节,因此设有离合器、制动器来实现上述不同的运动。

1. 压力机动力传动系统的布置方式

(1) 上传动与下传动

压力机的动力传动系统在工作台之上,称为上传动,如图 2 - 1 和图 2 - 2 所示。动力传动系统在工作台之下称为下传动。

下传动的优点如下：

① 压力机重心低,运动平稳,能减少噪声和振动。

② 下传动压力机地面以上高度小,适宜高度较低的厂房。

③ 下传动可以使滑块高度和导轨长度增大,从而提高滑块运动精度,保证冲压件质量,延长模具寿命。

④ 下传动压力机工作载荷主要由拉杆和工作台承受,使立柱和横梁的受力状况得到改善。

下传动的缺点如下：

① 压力机平面尺寸较大,压力机质量比上传动的大 10%～20%,造价高。

② 动力传动系统置于地坑之中,检修不方便。

上传动压力机的优点如下：

① 重量较轻,成本低。

② 安装和维修较方便。

③ 地基较简单。

上传动的缺点是压力机距地面较高,运行不够平稳。现在的通用压力机多数为上传动。

（2）曲轴的平行安放和垂直安放

动力传动系统的曲轴安放于平行压力机正面的称为平行安放(见图 2-2)。曲轴安放于垂直压力机正面的称为垂直安放(见图 2-2)。

平行安放时,曲轴和传动轴都较长,受力点和轴承的跨距较大,受力情况不好,增大压力机正面尺寸,机构不紧凑,外形不美观。目前小型开式压力机和旧式通用压力机多采用这种形式(见图 2-1)。

近代设计的大中型压力机多采用垂直安放,以减小压力机正面尺寸,便于多台压力机连成机械化生产线。现在小型压力机也开始采用这种安放形式。

（3）齿轮的开式安放和闭式安放

齿轮可安放于机身之外,也可安放于机身之内,齿轮放于机身之外时称为开式安放,齿轮放于机身之内时称为闭式安放。闭式安放的齿轮工作条件较好,外形较美观;如果齿轮安放在油池内,则可大大降低齿轮传动的噪声,但安装和维修不方便。大型压力机多采用闭式安放,开式安放的齿轮工作条件恶劣,传动噪声大,污染环境。

（4）齿轮的单边传动和双边传动

由一个大齿轮传动的曲轴称为单边传动曲轴,如图 2-1 和图 2-2 所示;曲轴由两侧两个大齿轮传动的曲轴称为双边传动曲轴,双边传动曲轴的齿轮尺寸减小,同使传动系统总体尺寸减小,由此改善曲轴受力条件。但是,双边传动齿轮多,安装、调整困难,如果制造装配精度不高,还会造成传力不均匀的现象。

（5）连杆的单点传动和多点传动

根据连杆数目的不同,动力传动系统分为单点式、双点式和四点式,见 2.1.2 小节。

2. 电动机和飞轮

电动机可为压力机提供原始能量和转速。曲柄压力机的负载属于冲击负载,即一个工作周期内仅有较短的时间承受工作负载,而较长的时间是空程运转,若依此短暂的工作时间来选择电动机的功率,则其功率将会很大。例如,用 J31-315 型压力机冲裁直径为 100 mm、厚度为 23 mm 的 Q235 钢板时,工件变形力为 3 150 kN,工件变形功为 22 800 J,所需功率为 456 kW。为减小电动机功率,在传动系统中设置了飞轮。当滑块不动时,电动机带动飞轮旋转,使其储备能量,而在冲压工件的瞬时,主要靠飞轮释放能量。工件冲压完毕后负载减小,于是电动机带动飞轮加速旋转,使其在冲压下一个工件前恢复原来的角速度。这样,冲压工件所需的能量,不是直接由电动机供给的,而是主要由飞轮供给的,因此电动机所需的功率便可大大减小。

例如,J31 - 315 型压力机传动系统中装置飞轮后,电动机功率仅为 30 kW,为不用飞轮时的 7% 左右。

飞轮的机械调速作用是保证压力机在高峰负荷期间,电动机不致超出允许转差率范围,同时由于其巨大的惯性释放出的能量,使压力机的工作机构能够提供制件冲压所需的变形力。另外,在冲压工作行程中,飞轮释放能量使其转速有所下降,而在压力机空程运转时电动机能使飞轮的转速迅速升高,恢复能量。

因为电动机的功率小于压力机工作行程的瞬时功率,所以在压力机进入工作行程时,工作机构受到很大的阻力,电动机的负载增大,转差率随之增大。一旦电动机瞬时转差率大于电动机临界转差率,电动机转矩反而下降,甚至迅速停止转动,这种现象称为电动机颠覆。另一方面,电动机在超载条件下运行会散发大量热量。给电动机配置一个飞轮,相当于增大了电动机转子的转动惯量,在曲柄压力机传动中,飞轮的惯性拖动的扭矩占总扭矩的 85% 以上,故没有飞轮电动机就不能正常工作。

飞轮是储存能量的,它的尺寸、质量和转速对能量有很大影响。飞轮材料常采用铸铁或铸钢。由于飞轮转速过高会使飞轮破裂,因此铸铁飞轮圆转速应小于等于 25 m/s,最高不超过 30 m/s;铸钢飞轮圆转速应小于等于 40 m/s,最高不超过 50m/s。

另外,使用飞轮时还应注意两点:①在下一个工作周期开始工作之前,电动机应能使飞轮恢复到应有的转速;②电动机带动飞轮起动的时间不得超过 20s,如果时间太长,电动机电流会过大,线圈过热将加速绝缘老化,缩短电动机使用寿命,甚至烧毁电动机或跳闸。

3. 传动级数

压力机的传动级数与电动机的转速和滑块行程次数有关。行程次数低时,总速比大,传动级数就应该多,否则每级的速比过大,结构不紧凑。行程次数高时,总速比小,传动级数就应该少。压力机动力传动系统的传动级数一般不超过四级。当滑块行程次数大于 80 次/分时,应采用单级传动,飞轮直接安装在曲轴上,这种压力机的能量比较小,主要用于冲裁和冲孔工序。当滑块行程次数在 70~30 次/分时,应采用两级传动,这种压力机有较大的能量,适合成型工序和浅拉深成型。当滑块行程次数在 30~10 次/分时,应采用三级传动,这种压力机有相当大的能量,适合长距离工作行程,如高拉深成型。滑块行程次数在 10 次/分以下时采用四级传动。

动力传动系统中的齿轮承受较大的负荷,高速齿轮多采用人字齿轮或斜齿轮,低速齿轮采用直齿轮。

4. 离合器和制动器的位置

通用压力机的离合器有刚性离合器和摩擦离合器两种。

对于单级传动的压力机,由于刚性离合器不宜在高速下工作,因此离合器和制动器只能安置在曲轴上。

摩擦离合器与飞轮通常安装在同一传动轴上,制动器的位置和离合器同轴。对于多级传动的压力机,摩擦离合器可以安装在低速轴上,也可以安装在高速轴上。摩擦离合器安装在低速轴上,接合时消耗的摩擦能量小,离合器磨损也小。但是低速轴的扭矩大,需要增大离合器的尺寸。另外,由于通用压力机的传动系统大多封闭在机身内,不便于离合器的安装和调整,也不便于散热,因此摩擦离合器一般安装在转速较高的传动轴上。但是,由于所需传递扭矩小,压力机结构比较紧凑,主动部分和从动部分的初速度相差太大,因此对传动系统冲击大,摩擦损耗也较大。

2.2.2 曲柄滑块机构

1. 曲柄滑块机构的运动分析

(1) 曲柄转角和滑块位移的关系

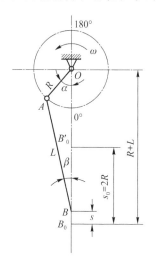

图 2-8 曲柄滑块机构运动简图

图 2-8 为结点正置曲柄滑块机构运动简图,图中 OA 是曲柄,O 点是曲柄的旋转中心;AB 为连杆,A 点是曲柄和连杆的连结点;B 点为连杆与滑块的连结点;曲柄长度为 R,也称为曲柄半径;连杆长度为 L,$\lambda = RL$ 称为连杆系数;对于通用压力机,λ 一般为 $0.1 \sim 0.2$。

当曲柄转动时,从上止点转到下止点,滑块从 B_0' 点降至 B_0 点,全行程 $s = 2R$。为计算方便,设定曲柄转至下死点时的曲柄转角 α 为 $0°$,曲柄逆时针运动至上死点时曲柄转角 α 为 $180°$,连杆中心线与滑块运动方向的夹角为 β。

曲轴转角 α 与滑块行程 s 的关系式为

$$s = R[(1 - \cos\alpha) + \lambda/4(1 - \cos 2\alpha)] \qquad (2-1)$$

(2) 曲柄转角和滑块速度的关系

在冲压生产中,拉深成型不同的材料,需要不同的拉深速度。当拉深速度过快时,会使拉深制件出现破裂,而滑块的运动速度也就是材料的拉深速度。

滑块的运动速度 v 和曲柄转角 α 的关系式为

$$v = 2\pi n/60(\sin\alpha + \lambda/2\sin 2\alpha) \qquad (2-2)$$

式中,n——曲柄每分钟转速。当已知曲柄半径 R 和曲柄转速 n 后,由式(2-2)就可以得到不同曲柄转角 α 对应的滑块运动速度。

常用材料的最佳拉深速度如表 2-2 所列,进行拉深成型时滑块的运动速度不应超过表中数值。

表 2-2 拉深工艺的滑块速度

材料名称	不锈钢	硬 铝	钢	铜	铝	黄 铜
拉深速度/(mm·s^{-1})	180	200	400	760	890	1 020

　　此外,还有结点偏置的曲柄滑块机构,结点偏置后滑块的运动速度不对称,滑块有急回和急进特性。

2. 曲柄滑块机构的结构

（1）滑块机构的结构

曲轴驱动的曲柄滑块机构主要由连杆体 1、曲轴 3、滑块 5 等零件组成,如图 2-9 所示。

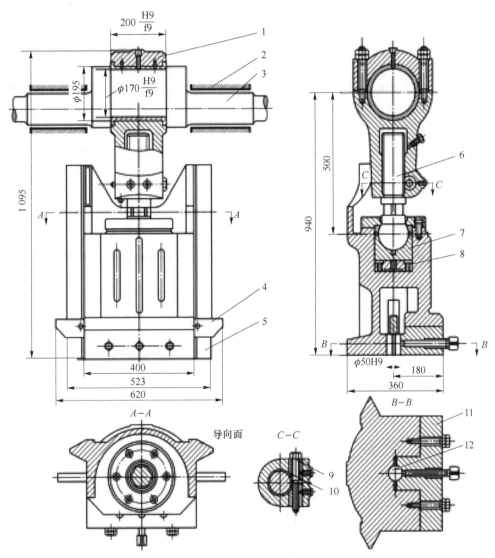

1—连杆体；2—轴瓦；3—曲轴；4—打料横杆；5—滑块；6—调节螺杆；7—下支承座；
8—保护装置；9—锁紧螺钉；10—锁紧块；11—模具夹持块；12—模柄孔

图 2-9　JB23-63 压力机曲柄滑块机构结构示意图

　　当曲轴旋转时,带动连杆做摆动和上下往复运动,连杆带动滑块沿导轨槽做上下往复直线运动。曲轴由装在机身内的轴瓦 2（滑动轴承）支承,连杆体靠双头螺栓和连杆盖套在曲轴轴颈上,连杆体与曲轴之间也有滑动轴承。调节螺杆 6 和连杆体合起来叫连杆,它们之间由螺纹连接,转动调节螺杆可以改变连杆的长度,这种连杆称为长度可变连杆,用来调节压力机的装模高度。调节螺杆的下端是球头,它放在滑块内的球面下支承座 7 上,用球面压环压住,球面压环与滑块之间用螺钉连接。压力机工作时,连杆与滑块之间的作用力通过球面传递,这种连杆传力机构又称为球面传力机构。对于小型开式压力机,由于滑块质量较轻,用扳手就可以转动调节螺杆,因此称为手动调节。连杆长度调好后,通过锁紧螺钉 9、锁紧块 10(C-C 剖面)锁紧,在连杆外端有两个紧定螺钉将锁紧块压紧,以保证压力机在工作过程中震动时,不使连杆长度发生变化。锁紧块由两件组成,为左、右螺纹,与锁紧螺杆 9 相连,转动锁紧螺杆使两件锁紧或者松开。

图 2-9 中的压力机设有压塌块式过载保护装置。调节螺杆 6 的球头支承在下支承座 7 上,冲压时制件的变形抗力通过滑块 5、保护装置(压塌块)8 和下支承座 7 传递到连杆上,如果变形抗力超过了压力机的允许负荷,压塌块会被压坏,从而使其他主要零件不受损坏,使压力机得到保护。

另外压力机还设有模具夹持装置。滑块底部和模具夹持块 11 有模柄孔,安装模具时,将上模模柄插入模柄孔内,先拧紧模具夹持块上的两侧螺栓,再拧紧模具夹持块中间的螺钉,将模具固定在滑块上。对于大中型压力机,在滑块底平面开有 T 形槽,用 T 形螺钉及压板将上模固定在滑块的下底面上。

在滑块的下部有一横孔,内装打料横杆 4。冲压时,冲压件或废料被卡在模具上模内,上模里的打料杆等和滑块内的打料横杆被冲压件或废料顶起,当滑块回程到一定高度时,打料横杆被机身上限位装置限死,而滑块继续回程,打料横杆通过模具的打料装置将冲压件或废料打出。

曲拐轴驱动的曲柄滑块机构结构主要由曲拐轴 2、连杆 3 和滑块 4 组成,如图 2-10 所示。

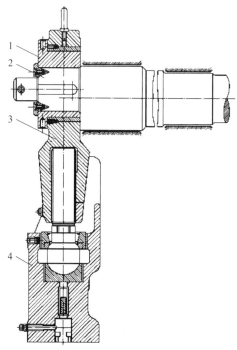

1—偏心套;2—曲拐轴;3—连杆;4—滑块

图 2-10　JB21-100 压力机曲柄滑块机构结构示意图

　　这种形式的压力机一般装有行程调节装置,即在曲拐上装有偏心套 1,连杆套在偏心套的外面。因此,曲柄半径由两部分组成,即曲拐的偏心距和偏心套的偏心距。改变偏心套的位置,即改变偏心套偏心距和曲拐偏心距的相对位置,可达到调节工作行程的目的。图 2-10 所示的偏心套与曲拐轴用平键连接,调节位置少。图 2-11 为工作行程调节示意图,这种结构的优点是结构简单,制造容易,适用于小行程开式单柱压力机。通常曲拐轴垂直安放,压力机宽度尺寸小,缺点是刚度差。还有一种曲拐轴驱动的行程调节装置,采用偏心套内的花键与曲拐轴连接,改变偏心套的相对位置达到调节行程的目的。

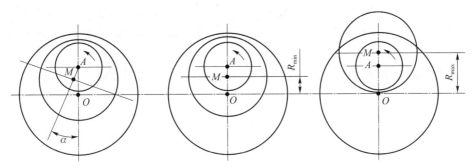

O—主轴中心;　A—偏心轴中心;　M—偏心套中心

图 2-11　工作行程调节示意图

　　偏心齿轮驱动的曲柄滑块机构结构主要由偏心齿轮 7、心轴 8、连杆体 1、调节螺杆 2 和滑块 3 组成,如图 2-12 所示。

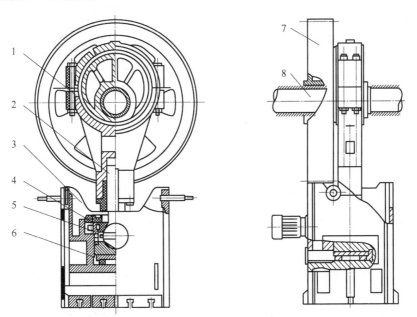

1—连杆体;2—调节螺杆;3—滑块;4—拨块;5—蜗轮;6—保护装置;7—偏心齿轮;8—心轴

图 2-12　J31-315 压力机曲柄滑块机构结构示意图

　　偏心齿轮 7 与心轴 8 同心,心轴两端固定在机身上,偏心齿轮的偏心颈相对于心轴有一偏

心距,相当于曲柄半径。偏心齿轮在心轴上旋转,相当于曲柄在旋转,套在偏心颈上的连杆体
1摆动,通过连杆使滑块3上下运动。这种结构的优点是结构简单、紧凑、刚度好,并能安放在
机身内,可改善齿轮工作条件和压力机外观,在大型压力机中使用较多。

由于这种大中型压力机滑块质量较大,因此装模高度为机动调节。机动调节通过电动机、
蜗杆和蜗轮完成。为平衡滑块重量,压力机还装有平衡装置(图2-12中平衡装置未表示)。

(2)曲 轴

曲轴是曲柄压力机的主要部件,工作时受力状态较复杂。曲轴一般选用45钢锻制而成,
大中型压力机的曲轴选用40Cr、18CrMnMoB等合金钢锻制而成,一般为粗加工后调质处理,
然后再精加工制得,表面粗糙度$Ra=0.8\sim1.6\ \mu m$。为了提高曲轴的使用寿命,各个轴颈及圆
角过渡处采用辊子碾压强化。

曲轴的结构形式如图2-13所示,分为曲轴式、偏心轴式、曲拐轴式和偏心齿轮式。

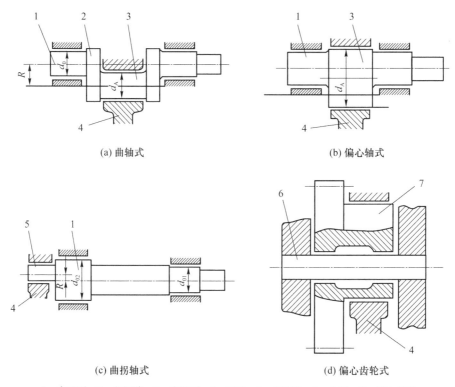

(a) 曲轴式　　　　　　　　　　　　　　　　(b) 偏心轴式

(c) 曲拐轴式　　　　　　　　　　　　　　　(d) 偏心齿轮式

1—支承颈;2—曲柄臂;3—曲柄颈;4—连杆;5—曲拐颈;6—心轴;7—偏心齿轮

图2-13 曲轴形式

曲轴式曲轴有两个对称的支承颈和一个曲柄颈,通过曲柄臂连成一体。曲轴式曲轴的曲
柄半径R固定不变,压力机的滑块行程不能调节。曲轴支承在机身左右两侧,机身受力均匀,
工作压力较大。由于曲柄臂的曲柄半径可以做得比较大,工作行程就较大,因此曲轴式曲轴被
广泛应用于滑块行程较大的压力机及中、小型压力机。曲轴式曲轴还可以做成有两个曲柄的
双拐曲轴,因此又可应用于大台面的双点、四点压力机。

偏心轴式和曲拐轴式的曲轴通过和其他零件配合,偏心距和工作行程都可以调节。曲拐
轴式曲轴的两个支撑点在连杆同侧,是悬臂结构,刚性差,一般只用于开式压力机。偏心轴式

曲轴的直径 d_A 较大,没有曲柄臂,两支承点距离较近,刚性好,不易变形。但偏心距不能太大,否则 d_A 过大,摩擦力矩会增大。曲轴式和偏心轴式曲轴比较,在相同材料和相同尺寸的情况下,偏心轴式曲轴的受力条件好,因此偏心轴式曲轴的承载能力比曲轴式的要高。但是,偏心轴式曲轴的应用限制于滑块行程较短的压力机。

偏心齿轮式曲轴采用偏心齿轮和芯轴结构形式代替曲轴和大齿轮,目前闭式压力机多采用偏心齿轮式结构曲轴,偏心齿轮的材料多采用 ZG310—570 铸钢。偏心齿轮式的曲轴加工制造简单,制造成本低,受力状态好,传动力矩大,传动齿轮可以放在上梁内,润滑好,噪声小,压力机整体布置合理,外形美观。缺点是连杆结构尺寸大,导致摩擦扭矩增大,偏心距受到限制。大型闭式压力机的发展趋势是由偏心齿轮式取代曲轴式曲轴。

（3）连杆及装模高度调节机构

连杆是压力机的重要部件,工作时传递工作负荷,要有足够的强度。传动中连杆做平面复合运动,两端分别与曲柄颈和滑块相连。连杆按连接方式分为球头式连杆、导柱式连杆、柱销式连杆。

图 2-9 所示即为球头式连杆。连杆由连杆体和调节螺杆等零件组成,转动调节螺杆可改变连杆长度,调节压力机的装模高度。连杆体由连杆盖和连杆本体组成,工作压力和滑动速度大,内孔衬有轴瓦。一般轴瓦与曲柄颈应有合理的配合间隙,轴瓦材料应有良好的导热性。连杆体常采用灰铸铁 HT200、球墨铸铁 QT450—10、铸钢 ZG270—500 材料铸造,也有采用厚钢板气割加工制造的。球头式连杆结构紧凑,但连杆中的调节螺杆易弯曲,球头加工较困难,需要专用设备。图 2-14 所示为柱销式连杆,它由偏心齿轮 1、连杆 2、调节螺杆 6 和柱销 7 等零件组成。

柱销式连杆的长度是不可调节的,它的小端通过柱销 7 与调节螺杆 6 连接,调节螺杆导向设在机身的上横梁,因此又称为柱塞式导向连杆。这样,偏心齿轮就可以完全密封在机身的上横梁,润滑方式变为浸油式,可减少齿轮磨损,降低噪声。此外,导向柱塞 5 在导向导套 4 内滑动,增加了机身长度,相当于加长了滑块的导向长度,提高了压力机的运动精度。因此,柱销式连杆广泛应用于大中型压力机。它的缺点是加工、安装比较复杂,压力机的高度有所增加。柱销式连杆小端与调节螺杆的连接还有柱面连接式和三点传力连接式。

球头式连杆中的调节螺杆常用 45 钢锻造,调质处理,球头表面淬火,硬度为 42HRC。柱销式连杆中的调节螺杆因不受弯矩作用,一般用球铁 QT600—3 或铸铁 HT200 制造。

为了适应不同闭合高度的模具,压力机的装模高度要能够调节。装模高度调节方式有手动调节和机动调节。图 2-9 所示的是手动调节装模高度方式,调节螺杆的螺纹与球头之间为六方形,调节时用扳手搬动六方部位,使调节螺杆旋转,即可调节连杆长度。为了防止装模高度在冲压过程中自动改变,设有锁紧装置,由锁紧块 10 和锁紧螺钉 9 组成,防止松动。这种手动调节方式只适用于小型压力机。为了调节方便,有的在螺杆上安装棘轮扳手。

图 2-12 所示也是机动调节装模高度方式,由于大中型压力机滑块、上模重量和行程调节量较大,手动调节费时费工,因此应该采用机动调节。调节时,电动机通过蜗轮蜗杆带动球头上拨块 4 正、反旋转,当拨块旋转时,拨块上的两个岔口岔在球头的两个短销上,便带动调节连杆旋转,从而改变连杆长度,达到调节装模高度的目的。这种调节机构有较大的转速比和自锁能力,可以满足调节精度和自锁可靠的要求。

压力机装模高度的调节精度与调节速度有关,调节速度越快,调节精度越低。模具试模时,滑块应该以较低的速度下降和微动。手动调节既不安全又费力,机动调节动作不灵活,滑块运动速度又快。现在有些压力机设有微动调节机构,以满足试模的需要。

对于大中型压力机,还设有滑块平衡装置,规定平衡装置充气后才允许调节装模高度。

(4)滑块及滑块许用负荷曲线图

图 2-15 是 J31-315 型压力机滑块零件图。滑块是压力机的重要零件,其上端与连杆连接,将连杆的摆动转变为直线往复运动;其下部底面开有 T 形槽(见图 2-15)和模柄孔(见图 2-9),以便安装模具的上模。滑块可在机身的导轨内上下运动,为模具提供机床导向;滑块内设有打料孔,还安装有过载保护装置等。

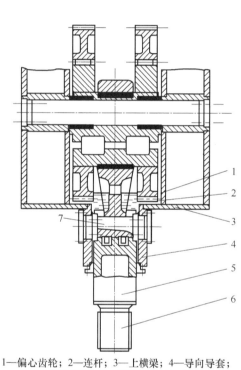

1—偏心齿轮;2—连杆;3—上横梁;4—导向导套;
5—导向柱塞;6—调节螺杆;7—柱销

图 2-14　柱销式的连杆

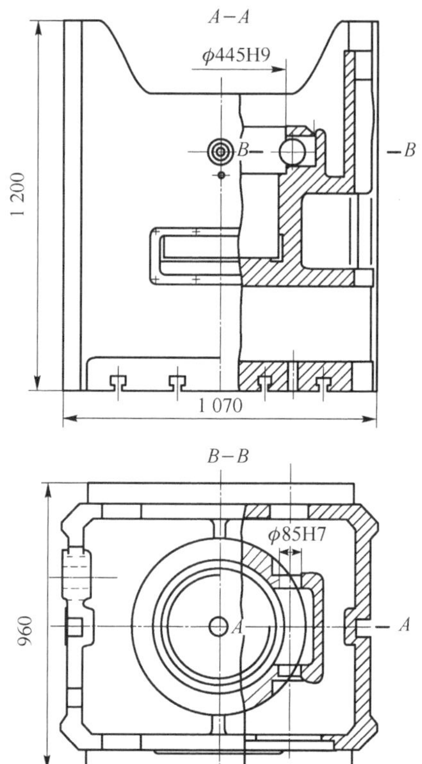

图 2-15　J31-315 型压力机滑块零件图

滑块有铸造箱形结构、铸造整体结构和钢板焊接结构,四周设有导向面,为了保证滑块运动方向与工作台的垂直度,滑块的导向面必须与底平面垂直。导轨和滑块的导向面应保持一定的间隙,并且能进行调节。为了保证滑块底面和工作台上平面的平行度,一般要求滑块的制造精度为:

下平面的平面度≤(0.05~0.06)1 000;

导向面的平面度≤(0.03~0.05)1 000;

下平面对导向面的垂直度≤(0.03~0.05)1 000;

四个导向面对母线的直线度≤(0.04)1 000。

为了保证滑块的导向精度,滑块的导向面应该足够长;滑块高度和宽度的比值,在开式压力机上达 1.7 左右,在单点闭式压力机上达 1.08～1.32。滑块工作时受到压力作用而弯曲变形,最大挠度出现在滑块中间处,因此滑块应该有足够的强度和刚度。滑块还应该越轻越好,质量轻的滑块上升时消耗的能量小,可以减小滑块停止在上死点位置时的制动力。

滑块的导向面与机身导轨之间需要保持一定的间隙。间隙过小,润滑条件差,摩擦阻力大,会加剧磨损,降低传动效率,增大能量损失;间隙过大,则无法保证滑块的运动精度,影响上下模具之间的间隙,承受偏心载荷时滑块会产生倾斜,加剧模具和导向面的磨损。导向间隙应该是可调的,便于滑块导向面与机身导轨磨损后能够调整导向间隙。

机身 V 形导轨,一个固定,一个可调,只能单面调节导轨间隙,一般只用于开式压力机。另外,滑块导向面和机身导轨导向面之间还有四面导向和八面导向结构的,多应用于大中型压力机。

小型压力机的滑块常用铸铁 HT200 制造。中型压力机的滑块常用铸铁 HT200、稀土球铁制造或用 Q235 钢板焊接制造。大型压力机的滑块一般用 Q235 钢板焊接,焊后进行退火处理。

滑块许用负荷曲线是由压力机的曲轴、齿轮等传动零件的强度所决定的。压力机工作时,受到工件变形抗力 F 的作用,经过滑块、连杆传给曲轴等零件。压力机曲轴所受的扭矩与滑块所受的变形抗力成正比,即使作用在连杆上的制件变形抗力不变,曲轴承受的扭矩在滑块行程上(或曲柄转角上)也是一个变量,它随着曲柄转角 α 的增大而增大,$\alpha=0°$ 时最小,$\alpha=90°$ 左右时最大。压力机设计时,是按照特定的曲柄转角即公称压力角设计的,因此当压力机在较大曲柄转角下工作时,为了不使曲轴及齿轮等零件产生强度破坏,滑块所允许的制件变形力应该减小。

曲轴除承受扭矩的作用外,还承受制件变形抗力引起的弯矩作用,如图 2-16 所示。曲轴在弯矩的作用下,可看成在距曲柄臂 $2r$ 处作用着两个集中力,其大小约为 1/2 的公称压力,曲轴的支撑点也看成是在此位置上。曲轴受力后产生弯曲变形,曲柄颈中间点变形大于两边的变形。曲轴工作时承受扭矩和弯矩的联合作用,经分析,曲轴上存在两个危险截面,即 $C-C$ 截面和 $B-B$ 截面(见图 2-16)。$C-C$ 截面上,弯矩的影响要比扭矩大得多,故可忽略扭矩的影响。$B-B$ 截面上,扭矩的影响要比弯矩大得多,故可忽略弯矩的影响。$C-C$ 截面按弯矩计算时的应力为 σ,$B-B$ 截面按扭矩计算时的应力为 τ,为了满足强度要求,应分别使其等于或小于许用的弯曲应力 $[\sigma]$ 和许用切应力 $[\tau]$。按弯矩计算的滑块许用负荷为一常数,不随曲柄转角 α 的变化而变化;按扭矩计算的滑块许用负荷为曲柄转角 α 的函数,当 α 从 0° 到 90° 变化时,滑块的许用负荷随着 α 的变大而变小。根据应力计算式数据可画出如图 2-17 所示的滑块许用负荷曲线,阴影线区是安全区。冲压加工的变形抗力曲线应该在安全区之内,否则会造成设备事故。

选用压力机时,必须严格按照压力机滑块许用负荷曲线图进行,滑块许用负荷曲线也称为压力机许用负荷曲线。

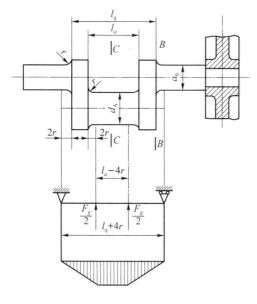

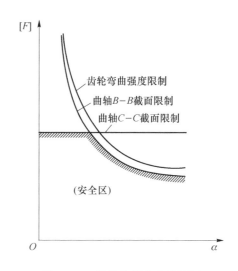

图 2-16 曲轴及弯矩简图   图 2-17 滑块许用负荷曲线图

2.2.3 机　身

机身是通用压力机的主要部件。动力传动系统和其他零部件都安装在机身上,工作时机身承受全部的变形载荷。机身上的导轨为滑块提供导向,保证滑块的运动精度。机身的强度和刚度对压力机的质量影响很大,而且影响冲压制件质量和模具寿命。

机身有铸造结构、焊接结构和铸焊组合结构三大类。铸造机身的材料常用灰铸铁HT200、球墨铸铁和铸钢 ZG270—500,焊接钢板的材料常用 Q235、Q345(16Mn)等。铸造或焊接后进行人工时效处理,消除内应力。对于高速压力机,可采用滚针导轨,以减小摩擦,消除间隙,提高压力机的耐用度和滑块运动精度。

压力机的机身按照结构不同,分为开式机身和闭式机身两大类。

1. 开式机身

图 2-18 为 JB23-63 型压力机的机身结构图,它是开式压力机机身的典型结构,小型压力机多采用这类机身。开式机身工作台的前面、左面和右面三个方向是敞开的,工作台面的面积不受导轨之间距离的限制,模具的安装、调整、操作和自动进料都比较方便。

机身背部有开口(见 A-A 剖视图),机身上部形成两个侧柱,即开式双柱机身。曲轴支承在两侧柱上,并平行于机身工作台的正面。另外,机身可以沿压力机底架倾斜,以便冲压好的零件靠机身背部的开口斜面自动滑下,有利于冲压加工。这种机身称为开式可倾机身。

单柱固定台机身比双柱机身和升降工作台机身的强度和刚度要高,升降工作台机身可以在较大范围内改变压力机的装模高度。开式机身与闭式机身相比,刚度差,机身受力时易产生较大的角变形,影响冲压制件质量和模具寿命,同时还会产生机身纵向变形,影响压力机的装模高度,常用于小型压力机。

2. 闭式机身

大中型压力机和刚度要求较高的小型压力机,一般采用闭式机身。闭式机身有整体式和组合式两种。图 2-19 为 J31-250 型压力机机身结构图,它是闭式机身的典型结构之一。目前大中型压力机多采用这种组合式机身(见图 2-19),它一般由上横梁 1、立柱 2、工作台 6、拉紧螺栓 8 和螺母 7 拉紧组合而成。为了防止它们的错位,在接合面的左右和前后方向设置了圆形或方形的定位销。为使接合面上有足够的预紧力,以免工作时产生间隙和横向错位,机身组装时采用加热法预热拉紧螺栓或采用冷拉法伸长拉紧螺栓,紧固后使机身预紧。左右立柱上镶有导轨 3,工作台上安装有工作垫板 4。

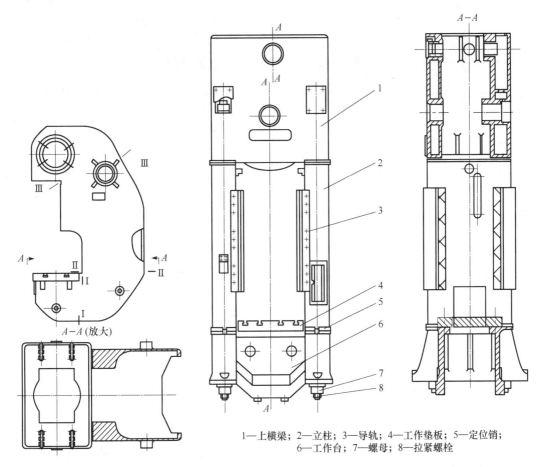

1—上横梁;　2—立柱;　3—导轨;　4—工作垫板;　5—定位销;
6—工作台;　7—螺母;　8—拉紧螺栓

图 2-18　JB23-63 型压力机机身　　　**图 2-19　J31-250 型压力机机身结构图**

从外形看这类组合式机身形成一个封闭的框架,与开式机身差别很大。压力机工作时,机身主要产生垂直变形,而开式机身还要产生角变形,所以闭式机身相对于开式机身刚度要好,这对于保证制件质量和模具寿命都是有利的。

整体式机身加工装配工作量较小,但加工时需要大型设备,而且运输比较困难。铸造结构消振性能较好,但质量较大,刚性较差,适用于成批生产。焊接结构与之相反,质量较小,外形比较美观,但消振性能较差。闭式机身的上横梁、立柱和工作台多采用铸铁 HT200 制造,或用 Q235 钢板焊接而成。拉紧螺栓两端一般选用螺距为 4 mm 或 6 mm 的细牙螺纹,以减小螺纹对螺柱强度的削弱。两端钻有内螺孔,便于吊装。拉紧螺栓通常采用 45 钢并经正火处理。

3. 机身的强度

开式机身是个悬臂构件,工作时受到变形抗力和弯矩的作用,经计算和分析机身上存在危险截面,分别是工作台与喉口连接处 I - I 截面,过喉口的 II - II 截面,上部圆角过轴孔中心的 III - III 截面(见图 2 - 18)。工作中应该特别注意危险截面。

闭式机身形成一个封闭的框架。上横梁承受着集中变形力和弯矩的作用,危险截面是上横梁轴孔中心所在的截面。机身预紧后,由拉紧螺栓施加的预紧力使立柱受到压缩,当压力机工作达到公称压力时,还应有一定的预紧力。

4. 机身的刚度

压力机的刚度是指压力机工作时,承受制件变形抗力而抵抗弹性变形的能力。压力机的刚度对冲压的稳定性、冲压制件的质量和模具的寿命都有很大的影响。

开式压力机工作时,受到载荷的作用将产生弹性变形(见图 2 - 20),这种变形主要是由机身变形造成的,包括使装模高度改变的垂直变形和使滑块运动方向产生倾斜的角变形。角变形将影响工作精度和模具寿命,加快滑块导向部分的磨损。图 2 - 21 所示为压力机的角变形对模具的影响情况。由于压力机的角变形使冲头和凹模倾斜一个角度,造成间隙不均匀,并产生水平方向的侧压力,因而加速了凸模的磨损甚至折断。

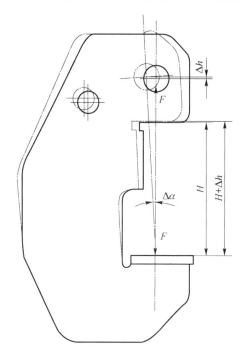

图 2 - 20 开式机身的弹性变形

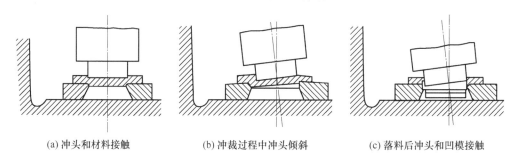

(a) 冲头和材料接触   (b) 冲裁过程中冲头倾斜   (c) 落料后冲头和凹模接触

图 2 - 21 压力机的角变形对模具的影响

由于压力机受力后产生弹性变形会造成上述不良影响,故希望将其限制在一定范围内,这要求压力机具有足够的刚度。对应上述的两种变形有两个刚度指标,即垂直刚度和角刚度。

垂直刚度是指压力机的装模高度产生单位垂直变形时,压力机所承受的作用力,可用 C_h 表示。角刚度是指压力机的滑块相对于工作台面产生单位角变形时,压力机所承受的作用力,用 C_a 表示。压力机的总变形包括机身、曲轴、连杆和滑块等所有受力零件的弹性变形,以及它们之间的接触变形。在压力机的总变形中机身变形占 $20.7\% \sim 55.0\%$,而曲柄滑块机构的变

形占 $45.0\%\sim79.3\%$。

我国生产的开式压力机的刚度可参见表 2-3。

表 2-3　我国生产的开式压力机的刚度

序　号	名　　称	压力机型号							
		J23-16	J23-25	J23-35	J23-40	J12-40	J23-60	J23-63	J23-80
1	额定压力/kN	160	250	350	400	400	600	630	800
2	压力机总变形/mm	0.74	1.00	1.15	1.25	2.1	1.88	1.86	2.05
3	压力机总刚度/(kN·mm^{-1})	216	250	304	320	190	319	339	390
4	机身角变形/μrad	930	855	855	1 060	1 060	1 660	1 120	1 060
5	机身角刚度/(kN·μrad^{-1})	0.17	0.29	0.40	0.37	0.38	0.36	0.60	0.75

压力机的刚度与以下因素有关：

① 机身质量　一般在公称压力、工作台面积、行程长度等参数相同的情况下，机身截面积大、截面形状合理的压力机刚度好。

② 机身形式　闭式机身比开式机身的刚度好，有拉紧螺栓的压力机比没有拉紧螺栓的压力机的刚度要好。

③ 曲轴中心至工作台垫板的距离　曲轴中心至工作台垫板距离短的压力机比距离长的压力机的刚度要好。

④ 机身材料的弹性模数　机身材料的弹性模数越高，机身的刚度越好。

⑤ 曲轴直径和支点距离　在同等条件下，曲轴直径越大，曲轴支承距离越小，刚度越好。

⑥ 连杆长度　连杆长度调节的越短，同时连杆和调节螺杆的截面积越大，刚度越好。

闭式机身工作时，受到载荷的作用将产生机身垂直变形，而没有角变形。

2.2.4　操纵系统

在通用压力机的动力传动系统和工作机构中，根据工作需要，滑块的工作方式可以有单次行程、连续行程、寸动行程和紧急停止四种。滑块的不同工作方式是通过操纵机构对离合器和制动器进行脱开和接合控制实现的，从操作的可靠性和安全性考虑，操纵系统必须符合以下要求：

① 离合器和制动器的动作必须协调　未工作时离合器是脱开状态，制动器是制动状态。要开始工作时，操纵机构动作开始前，制动器要先脱开，离合器稍微滞后一点时间再接合；冲压工作结束空行程时，离合器先脱开，制动器稍微滞后一点时间再接合。否则会互相干涉，不仅造成能量损耗，而且加剧离合器和制动器的磨损、过热，甚至损坏压力机。

② 工作正确，不能有误动作　例如，单次行程时不能出现连续行程动作。另外，小型压力机没有紧急停止装置，这是不安全的。

③ 动作要灵敏、稳定、可靠　正常停机时滑块应准确停止在上死点位置。紧急停车和寸动时滑块应准确停在预定位置上。

下面介绍操作系统中的离合器和制动器。

1. 离合器

压力机的离合器由主动部分、从动部分、连接零件以及操纵机构组成。通用压力机常用的离合器分为刚性离合器和摩擦离合器两大类。刚性离合器一般靠接合零件把主动部分和从动部分刚性地连接起来,按接合零件的结构不同又分为抽键式、转键式、牙嵌式、滚柱式四种。摩擦离合器的接合件是主动摩擦片和从动摩擦片,它们依靠摩擦力接合在一起,这类离合器按其工作情况分为干式离合器和湿式离合器;按摩擦面的形状又分为圆盘式、浮动镶块式和圆锥式。

（1）刚性离合器

1）抽键式刚性离合器

抽键式刚性离合器的结构和工作原理如图 2 - 22 所示,这类离合器的结构比较陈旧,但在目前工厂使用的压力机中还占有较大的比例。

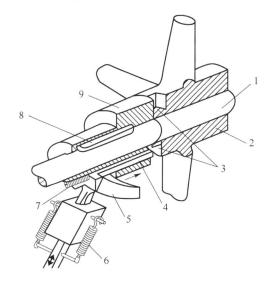

1—曲轴；2—飞轮；3—月形凹槽；4—抽键；5—闸叉；
6、7—弹簧；8—平键；9—离合器体

图 2 - 22　抽键式离合器

抽键式刚性离合器的工作原理为:由踏板带动操纵机构,使离合器闸叉 5 下移,抽键 4 因弹簧 7 的作用而前移,插入飞轮 2 的月形凹槽 3 内,因离合器体 9 是用平键 8 和曲轴 1 连接的,故飞轮 2 带动离合器旋转时,曲轴 1 也一起旋转。当松开踏板时,闸叉 5 的斜楔作用将抽键从飞轮的月形凹槽 3 内抽出,使离合器分离,飞轮空转,曲轴和滑块停止工作。这类离合器结构简单,容易制造,而且离合器的刚性也较好。缺点是只能在曲轴旋转到某一个位置(上止点)时才能够起接合、分离作用。当踏动压力机离合器操纵机构的踏板后,一定要等压力机完成一个冲程后才能停止工作。

2）转键式刚性离合器

转键式刚性离合器按转键的数目分为单转键式和双转键式。转键中部的形状有半圆形和矩形两种,因此这种离合器又分别叫作半圆形转键式刚性离合器和矩形式刚性转键离合器,后者又称切向转键式刚性离合器。

半圆形双转键式刚性离合器结构如图 2 - 23 所示,它的主动部分包括大齿轮 8、中套 4 和两个滑动轴承 1、5 等;从动部分包括曲轴 3、内套 2 和外套 6 等;接合件由工作键 16 和副键 15

组成;操纵机构由关闭器 9、尾板 10 等组成(见图 2 - 23 中 C - C 剖视图)。中套用平键 14 与大齿轮连接(见图 2-23 中 D - D 剖视图的左图),其内缘有四个半圆形槽。曲轴的右端以及内、外套的内缘上也各有两个半圆形槽,它们的直径与中套上的半圆形槽直径相同,转键(即工作键和副键)的两端为圆柱轴颈,支承在由曲轴和内、外套上的半圆式槽组成的孔中;转键中部的内缘与曲轴上的半圆形槽配合,外缘与曲轴的外表面构成一个圆。因此,当中套上的半圆形槽与曲轴上的半圆形槽恰好对正并形成整圆时,在操纵机构的控制下,转键便绕自己的轴线转动,进入离合器的接合位置。

　　双转键式刚性离合器有工作键(又称主键)和副键(又称填充键)。由于这两个键的右端都装有键柄,两键柄又由拉板 17 相连(见图 2 - 23 中 E 向视图的右图),因此副键总是跟着工作键转动,但两者转向相反。装设副键之后,滑块下行时,可以防止因曲柄滑块机构的自重作用,而造成曲轴的转动超前于大齿轮的转动,这种超前现象会引起工作键与中套的撞击。当压力机用拉深垫或弹性压边圈进行拉深加工时,副键可以防止滑块回程时由于拉深垫或弹性压边圈的回弹力而引起的超前现象。此外,装设副键后,调整模具时能够使曲柄反转。

　　当需要离合器接合时,就使关闭器转动,让开尾板 10(见图 2 - 23 中 C - C 剖视图),尾板连同工作键在弹簧 11 的作用下,有向逆时针方向旋转的趋势,最多旋转 90°,只要中套上的半圆形槽与曲轴上的半圆形槽对正,工作键便立即向逆时针方向转过一个角度(见图 2 - 23 中 D - D 剖视图的右图),离合器完成接合,大齿轮则经过中套和工作键的中部带动曲轴向逆时针方向旋转。

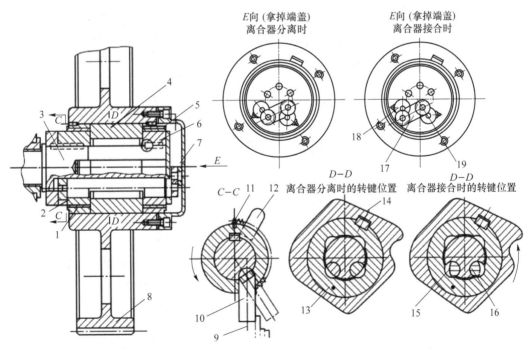

1、5—滑动轴承;2—内套;3—曲轴(右端);4—中套;5—外套;7—端盖;8—大齿轮;9—关闭器;10—尾板;11—弹簧;12—凸块;13—润滑棉芯;14—平键;15—副键;16—工作键;17—拉板;18—副键柄;19—工作键柄

图 2 - 23　双转键式离合器

当需要离合器脱开时,操纵机构的复位弹簧使关闭器返回原位,挡住尾板迫使尾板连同工

作键向顺时针方向转至原位(见图2-23中$D-D$剖视图的左图),工作键中部的外缘又与曲轴的外表面构成一个整圆,于是曲轴与中套脱开,大齿轮空转,曲轴在制动器作用下停止转动,滑块停于上止点。

(2)刚性离合器的操纵机构

图2-24和图2-25是电磁铁控制的操纵机构示意图和结构图,操纵机构可以使压力机获得单次行程和连续行程。

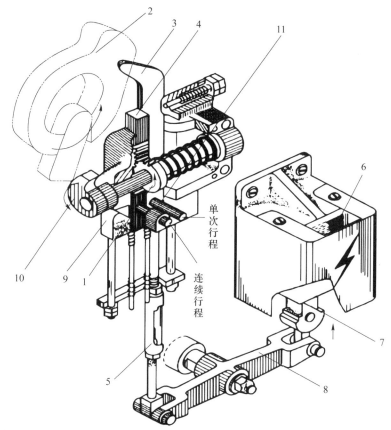

1—齿轮;2—凸块;3—打棒;4—台阶面;5—拉杆;6—电磁铁;7—衔铁;8—摆杆;9—机身;
10—关闭器;11—销子;12—齿条;13、14、15—弹簧

图2-24 电磁铁控制的操纵机构结构示意图

单次行程:预先用销子11将拉杆5与右边的打棒3连接起来,形成单次行程工作状态。工作时踩下踏板,使电磁铁6通电,衔铁上吸,拉杆5向下拉打棒3,由于打棒的台阶面4压在齿条12上面,于是齿条也跟着向下,齿条带动齿轮1和关闭器10转过一定角度,尾板与转键便在拉簧(见图2-25)的作用下转动,离合器接合,曲轴旋转,滑块向下运动。在曲轴旋转一周之前,操纵者即使松开操纵踏板,电磁铁仍然处于通电状态。但随曲轴一起旋转的凸块2(见图2-25)将撞开打棒,齿条与打棒脱离,并在下端弹簧的作用下向上运动,经齿轮带动关闭器回到原位置,离合器脱开,曲轴在制动器作用下停止转动,滑块完成单次行程。若要再次进行单次行程,必须先使电磁铁断电,让打棒在弹簧的作用下复位,并重新压住齿条,才能实现再次行程。综上所述,这种机构能够防止由于操作失误而产生的连冲现象。

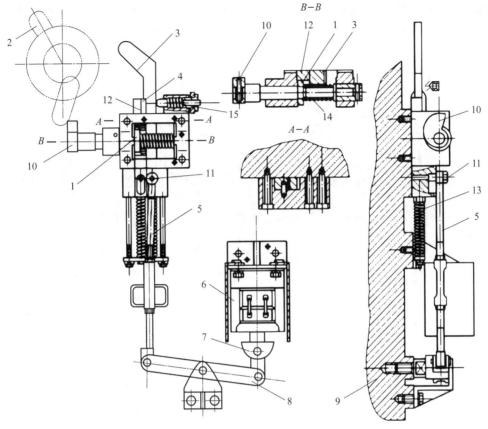

1—齿轮；2—凸块；3—打棒；4—台阶面；5—拉杆；6—电磁铁；
7—衔铁；8—摆杆；9—机身；10—关闭器；11—销子；12—齿条；13、14、15—弹簧

图 2-25　电磁铁控制的操纵机构结构图

连续行程：先用销子将拉杆 5 与左边的齿条 12 连接起来，形成连续行程工作状态。工作时，电磁铁通电，衔铁上吸，拉杆向下拉齿条，于是经齿轮带动关闭器转过一定角度，离合器接合，曲轴旋转。此时凸块和打棒已不起作用，如不松开踏板使电磁铁断电，滑块便作连续行程。要使离合器脱开和曲轴停止转动，必须松开踏板切断电磁铁的电源，齿条才能在它下面弹簧的作用下向上移动，经齿轮使关闭器复位并挡住尾板。

采用上述操纵机构，由单次行程转换成连续行程时，需要拆装拉杆上的销子，改变拉杆的位置，使用不够方便。在某些压力机的转键离合器的操纵机构中，改为拉杆直接与齿条连接，由电器控制线路与操纵机构配合，只要改变转换开关的位置，即可实现单次行程与连续行程的变换，使用比较方便，而且结构简单。

2. 带式制动器

制动器分为圆盘式、带式和闸瓦式三种，都通过摩擦作用产生制动力矩。圆盘式制动器将在摩擦离合器中一起叙述，闸瓦式应用不多。带式制动器分为偏心式、凸轮式和气动式三种。

图 2-26 所示为常见的偏心带式制动器。偏心带式制动器由制动轮 6、制动带 4、摩擦材料 5、制动弹簧 2 和调节螺钉 1 等组成。摩擦材料铆接在制动带上，制动带的紧边 7 固定在机身上，松边 3 用制动弹簧张紧，制动轮和曲轴用平键相连，其外圆对曲轴轴颈有一个偏心矩。

当曲轴靠近上止点时,制动带绷得最紧,制动力矩最大;曲轴在其他角度时,制动带也不完全松开,仍然保持一定的制动力矩,用以克服刚性离合器的超前现象。制动力矩的大小可用调节螺钉调节。

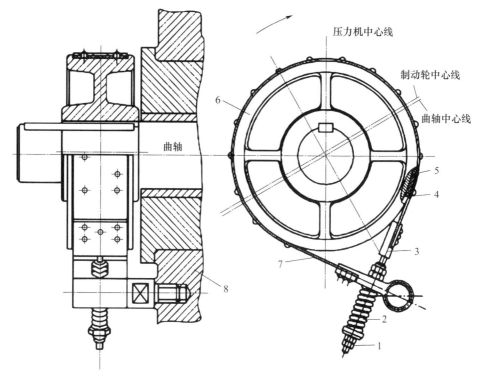

1—调节螺钉;2—制动弹簧;3—松边;4—制动带;5—摩擦材料;6—制动轮;7—紧边;8—机身

图2-26 偏心带式制动器

这种偏心带式制动器结构简单,但常处于制动状态会增加压力机的能耗,加速摩擦材料的磨损。偏心带式制动器与刚性离合器配合使用,安置在曲轴的另一端,用于小型压力机上。图2-27为气动带式和凸轮带式制动器示意图。凸轮带式制动器的张紧依靠弹簧,松开依靠凸轮和杠杆。压力机在非制动行程时,可以完全松开制动带,能量损耗较小。凸轮带式制动器的应用和偏心带式制动器一样。气动带式制动器的张紧和松开依靠弹簧和气缸,能量损耗小,但结构较复杂,需用气源。

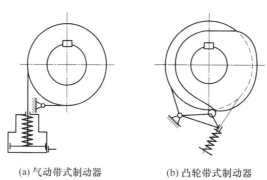

(a) 气动带式制动器   (b) 凸轮带式制动器

图2-27 气动带式和凸轮带式制动器示意图

3. 摩擦离合器-制动器

（1）结构形式

通用压力机上的摩擦离合器-制动器的结构形式很多,按工作情况分为干式和湿式两种。干式离合器-制动器的摩擦面暴露在空气中;湿式摩擦离合器-制动器由多对摩擦片组成,浸泡在润滑油中,接合平稳,噪声小,散热好,但结构复杂,造价高。按其摩擦面的形状,又有圆盘式、浮动镶块式和圆锥式等。目前,常用的干式摩擦离合器-制动器是圆盘式结构。

摩擦离合器-制动器广泛应用于大中型压力机,现在也应用于小型压力机,但其结构复杂,制造成本高,需要气源,应用上受到一定的限制。摩擦离合器-制动器必须安全、可靠,制动时间短,制动器工作温度低,通常摩擦离合器-制动器的工作温度不得超过 70 ℃,最高不得超过 100 ℃。

图 2 - 28 是气动圆盘式离合器-制动器图。左端是离合器,右端是制动器,它们之间用推杆 5 等零件刚性联锁。

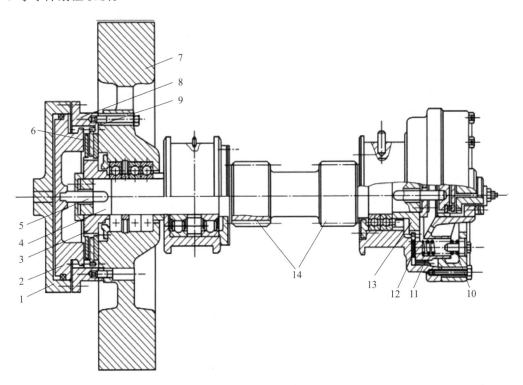

1—气缸; 2—活塞; 3—离合器外齿圈; 4—空心传动轴; 5—推杆; 6—从动摩擦片;
7—大带轮; 8—离合器内齿圈; 9—主动摩擦片; 10—制动弹簧; 11—制动器内齿圈;
12—摩擦片; 13—制动器外齿圈; 14—小齿轮

图 2 - 28　JA31 - 160B 型压力机的圆盘式摩擦离合器-制动器

主动部分:由大带轮(飞轮)7、离合器内齿圈 8、主动摩擦片 9、气缸 1、活塞 2 和推杆 5 等组成。在大带轮上固接离合器内齿圈,离合器内齿圈与主动摩擦片的轮齿相啮合。只要压力机电动机旋转,大带轮离合器内齿圈、主动摩擦片就不停旋转。

从动部分:由空心传动轴 4、从动摩擦片 6、离合器外齿圈 3 以及制动器外齿圈 13 和摩擦片 12 等组成。空心传动轴上固接离合器外齿圈,离合器外齿圈与从动摩擦片的轮齿相啮合。大带轮并不直接与空心传动轴装在一起,而是支承在滚动轴承上,因此平时大带轮旋转时空心传动轴并不旋转。

接合件是指主动摩擦片和从动摩擦片,摩擦片的材料多为铜基粉末冶金摩擦材料。

动作过程:电磁空气分配阀通电开启后,压缩空气进入离合器气缸,向右推动活塞,使离合器主、从动摩擦片被压紧,大带轮便可以带动空心传动轴转动;同时空心传动轴内的推杆向右移动,带动制动器外齿圈压缩制动弹簧,于是制动器在离合器接合之前已经脱开。电磁空气分配阀断电后,离合器气缸与大气相通,气缸排气,在制动弹簧作用下,空心传动轴内的推杆推动活塞向左移动,离合器脱开;同时制动弹簧释放,于是制动器摩擦片被压紧,产生制动作用,迫使从动部分停止运动。

操纵机构由气缸、活塞和压缩空气控制系统等组成。离合器和制动器接合和脱开是靠推杆完成的,又称为机械连锁的离合器-制动器。

此外,还有两端悬臂的浮动镶块式摩擦离合器-制动器、两端悬臂的圆盘式离合器-制动器。干式摩擦离合器-制动器往往会出现离合器过热现象,摩擦片(块)容易损坏,摩擦片(块)寿命低,噪声大。由于离合器传递扭矩比较大,使得离合器外形尺寸较大,不能满足高档压力机的需要。

湿式摩擦离合器-制动器的结构与干式摩擦离合器-制动器大致相同,但湿式摩擦离合器-制动器浸泡在油中,主、从动摩擦片之间充入机油,靠剪切油液产生的摩擦力传递扭矩,主、从动摩擦片之间不接触,因此不会产生磨损、噪声小、散热好、寿命长,但结构复杂,制造成本高。由于油的切应力通常比摩擦系数小,同等条件下,湿式摩擦离合器-制动器传递扭矩能力不如干式摩擦离合器-制动器。

摩擦离合器比刚性离合器结构复杂,价格高,但是性能优于刚性离合器。摩擦离合器和刚性离合器的性能对比见表 2-4。

表 2-4　摩擦离合器和刚性离合器的性能对比

性　　能	离合器类型	
	刚性离合器	摩擦离合器
滑块能否在任意位置固定	不能	能
点动行程和紧急停止	不能	能
高速适应性	不好	好
远距离操作	困难	容易
压力机吨位限制	大吨位不行	行
转矩是否产生超载	产生	可以防止

(2)摩擦片材料

摩擦离合器和制动器是靠摩擦副的摩擦传递力矩的,摩擦副的性能和工作能力取决于摩擦片材料的质量和性能。对压力机摩擦离合器和制动器所用摩擦片材料的要求如下:

① 具有足够高的摩擦系数,特别是在一定温度范围内要保持摩擦系数的热稳定性。

② 摩擦片有较长的使用寿命,在一定温度内有较高的耐磨性。

③ 为使离合器、制动器在接合、制动时产生的热量能够及时散出,摩擦片材料应具有良好的热传导性。

④ 为了保证摩擦面的良好接触,摩擦片材料应具有良好的磨合性。

⑤ 为了保证摩擦面无咬合和黏结现象,摩擦片材料应具有良好的抗咬合性。

摩擦片材料有石棉树脂、粉末冶金、半金属材料三大类。

1) 石棉树脂摩擦材料

石棉树脂摩擦材料以石棉纤维为基本材料,占材料的 40%～60%(质量分数)。石棉纤维具有较高的耐热性、耐磨性和强度。黏结剂为酚醛树脂、各种改性的酚醛树脂和橡胶,占材料的 20%～30%(质量分数)。黏结剂将各种材料均匀地黏结在一起,不同的黏结剂和不同的配比量对摩擦片材料的性能和强度有较大的影响。其余材料为填料,如矾土、硫酸钡、三氧化二铁、石英、金刚砂、沥青和橡胶粉末等。上述材料搅拌均匀,在一定温度下模压成型即为石棉树脂摩擦材料。

国产石棉树脂摩擦材料 M219 的性能为:摩擦系数 μ=0.27～0.37,摩擦表面温度为 450 ℃。

2) 粉末冶金摩擦材料

铜基粉末冶金摩擦材料:铜基粉末材料占总材料的 60%～90%(质量分数),其余为锡、铅、锌、铁等粉末材料,将这些材料混合后模压、烧结即可形成铜基粉末冶金摩擦材料。

铁基粉末冶金摩擦材料:铁基粉末材料占总材料的 50%～70%(质量分数),其余为镍、铬、钼粉末材料和二硫化钼,将这些材料混合后模压、烧结即可形成铁基粉末冶金材料。

3) 半金属摩擦材料

半金属摩擦材料以钢纤维为基本材料,再加入金属或金属氧化物粉末、填充物、黏结剂和润滑剂等,混合后在一定温度下模压成型。半金属摩擦材料比石棉树脂摩擦材料的性能、使用寿命要高,生产成本也高,但使用时无粉末、无污染。

(3) 操纵系统

摩擦离合器-制动器的操纵系统一般采用压缩空气或液压传动。从安全性考虑,应该使用压缩空气或液压推动离合器接合,用弹簧对制动器进行制动。因为在压缩空气或液压传动发生故障时,没有了动力,离合器会自动脱开,同时制动器制动,压力机停止工作。

1) 气动操纵系统

离合器和制动器之间的动作联锁形式有机械刚性联锁和非刚性联锁。机械刚性联锁的离合器-制动器通过推杆把离合器和制动器连接起来,如图 2-26 所示。非刚性联锁的离合器-制动器分别通过其他装置进行连接和互锁,如双阀与柔性阀装置、正联锁电磁阀与单向节流阀装置等。

2) 液压操纵系统

摩擦离合器采用液压操纵系统时,所需油压约为压缩空气的 10 倍,为 4.0～6.0 MPa。液压控制时,离合器接合噪声小,改善了工人劳动条件,而且安全,易调节,无污染。

2.3　通用压力机的附属结构

通用压力机的附属结构包括过载保护装置、拉深垫、滑块平衡装置、顶料装置、移动工作台、气路系统和润滑系统等。这些辅助装置在压力机的正常工作中起着重要作用,可以使压力机安全运转,扩大工艺范围,提高生产率,降低工人劳动强度。在一些先进的压力机中都设有这些辅助装置。

2.3.1　过载保护装置

压力机在工作时,模具调整不当或者重叠冲压会引起过载。过载可能使压力机损坏,如连杆螺纹破坏、螺杆弯曲或断裂,甚至机身变形和断裂。为了防止过载,压力机上设有过载保护装置。

1. 压塌块式保护装置

图 2-12 所示的 J31-315 型压力机的滑块部件中就装有压塌块保护装置,图 2-29 是与其配用的压塌块的结构图。

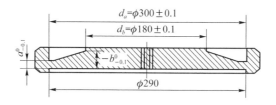

图 2-29　J31-315 型压力机的压塌块结构图

压力机过载时,压塌块薄弱截面发生剪切破坏,滑块相对连杆移动一个距离,保证受力零件不过载,同时能够拨动开关,切断控制线路,使压力机停止运转,从而保护压力机。压塌块被破坏以后,需要从滑块前面的窗口(见图 2-12)卸出破损的压塌块,换以新的压塌块,压力机便可以恢复正常工作。

为了保证过载保护装置的保险功能准确可靠,每批压塌块材料均要进行力学性能试验,并根据试验数据确定剪切面的高度。这种破坏式过载保护装置保护精度低,但结构简单、尺寸小、价格低,常应用于中小型开式压力机,典型结构如图 2-29 所示。

压塌块的破坏不仅与滑块的作用力大小有关,还与力的作用次数有关,因此这种装置不可能准确地限制过载力。有时载荷尚未超过允许数值,但压塌块已发生疲劳破坏,以致不能充分发挥压力机的工作能力,影响生产效率。同时压塌块也不适宜在双点或四点压力机上使用,因为超载时两个或四个连杆下面的压塌块不能保证同时断裂,若发生不同时断裂的情况,滑块将会倾斜,还可能产生卡死现象,近年来采用液压式过载保护装置的压力机越来越多。

2. 液压式过载保护装置

图 2-30 为 J39-800 型闭式四点压力机的液压保护装置原理图,该压力机的每个液压垫都设有卸荷阀,其中一个液压垫还设有限位开关。

工作时,高压液压泵 2 打出的高压油流经单向阀、卸荷阀 5、液压垫 6 进入液压缸。为使液压垫内的连杆支承座抬起,当压力机在公称压力下工作时,液压垫中的油压使卸荷阀中的单向阀关闭,但进油端的油压及弹簧的作用力之和大于输出端的总压力,因此压力机可以正常工作。

当压力机超载时,液压垫中的油压升高,致使卸荷阀输出端的总压力大于进油端的总压力,迫使阀芯动作,使液压垫中的油排回油箱,压力机迅速卸载。当卸荷阀阀芯移动时,阀芯上的斜面螺母触动限位开关,限位开关迫使液压泵电动机的电源和离合器的控制线路切断,液压泵停止供油,压力机也紧急停车。待消除过载后,卸荷阀复位,液压泵再次向液压垫供油,压力机随即又可重新工作。

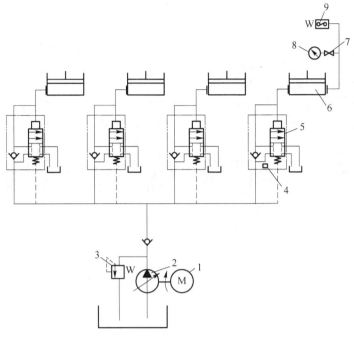

1—电动机；2—高压液压泵；3—溢流阀；4—限位开关；5—卸荷阀；
6—液压垫；7—压力表开关；8—压力表；9—压力继电器

图 2 - 30　J39 - 800 型闭式四点压力机液压保护装置原理图

　　溢流阀调整不当或失灵将使液压泵压力过高或过低,影响压力机的正常工作。如压力调得过高,当压力机过载时卸荷阀将打不开,压力机有被破坏的危险。若压力调得过低,当压力机工作压力较低时,卸荷阀即打开,压力机则达不到公称压力。为了避免上述两种情况,设有压力继电器 9,用来控制过高或过低的油源压力。为了测量压力机工作时所受到的实际作用力,在滑块液压垫管路中接有压力表 8,根据需要可将压力表开关 7 打开,即可从表中读取数值。在一般情况下压力表开关处于关闭状态。

　　上述液压保护装置靠高压液压泵供油,溢流阀经常开启,所以不仅无故消耗电能,而且泵阀容易损坏,故有时采用气动液压泵来代替高压液压泵。

　　液压式过载保护装置的优点是保护精度高,超载解除后能自动恢复保护功能,而且可以将保护压力调节到低于公称压力。

2.3.2　拉深垫

1. 拉深垫装置

　　板料拉深时,为防止起皱,常常需要压住板料边缘,小型压力机常用弹簧式或橡皮式压边装置,但这种装置的压边力不能太大,并且有随行程变大而压边力也增大的缺点,所以在大型通用压力机上压制大型拉深件或有内凹结构的拉深件时,采用气垫或液压气垫压边装置,该装置总称拉深垫。拉深垫除用于拉深时防止起皱外,还可用于顶料或制件底部局部成型。压力机装上拉深垫后,可扩大压力机的使用范围,比如有拉深垫的通用压力机(见图 2 - 31)能进行较大深度的拉深工作。双动压力机装了拉深垫后(见图 2 - 31(b)),可以作为三动压力机使用,所以在大中型压力机上一般都备有拉深垫装置。

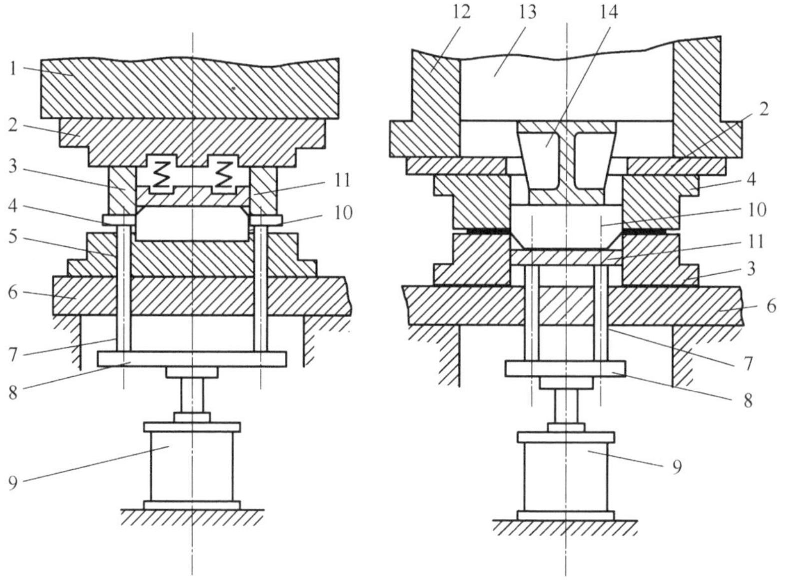

(a) 在通用压力机上使用拉深垫的工作情况　　(b) 在双动压力机上使用拉深垫的工作情况

1—滑块；2—上模板；3—凹模；4—压边圈；5—下模板；6—垫板；7—顶杆；8—托板；
9—拉深垫；10—凸模；11—卸料板；12—外滑块；13—内滑块；14—凸模接头

图 2 - 31　拉深垫的应用简图

2. 气 垫

图 2 - 32 所示为 JA36 - 160 型压力机的气垫,气缸 5 固定在机身工作台 3 的底面下,当气缸下腔进入压缩空气时,活塞 4 和托板 1 向上移动到上极限点位置,气垫处于工作状态。当压力机的滑块向下运动,上模接触到坯料时,气垫的托板和活塞由于滑块和模具顶杆的作用,同步向下移动,并以一定的压紧力压紧被冲压制件的边缘,直到滑块到下止点,完成冲压工作为止。当滑块回程时,压缩空气又推动活塞随滑块上升到上极限点位置,完成顶件工作。调节气垫系统内的压缩空气压力,就可以得到各种冲压工作所需的压紧力。上述单活塞式气垫结构简单,活塞很长,芯部有较大空腔,可以储存较多的压缩空气,不必另备储气罐,同时导向性能也较好,能承受一定的偏心力。

由于国内企业采用的压缩空气压力较低(0.7MPa 以下),气垫压边力受到限制,对于大型压力机,当采用多层气缸的气垫也不能满足要求时,往往采用液压气垫。液压气垫是气动控制的液压垫,结构紧凑,单位压力大,行程长、导向好,工作行程容易控制。

普通的拉深垫托板的上限位置是固定的,更换模具时必须相应更换不同长度的顶料杆,所以制造费用较高,操作及保管也极为不便,为改善这种情况,可采用行程可调节的拉深垫行程调节装置。不论是气垫还是液压气垫均可采用这种装置。注意,调节气垫行程时,必须在气垫不通气的条件下进行。

3. 锁紧装置

一般对于充气式气垫,当滑块向上回程时,气垫托板亦即向上顶起。这能满足绝大多数单动压力机的工作需要。但对少数特殊情况（如上模内装有带弹簧的定位块及压紧块）及双动压力机，却需要使拉深垫的顶起比滑块的回程滞后一段时间，即当滑块通过下止点返回到一定的高度后，拉深垫再顶起，以免顶坏制件，执行这种过程的装置称为拉深垫锁紧装置。

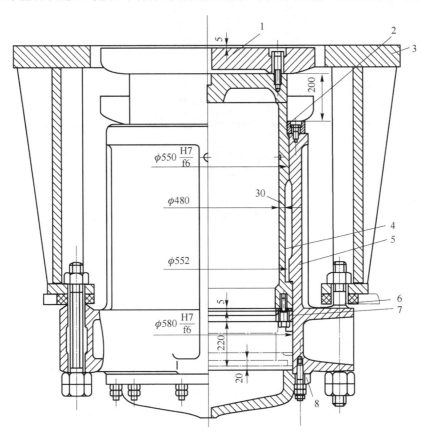

1—托板；2—定位块；3—工作台；4—活塞；5—气缸；6—密封；7—压环；8—气缸盖

图 2-32　JA36-160 型压力机气垫

　　拉深垫锁紧装置的结构原理可参见图 2-33，在拉深垫气缸下面的同一根轴线上设有小的锁紧液压缸 4，其中活塞上装有多个可使油液从下腔流向上腔的单向阀 6。活塞装在由拉深垫延伸出来的活塞杆上，当拉深垫下降时，锁紧液压缸中的活塞也随着下降，锁紧液压缸下腔的油经单向阀流向上腔。此外，锁紧液压缸上下腔之间还装有旁路开闭阀 2 和旁路 3，由旁路开闭阀控制旁路。旁路开闭阀打开时，锁紧液压缸下腔中的油可以自由地流向上腔，因而锁紧缸内的活塞下降不受阻碍。滑块下降到接近下止点时，旁路被关闭。滑块通过下止点后，拉深垫气缸中的空气压力会使拉深垫托板上升，但由于锁紧液压缸上腔充满的油不能排出，用活塞杆连接在一起的拉深垫托板与锁紧缸活塞都无法上升，于是拉深垫在下止点被锁紧。

　　当滑块回程到一定位置时，旁路开闭阀打开，锁紧液压缸上下腔连通，拉深垫在压缩空气的作用下完成顶起动作。一般旁路上设有调节阀，控制拉深垫回程速度。

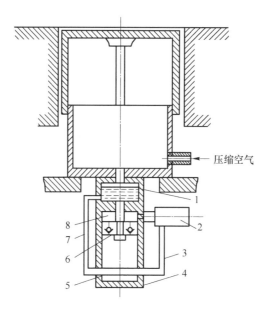

1—油池；2—旁路开闭阀；3—连接上下腔的旁路；
4—锁紧液压缸；5—下腔；6—单向阀；
7—由油池补充漏失油的通路；8—上腔

图 2-33　拉深垫锁紧装置结构原理图

2.3.3　滑块平衡装置

压力机上一般都装有平衡装置，在大中型压力机上装平衡装置尤为重要。通常大型压力机滑块重量较大，装了平衡装置后，可防止滑块向下运动时，因其自重而迅速下降，使传动系统中的齿轮反向受力而产生撞击和噪声；可消除连杆与滑块间的间隙，减少受力零件的冲击和磨损，且有利于润滑；可以降低装模高度，调整机构的功率消耗；同时还可以防止因制动器失灵或连杆折断时，滑块坠落而造成事故。

滑块平衡装置有弹簧式和气动式两种，弹簧式在滑块运动过程中平衡力波动较大，性能差，只适用于小型压力机。使用效果较好的为气动式平衡装置，如图 2-34 所示的 J31-315 型压力机的平衡装置，它由气缸 1 和活塞 2 组成。活塞杆的上部与滑块连接，气缸装在机身上。气缸的下腔通压缩空气，因此能把滑块托住，并平衡滑块的重量，当滑块向下运动时，气缸下腔的压缩空气排入气罐；当滑块向上运动时，气罐的压缩空气进入气缸下腔。滑块两侧装有两个常通气的气缸，在压缩空气的作用下，平衡滑块和模具的重量。

2.3.4　顶料装置

为了将制件顺着冲压方向从上模推出来，在滑块中装有顶料装置（或称推料、打料装置）。顶料装置有两种，即刚性顶料装置和气动顶料装置。图 2-35 所示为刚性顶料装置，其由穿过滑块的打料横杆 4 及固定于机身上的挡头螺钉（调整螺钉）1 等组成。当滑块向下运动时，由于制件的作用，上模中的打杆将打料横杆在滑块中顶起，当滑块回程向上接近上止点时，打料横杆与拧在挡头座 2 上的挡头螺钉 1 相触，由于挡头座固定在机身上不动，故滑块继续上升而打料横杆不动，因此通过上模中的打杆将制件顶出。

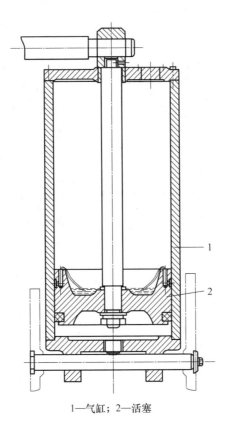

1—气缸；2—活塞

图 2 - 34　J31 - 315 型压力机平衡装置

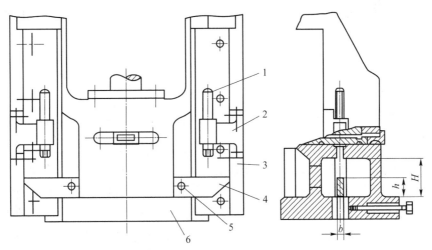

1—挡头螺钉；2—挡头座；3—机身；4—打料横杆；5—挡销；6—滑块

图 2 - 35　JB23 - 63 型压力机刚性顶料装置

　　必须注意，调节压力机装模高度时，必须相应地调节挡头螺钉位置，以免发生设备事故。刚性推料装置结构简单，动作可靠，应用极广。缺点是推件力（GB 8845—88）及推料位置不能任意调节。

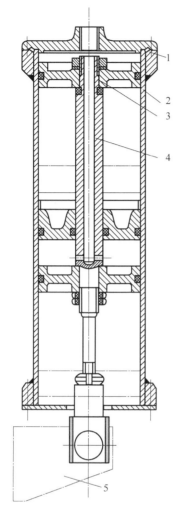

1—气缸盖；2—气缸；3—活塞；4—活塞杆；5—打料杆

图 2 - 36　气动顶料装置

图 2 - 36 所示为气动顶料装置。一组气动顶料装置由双层气缸 2 和一根打料横杆 5 组成,双点压力机有几组顶料装置。双层气缸与滑块连接在一起,活塞杆 4 以铰销和打料横杆的一端相连。气缸进气时,活塞杆推动打料横杆动作,将制件推出。气缸的进排气由电磁空气分配阀控制,可以在回程的任意位置进行推料。气动推料装置的推件力和推料行程容易调节,便于自动化进料,但是结构复杂,推件力受到限制。

2.3.5　移动工作台

为了缩短停机和拆装模具的时间,提高劳动生产率,在一些大中型压力机上设有移动工作台,工作台可以水平移到压力机外。预先在机外的移动工作台上安装固定好模具,然后移入压力机的工作位置,这样安装模具非常方便、迅速,换模时间可以缩短为原来的 1/10。但是压力机造价要增加 20%～25%,厂房跨度和高度也要相应增加。

移动工作台有三种结构和移动形式:第一种形式为左右移出,如图 2 - 37(a)所示,压力机有两个移动工作台,可以向两侧分别移出,第一个移动工作台在压力机内进行冲压工作,第二个移动工作台在压力机外预先安装好模具,待第一套模具冲压完毕后,第一个移动工作台从压力机内移出,预先安装好模具的第二个移动工作台移入压力机内进行冲压工作,从而缩短了停机装拆模具的时间,这种左右移出形式的工作台,占地面积较大。第二种形式是向前移出,如 2 - 37(b)所示,压力机只有一个移动工作台,这种形式的工作台占地面积较小,但装模与拆模不能同时进行,故只对拆模方便,不能显著缩短换模时间。第三种形式是一侧移出,如图 2 - 37(c)所示,压力机有两个移动工作台,工作台向一侧移出,然后再向前移动,这种形式的工作台具有前两种形式的优点,即装拆模具够能同时进行,而且占地面积也较小。

冲压时移动工作台上的固定模具位于压力机底座上,通过移动工作台,底座承受全部变形力。另外,移动工作台的移出形式要根据冲压车间压力机布置情况和单机连线情况决定。

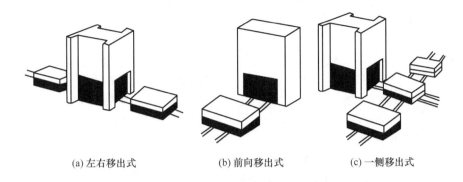

(a) 左右移出式   (b) 前向移出式   (c) 一侧移出式

图 2-37 移动工作台

移动工作台(左右移出式和一侧移出式)的动作程序是:模具Ⅰ冲压完毕→移动工作台Ⅰ夹紧器放松→移动工作台Ⅰ顶起→移动工作台Ⅰ移出→移动工作台Ⅱ开进→移动工作台Ⅱ下落→移动工作台Ⅱ夹紧→模具Ⅱ换模完毕。

移动工作台主要由牵引装置、夹紧器、提升缸、气动泵、定位装置等组成。

移动工作台的牵引装置有两种形式,即内牵引式和外牵引式。内牵引式通过电动机及减速装置驱动,装置结构复杂,但使用方便。外牵引式则需要绞盘或吊车等装置驱动,结构简单,但使用不便。

夹紧器的作用:当移动工作台移进压力机工作区后,夹紧器与压力机底座紧固为一体。

提升缸的作用:移动工作台移出前,将工作台提升,使工作台下表面与压力机底座分开;移动工作台移进后,将工作台下落,使工作台下表面与压力机底座接触。

气动泵的作用:将气源的低压气转换成液压高压油,向夹紧器和提升缸等供油。

定位装置的作用:保证移动工作台移出再移进时,移动工作台和压力机底座之间的重复定位精度。

2.3.6 气路系统

气动控制具有动作迅速、反应灵敏、维护简单、使用安全和易于集中或远距离控制等一系列优点,在压力机中广泛应用,如气动控制摩擦离合器-制动器、平衡缸、拉深垫等。

图 2-38 是 JA31-160B 型压力机气路系统简图。从气源 1 来的压缩空气经开关 2 进入压力机气路系统,由分水滤气器 4 将压缩空气净化、干燥并经减压阀 5 减压后分两路输出:一路经单向阀 12、平衡储气罐 14 进入平衡缸 15;另一路经离合器储气罐 10、油雾器 8、空气分配阀 7 进入离合器气缸 6。由于该型压力机的离合器和制动器采用机械式连锁,而且压力机公称压力不大,所以在气路中只用一个滑阀式电磁空气分配阀。对于需要进排气流量大或需要用气阀实现离合器-制动器连锁的场合,则应选用其他形式的空气分配阀。

压力继电器 9 的作用是当管路空气压力低于允许压力值时,使电路断电,滑块立即停止运动,防止因气路压力过低导致摩擦离合器打滑引起事故;安全阀 11、13 的作用是当系统的空气压力超过某一值时,安全阀被打开,将压缩空气泄入大气中,保证气路系统安全工作。

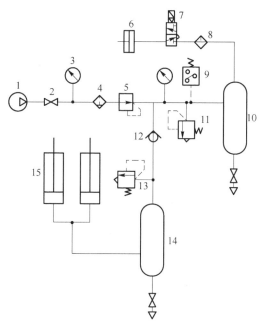

1—气源；2—开关；3—压力表；4—分水滤气器；
5—减压阀；6—离合器气缸；7—空气分配阀；
8—油雾器；9—压力继电器；10—离合器储气罐；
11、13—安全阀；12—单向阀；14—平衡储气罐；
15—平衡缸

图 2 - 38   JA31 - 160B 型压力机气路系统简图

2.3.7　润滑系统

压力机所有有相对运动的部分必须进行润滑，以减少机器零件的磨损，提高机器的使用寿命，保持正常的工作精度，降低能量消耗和维修费用。

1. 润滑种类和润滑方式

润滑方式按油品的种类分为稠油润滑和稀油润滑。通用压力机一般采用的润滑介质有稀油和稠油。稀油用 GB443 - 84 中的 N15、N32、N46、N68、N100、N150 六个代号的机械油；稠油用钙基润滑脂(GB491 - 65)中的 ZG - 1、ZG - 2 和 ZG - 3 三个代号和钠基润滑油即 GB492 - 77 中的 ZN - 2 和 ZN - 3 两个代号。钙基润滑脂外观呈淡黄色到褐色，而钠基润滑脂外观呈深黄色到暗褐色。另外，二硫化钼作为润滑介质的应用越来越多。在 N68 号机械油中加入 25％(质量分数)的二硫化钼粉剂，均匀混合后即可成为二硫化钼油剂；在钙基润滑脂或钠基润滑脂中加入 3％～5％(质量分数)的二硫化钼粉剂，均匀调制成的二硫化钼油剂外观呈灰色。

机械油润滑的优点是：内摩擦系数小，可用其润滑高速运动的运动副；流动性好，易进入各润滑点。若用在循环润滑系统中，冷却作用好，还可以将运动副内的金属微尘及杂质带走。但是，机械油在运动副内产生的油膜承压低，容易外流，会对周围环境造成污染，所以机械油润滑系统对密封要求高。

钙基或钠基润滑脂润滑可以克服机械油润滑的缺点,但由于其流动性差,内摩擦系数大,故不宜在高速运动的运动副内使用,也不便实现循环润滑。

二硫化钼润滑介质的最大特点是:二硫化钼与金属的亲合能力强;摩擦系数小,$\mu=0.04\sim0.09$,而且摩擦系数随运动速度及负荷的增大而减小;二硫化钼的化学稳定性好,只有强酸、强碱、强氧化剂才可以使其氧化;抗压性能好,可减少运动副的磨损和噪声。

润滑方式按供油方式分为分散润滑和集中润滑。分散润滑是将油品注入旋盖油杯或用油枪注入各润滑点。中、小型压力机通常采用稀油分散润滑。集中润滑是采用手动稠油泵或机动稠油泵将油品通过管道系统送入各润滑点。

2. 稀油集中润滑系统

图 2-39 所示为稀油集中润滑系统。油槽 1 中装有齿轮泵 2,经泵出来的压力油(0.3 MPa)经过单向阀 3 和过滤器 4,沿着油管流向压力机各润滑点,然后再流回油槽。在流经的各润滑点分支管道上分别装有节流阀,以便调节各润滑点的油量。压力继电器 5 的作用是当齿轮泵还没有把系统的油压升到所需压力时,压力机的主电动机不能起动。当油压下降时,说明出现泄漏,压力继电器可使主电机停止工作。稀油集中润滑系统的优点是稀油流动性好,传动效率高,润滑油能带走磨屑微粒,可清洁工作表面,具有冷却效果。缺点是密封困难,漏油污染工作环境。这种稀油集中润滑系统多用于大、中型压力机。

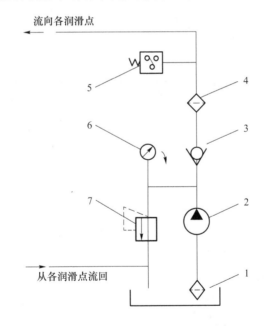

1—油槽；2—齿轮泵；3—单向阀；4—过滤器；
5—压力继电器；6—压力表；7—溢流阀

图 2-39　稀油集中润滑系统

开式双柱可倾压力机润滑部位和润滑方式可参见表 2-5,其他压力机润滑部位和润滑方式见设备说明书。

表 2-5　开式双柱可倾压力机润滑部位和润滑方式

润滑点名称	润滑方式和工具	润滑油种类	润滑周期
左右导轨下端	手动或机动稠油泵 集中润滑	润滑脂	手动稠油泵每工 作班三次
左右导轨上端			
左右轴套			
连杆瓦			
齿轮齿面	油刷涂抹	润滑脂	每天一次
离合器连接销	油枪个别润滑	润滑脂	每周一次
传动轴轴承	油枪个别润滑	润滑脂	每月一次
连杆调节机构	油壶个别润滑	机械油	用时润滑
传动齿轮轴承	油枪个别润滑	润滑脂	每月一次
调整棘轮	油壶个别润滑	机械油	用时润滑
连杆球头	油壶个别润滑	机械油	每班三次
油雾器	油壶润滑	机械油	每天一次
机身倾斜调整螺杆	油刷涂抹	润滑脂	用时润滑

2.4　压力机的精度和技术条件

压力机的精度是保证模具正常、准确地运动和工作所必需的质量指标,它将直接影响冲压件的精度和模具寿命。压力机的精度分为静态精度和动态精度。静态精度是指压力机在不承受负荷时的精度,由压力机的制造加工精度和装配调整精度决定;动态精度是指压力机在承受负荷时的精度,压力机加负荷时会产生机身伸长、工作台出现挠度等不良现象,它们的影响程度形成动态精度。决定动态精度的是压力机的刚度,目前对压力机的刚度动态精度的测量和判断都有困难,因此仍用静态精度作为判断压力机精度的标准。

1. 开式压力机的精度(GB 9165—88)

GB 9165—88 标准适用于一般用途、最大公称压力为 2 500 kN 的单柱固定台压力机、开式固定台压力机和开式可倾压力机。开式压力机的几何精度包括:

① 工作台板上平面的平面度;
② 滑块下平面的平面度;
③ 滑块下平面对工作台板上平面的平行度;
④ 模柄孔对滑块下平面的垂直度;
⑤ 滑块滑动导轨面对工作台板上平面的垂直度;
⑥ 滑块导轨与机身导轨的间隙值。

以上各项几何精度的检验方法及精度要求见 GB 9165—88,或者见压力机设备说明书,压力机出厂证书上应有精度检验记录。

2. 开式压力机的技术条件(JB 1646—83)

JB 1646—83 标准适用于单柱固定台压力机、开式固定台压力机和开式可倾压力机。标准包括四大部分:技术要求,检验规则与试验方法,标志、包装与运输以及附录 A 和附录 B。

① 技术要求　包括图样及技术文件、形式及参数、刚性、安全与防护规定、曲轴停止位置规定、润滑、噪声、电气设备、零件加工和装配等的技术要求。

② 检验规则与试验方法　包括基本参数的检验、基本性能的检验、负荷试验、精度检验和空运转试验等。

③ 标志、包装与运输　包括防锈规定、包装与标志规定、运转与装载要求以及随机技术文件项目等。

④ 附录 A 和附录 B　附录 A 规定了冲裁力的计算公式、对冲模间隙及剪切角的要求以及对试件材料的要求;附录 B 规定了压力机机身的许用角刚度的计算式及测试方法。

3. 闭式单点、双点压力机技术条件(JB 1279—81)

JB 1279—81 标准适用于闭式单点、双点压力机和闭式单点、双点切边压力机。该标准包括:一般要求,铸、锻、焊件质量要求,加工、装配质量要求,电气、液压、气动装置质量,外观质量,精度要求,试验方法与验收规则标志,包装与运输以及附录等部分。

① 一般要求　包括压力机的型式,基本参数与尺寸规定,工作台板上、下平面以及滑块下平面的平面度及表面粗糙度要求,滑块的滑动导轨面对工作台上平面的垂直度要求,压力机的安全技术要求,防锈要求等。

② 精度要求　包括检验基准面的规定及以下检验项目的检查方法:工作台板上平面的平面度,滑块下平面的平面度,滑块下平面与工作台板上平面的平行度,滑块滑动导轨面对工作台板上平面的垂直度等。

③ 试验方法与验收规则　包括基本参数和尺寸规格的检验、空运转试验、负荷试验、超负荷试验、精度检验、气垫试验等内容。

2.5　压力机的选择、使用和维护

2.5.1　压力机的选择

在编制冲压工艺文件和设计模具结构时,需要选择合适的压力机,以满足冲压工艺需要和使模具工作正常。选择压力机时主要从以下三个方面考虑。

1. 压力机的类型

冲压加工用的设备主要有通用压力机、专用压力机和液压机等。压力机类型的选择,主要取决于冲压件的工艺要求和生产批量,一般应遵循以下几点原则:

① 中小形状的冲裁件、拉深件、弯曲件,主要选择开式通用压力机。开式压力机机身刚度较差,在冲压力的作用下易产生变形,影响冲裁件质量,但只要冲压能力选择适当,还是能满足条件的,而且使用比较方便,容易操作,便于实现机械化和自动生产。因此,中小形状和精度要求不高的冲压件多采用这类开式压力机。

② 大中形状和精度要求较高的冲压件,要选择刚度较好的闭式通用压力机。根据冲压件的大小,可以选择双点式、四点式压力机。

③ 对于批量生产的形状较复杂的中小形状的冲压件,应该选择高效率压力机或自动压力机。

④ 对于生产批量较小的大型厚板冲压件,应选用液压机。液压机虽然生产速度慢,效率

低,制件尺寸精度受操作影响,但是压力大,不会因板厚而过载,适用于厚板生产。

⑤ 对于精密冲裁件,最好在专用精冲压力机上进行生产。当生产批量不大时,可在通用压力机或液压机上增加压料装置和反压装置,进行精密冲裁。

⑥ 对于大型拉深件,要选用上传动的闭式双动拉深压力机;对于中小型拉深件,常选用下传动的双动拉深压力机;对于大型复杂拉深件,可以选用三动压力机。

⑦ 对于校正弯曲、整形、压印等工序,要求压力机有足够的刚度,应优先选用精压机,以得到较高的冲压件尺寸精度;当生产批量不大时,可以选用摩擦压力机。

⑧ 对于薄板冲裁,应当选用精度和刚度高的压力机。

冲压类型与冲压设备选用对照表可参见表 2-6。

表 2-6 冲压类型与冲压设备选用对照表

冲压设备	冲压类型					
	冲裁	弯曲	简单拉深	复杂拉深	整形校平	立体成型
小行程通用压力机	√	○	×	×	×	×
中行程通用压力机	√	○	√	○	○	×
大行程通用压力机	√	○	√	○	√	√
双动拉深压力机	×	×	○	√	×	×
高速自动压力机	√	×	×	×	×	×
摩擦压力机	○	√	×	×	√	√

注:表中√表示适用,○表示尚可使用,×表示不适用。

2. 压力机的能力

(1) 压 力

公称压力是指滑块运动至下止点前某一特定距离时,滑块所容许承受的最大作用力。从滑块许用负荷曲线可知,在滑块全行程中并不都保持这一公称压力。有的压力机在行程中间点的压力可降至公称压力的 40%~50%。

选用压力机时,应使冲压变形力和冲压变形曲线始终位于滑块许用负荷曲线之下,这样压力机的工作才是安全的。如果是复合冲压,应将几个变形力曲线叠加起来,然后再进行比较。选择压力机压力的计算方式如下:

① 当压力机对坯料施加压力的行程小于 5% 的压力机行程时,压力机公称压力应大于等于 1.3 倍冲压总力。

② 当压力机对坯料施加压力的行程大于 5% 的压力机行程时,如拉深成型,在浅拉深时,最大变形力应限制在公称压力的 70%~80%;深拉深时,最大变形力应限制在公称压力的 50%~60%。

(2) 功率能力

压力机的功率能力是由电动机功率和飞轮能量等因素决定的。当冲压功率超过压力机功率,导致功率超限时,会使压力机飞轮转速降低,甚至因滑块被顶住而停止运动,造成闷车和烧毁电动机的事故。

冲压功率的大小与冲压力和冲压工作行程有关。对于冲裁加工,由于冲裁工作行程较短,一般压力不超载时,冲压功率就不会超限。但是对于拉深成型等大工作行程冲压来说,应该进行冲压功率校核,以保证冲压功率不超限。

3．压力机的规格

（1）压力机的装模高度

模具的闭合高度应介于压力机的最大装模高度和最小装模高度之间，并考虑留有适当余量。计算式为

$$H-5\ \text{mm} \geqslant H_\text{d} \geqslant H-M+10\ \text{mm} \tag{2-3}$$

式中：H——压力机最大装模高度，mm；

　　　H_d——模具的闭合高度，mm；

　　　M——压力机连杆调节长度，mm。

当模具安装固定需要附加垫板时，还应考虑附加垫板厚度的影响。

（2）滑块行程

一般冲压加工时，由于工作行程较短，不用考虑滑块行程。在通用压力机上进行拉深成型时，由于制件高度较大，必须考虑滑块行程的影响，否则拉深后的制件难以取出。一般估算式为

$$h \geqslant 2.5\,h_0 \tag{2-4}$$

式中：h——压力机滑块行程；

　　　h_0——拉深制件高度。

当采用导板模结构时，为保证凸模始终不与导板脱开，应该选择滑块行程可调节的曲拐轴式压力机。

（3）工作台板及滑块尺寸

模具下模板安装固定于压力机工作台垫板上，当采用压板、T 形螺栓固定时，在安装方位应有不小于 70 mm 的安装尺寸；当采用 T 形螺栓直接固紧下模时，下模板略小于工作台板尺寸即可。

当模具上模板采用 T 形螺栓直接固定在滑块上，这时上模板外形尺寸必须小于滑块外形尺寸。

（4）工作台板漏料孔

① 当小型模具的下模板尺寸接近工作台板漏料孔尺寸时，应增加附加垫板；当下模板漏料范围尺寸大于工作台板漏料孔尺寸时，也应增加附加垫板。

② 当下模板安装通用弹顶器时，弹顶器的外形尺寸应小于工作台板漏料孔尺寸。

（5）滑块行程次数

压力机每分钟的行程次数应满足生产率和冲压工艺的要求。各压力机型号和技术参数如表 2-7、表 2-8、表 2-9 和表 2-10 所列。

表 2-7　开式双柱可倾压力机型号和技术参数

型　号	J23-3.15	J23-6.3	J23-10	J23-16	J23-16B	J23-25	JC23-35	JH23-40	JG23-40	JB23-63	J23-80	J23-100	J23-100	J23-100A	J23-125
公称压力/kN	31.5	63	100	160	160	250	350	400	400	360	800	1 000	1 000	1 000	1 250
滑块行程/mm	25	35	45	55	70	65	80	80	100	100	130	130	150	16~140	145
滑块行程次数/（次/分钟）	200	170	145	120	120	55	50	55	80	40	45	38	38	45	38

续表 2-7

型 号	J23-3.15	J23-6.3	J23-10	J23-16	J23-16B	J23-25	JC23-35	JH23-40	JG23-40	JB23-63	J23-80	J23-100	J23-100	J23-100A	J23-125
最大封闭高度/mm	120	150	180	220	220	270	280	330	300	400	380	480	430	400	480
封闭高度调节量/mm	25	35	35	45	60	55	60	65	80	80	90	100	120	100	110
滑块中心线至床身距离/mm	90	110	130	160	160	200	205	250	220	310	290	380	380	320	380
立柱距离/mm	120	150	180	220	220	270	300	340	300	420	380	530	530	420	530
工作台尺寸/mm 前后	160	200	240	300	300	370	380	460	420	570	540	710	710	600	710
工作台尺寸/mm 左右	250	310	370	450	450	560	610	700	630	860	800	1 080	1 080	900	1 080
工作台孔尺寸/mm 前后	90	110	130	160	110	200	200	250	150	310	230	380	405	250	340
工作台孔尺寸/mm 左右	120	160	200	240	210	290	290	360	300	450	360	560	500	420	500
工作台孔尺寸/mm 直径	110	140	170	210	160	260	260	320	200	400	280	500	470	320	450
垫板尺寸/mm 厚度	30	30	35	40	60	50	60	65	80	80	100	100	100	110	100
垫板尺寸/mm 直径							150				200		150		250
模柄孔尺寸/mm 直径	25	30	30	40	40	40	0	50	50	50	60	60	76	60	60
模柄孔尺寸/mm 深度	40	55	35	60	60	60	70	70	70	70	80	75	76	80	80
滑块底面尺寸/mm 前后	90				180		190	260	230	360	350	360		350	
滑块底面尺寸/mm 左右	100				200		210	300	300	400	370	430		540	
床身最大可倾角/(°)	45	45	35	35	35	30	20	30	30	25	30	30	20	30	25

表 2-8 开式双柱固定台压力机型号和技术参数

型 号		JA21-35	JD21-100	JA21-160	J21-400A
公称压力/kN		350	1 000	1 600	4 000
滑块行程/mm		130	可调10~120	160	200
滑块行程次数/(次/分钟)		50	75	40	25
最大封闭高度/mm		280	400	450	550
封闭高度调节量/mm		60	85	130	150
滑块中心线至床身距离/mm		205	325	380	480
立柱距离/mm		428	480	530	896
工作台尺寸/mm	前后	380	600	710	900
	左右	610	1 000	1 120	1 400
工作台孔尺寸/min	前后	200	300		480
	左右	290	420		750
	直径	260		460	600
垫板尺寸/mm	厚度	60	100	130	170
	直径	225	200		300

续表 2 - 8

型　号		JA21 - 35	JD21 - 100	JA21 - 160	J21 - 400A
模柄孔尺寸/mm	直径	50	0	70	100
	深度	70	80	80	120
滑块底面尺寸/mm	前后	210	380	460	
	左右	270	500	650	

表 2 - 9　单柱固定台压力机型号和技术参数

型　号		J11 - 3	J11 - 5	J11 - 16	J11 - 50	J11 - 100
公称压力/kN		30	50	160	500	1 000
滑块行程/mm		0～40	0～40	6～70	10～90	20～100
滑块行程次数/(次/分钟)		110	150	120	65	65
最大封闭高度/mm			170	226	270	320
封闭高度调节量/mm		30	30	45	75	85
滑块中心线至床身距离/mm		95	100	160	235	325
工作台尺寸/mm	前后	165	180	320	440	600
	左右	300	320	450	650	800
垫板厚度/mm		20	30	50	70	100
模柄孔尺寸/mm	直径	25	25	40	50	60
	深度	30	40	55	80	80

表 2 - 10　闭式单点压力机型号和技术参数

压力机型号			JA31 - 160A	JA31 - 250B	JA31 - 315	JD31 - 630	JS31 - 800	JA31 - 1 600
公称压力/kN			1 600	2 500	3 150	6 300	8 000	16 000
滑块行程	长度/mm		160	315	460	400	500	500
	次数/min		32	20	13	12	10	10
闭合高度	有垫板	最大/mm	375	350	480	500	550	
		最小/mm	255	150	330	200	250	
	无垫板	最大/mm	480	490	600	700	750	780
		最小/mm	360	290	450	400	450	480
上滑块	底面尺寸	前后/mm	560	980	800	1 400	1 500	1 850
		左右/mm	510	850	1 100	1 500	1 600	1 700
	T形槽尺寸	槽数/根	2		3			
		槽距/mm	2×45°		240			
		槽宽/mm	28		36			
工作台	台面尺寸	前后/mm	790	1 000	980	1 700	1 500	1 900
		左右/mm	710	950	1 100	1 500	1 600	1 750

续表 2－10

压力机型号			JA31－160A	JA31－250B	JA31－315	JD31－630	JS31－800	JA31－1 600
工作台	T形槽尺寸	槽数/根	2		5			
		槽距/mm	2×45°		200			
		槽宽/mm	28		36			
气垫		最大压力/kN		400		1 000	1 500	
		行程/mm	90	150			250	
		下沉量/mm	7					
托杆孔		孔径/mm	26		36			
		位置	120 中孔 180 4等分 250 4等分 350 6等分		36 中孔 150 4等分 300 6等分			

2.5.2　压力机的使用

压力机在使用之前,应进行如下检查:
① 检查压力机各润滑部位是否全注满润滑油;
② 检查轴瓦间隙和制动器松紧程度是否合适;
③ 检查压力机各运转部位是否有杂物夹入;
④ 检查压力机滑块导轨和机身导轨的间隙值及磨损状态;
⑤ 接通电源观察回转方向是否正确,方向正确时才可接通离合器,否则齿轮反转会损坏操纵机构和离合器。

1. 模具的安装

模具安装之前要切断压力机总电源开关,检查压力机打料装置的位置是否合适,应将其暂时调整到最高位置,以免调整压力机装模高度时被折弯;检查压力机的装模高度与模具的闭合高度是否合理;检查下模的顶杆和上模的打料装置是否符合压力机打料装置的要求。

模具安装的一般程序如下:
① 根据模具的闭合高度调整压力机的装模高度,使压力机的装模高度略大于模具的闭合高度。
② 将滑块升至上止点,并将模具放于工作位置状态,再将滑块逐步下降,使模具模柄安装到滑块的模柄孔内,滑块下平面与上模座上平面接触后,再用压块或压紧螺钉将模柄(上模)固紧。
③ 下模安放于压力机工作台垫板上,并与上模对正,用压板和压紧螺栓将下模固紧在工

作台垫板上。

④ 用手搬动飞轮(或者选择"点动",然后切断压力机总电源),使滑块移至最下方的位置,放松调节螺杆的调紧螺母,转动调节螺杆,按照模具闭合高度及上下刃口接触要求,调节滑块至适当高度,然后锁紧螺杆。

⑤ 调节压力机打料装置的挡头螺钉,使推料动作在行程终了时进行。

⑥ 接通压力机电源,空行程运转数次,然后进行试冲。

2. 压力机的调整

① 压力机工作行程的调节　压力机有可调节的工作行程和不可调节的工作行程。对于导板式冲裁模,为保证工作全过程中凸模与导板不脱开,应选用行程可调节的曲拐轴式和偏心轴式压力机。对于曲拐轴式压力机(见图 2-10),在连杆和曲拐轴之间增加了一个偏心套,偏心套和曲拐轴用平键连接,调整偏心套与曲轴的相对位置,可以得到不同工作行程(见图 2-11)。

② 压力机装模高度的调节　压力机的装模高度要与模具的闭合高度相协调。压力机的装模高度调节如图 2-9 所示,转动调节螺杆,改变调节螺杆与连杆的相对位置,即改变连杆长度,以调节压力机的装模高度。注意在调节前后要通过锁紧螺钉和锁紧块分别松开和锁紧调节螺杆。

③ 推料装置的调节　压力机的推料装置如图 2-35 所示。模具安装前要将挡头螺钉调节到最高位置,在模具安装之后,根据模具打料杆的尺寸,向下调节挡头螺钉,使滑块和上模上行至终了位置时,打料横杆的两侧与挡头螺钉相碰,打料横杆向下施力,将上模内的冲压件或废料打离上模。调节完毕用锁紧螺母锁紧挡头螺钉。

2.5.3　压力机的维护

压力机是一种工作速度快、生产效率高的生产设备,要使压力机正常运转和冲压生产正常进行,就必须加强压力机的维护,遵守操作规程,确保压力机在使用期内的精度和寿命。

压力机的维护是指对压力机进行清扫、检查、清洗、润滑、紧固、调整和防腐等一系列工作的总称,以减少压力机的磨损、及时发现和排除压力机运行中的异常现象。

压力机的维护分为:日常维护和每周、每月、半年、一年一次的不同等级的定期维护。日常维护也称为一级保养;开式压力机每运转一年的维护,称为二级保养;闭式压力机每运转一年至一年半的维护也称为二级保养。对于每个等级的维护,都要根据压力机的类型确定等级维护项目、维护内容和方法、判断标准和注意事项等。开式压力机和闭式压力机二级保养的内容和要求见表 2-11 和表 2-12。在整个维护体系中,日常维护是基础,它包括每日工作开始时主电机启动前的维护、主电机启动后的维护、工作之中的维护、工作结束后的维护等。

一般压力机着重从以下几个方面展开维护。

1. 动力传动系统维护

压力机的动力传动系统由电动机、带轮、齿轮等零部件组成。一般压力机传动都是减速运动,低速传动轴和曲轴的支承需要滑动轴承和滚动轴承。滑动轴承能承受较大的负载,尤其是能承受较大的冲击负载。在一定条件下滑动轴承与轴的配合及润滑情况对轴承正常工作有决定性的影响。当润滑不良或接触不好时,轴与轴承的金属表面直接接触,因摩擦而产生高热,加剧磨损,甚至使轴承和轴咬死,导致压力机无法正常工作。此时应对轴和轴承进行刮修研合,使之达到要求的间隙值。间隙值一般为轴颈直径的 1/1 000。

对于双点式压力机,应在两个连杆处于同一转角位置时调节连杆长度,使滑块与工作台保持平行。

表 2-11 开式压力机二级保养

序 号	保养部位	保养内容及要求
1	动力传动系统	①检查、调整带的松紧
2	曲柄滑块机构	①检查、调整滑块导轨间隙 ②检查、修理滑块导轨面和机身导轨面 ③检查、修理闭合高度的调整机构和锁紧机构
3	离合器、制动器	①修理、调整离合器、制动器、更换易损件
4	气垫	①修理、调整气垫,保证气垫动作自如 ②检查、更换密封件、消除漏气 ③清理储气罐
5	液压润滑系统	①检查油泵和油路,要求供油良好
6	气路系统	①检查、调整气路系统中各元件的工作状态,清理空气滤清器
7	电路部分	①检查、修理电器箱、清洗电动机、更换易损件 ②检查各种操作规程、保证安全可靠

表 2-12 闭式压力机二级保养

序 号	保养部位	保养内容及要求
1	动力传动系统	①检查、调整带的松紧及各轴的间隙 ②检查齿轮啮合情况,检查柱塞的导向面有无损坏,并加以修理
2	曲柄滑块机构	①检查、调整滑块与导轨的间隙 ②检查、调整闭合高度,调整机构要灵活可靠 ③检查、调整气动打料装置,使其动作灵活 ④检查、调整模具快速夹紧装置,使其工作可靠 ⑤检查、调整超越保护装置,使之符合要求 ⑥检查、调整滑块平衡装置
3	离合器、制动器	①检查、修理离合器,更换易损件 ②检查、调整制动器,要求工作良好
4	气垫	①检查、修理气垫,使其动作自如 ②检查、调整、修理导向面的损伤 ③检查、修理气垫顶板凹坑 ④检查、调整行程调节机构,使其动作灵活、可靠
5	液压润滑系统	①检查、调整各润滑点的供油 ②检查所有用油的质量 ③检查各油箱的油位 ④检查、更换损坏的油管

序　号	保养部位	保养内容及要求
6	气路系统	①检查、调整气路系统各处元件的工作状态 ②检查、清理储气罐 ③检查、清理各气泵,使其动作灵活、联动顺序正确 ④检查、清理各滤清器
7	电路部分	①检查、调整各种限位开关,使其位置正确,状态良好 ②检查各种指示灯,使其正确可靠

2. 曲柄滑块机构维护

在曲柄滑块机构中,连杆是重要的传力零件,与曲轴、滑块之间有相对圆周运动和摆动。滑块和机身之间有往复直线运动。连杆大端与曲轴或偏心齿轮用滑动轴承连接,连杆小端与滑块之间用活动支承连接,支承面是重要的传力面。滑块向下运动时,连杆球头下部受力;向上运动时,连杆球头和滑块上的压紧球面接触。这两种传力情况都应该保持适当间隙和良好润滑。间隙过大,润滑油不仅会飞溅,而且还使冲裁深度不稳定;间隙过小,会出现连杆球头与球窝咬死现象。

调节螺杆的螺纹是传力部位,要经常注意检查是否有局部损坏或者整圈脱落现象。大中型压力机用电动机带动蜗轮副旋转以调节连杆长度,齿面也是易损部位。另外,当调节螺杆出现弯曲,螺纹配合出现"咬死"现象,以及平衡气缸的压力过大或过小时,都会引起蜗轮副的局部超载。

要经常检查滑块导轨和机身导轨的间隙值。间隙过小,会出现导轨面发热、拉毛或烧黑现象,导致迅速磨损;间隙过大,则导向精度降低。滑块导轨和机身导轨的实际间隙值应不超过正常间隙允许值,允许值见表 2 - 13。

表 2 - 13　滑块导轨和机身导轨的间隙允许值

压力机两侧导轨间距/mm	允许间隙/mm
≤260	0.04～0.05
>260～360	0.05～0.09
>360～500	0.05～0.12
>500	0.08～0.16

表 2 - 13 中的间隙值是滑块两侧间隙的总和。检查时滑块应处于下死点位置,用塞尺检测间隙值是否符合规定要求。另外,在安装和调整模具,以及冲压时,会出现滑块在下止点被顶住的现象。如果传动系统没有故障,就是由于压力机的装模高度小于模具的闭合高度,发生了严重过载;或者是由于叠片冲压、超厚料冲压而出现过载,这些都会对压力机造成损害,解决办法见表 2 - 14。如果表 2 - 14 所列的办法无效,则只能割断调节连杆或模具,使滑块通过死点。

表 2-14　曲柄滑块机构的常见故障及解决措施

序　号	故障现象	故障原因	解决措施
1	调节闭合高度时滑块调不动	①调节螺杆压弯 ②调节螺杆螺纹与连杆咬住 ③蜗轮(或连同调节螺母一起)底面或侧面牙齿鼓胀部分与滑块体(或外壳)咬住 ④调节螺杆球头间隙过小,球头与球头座咬合 ⑤球头销松动卡在滑块上 ⑥平衡气缸气压过高或过低 ⑦蜗杆轴滚动轴承碎裂 ⑧导轨间隙太小 ⑨电动机、电器故障 ⑩锁紧未松开	①更换或校直 ②更换调节螺杆或修螺纹 ③轻则修刮车削,重则更换新件 ④放大间隙,清洗球座,去伤痕 ⑤重新配销 ⑥调整间隙 ⑦换轴承 ⑧调整间隙 ⑨电工检修 ⑩松开
2	冲压过程中,滑块速度明显下降	①润滑不足 ②导轨压得太紧 ③电动机功率不足	①加足润滑油 ②放松导轨重新调整 ③更换电动机或改选压力机
3	润滑点流出的油发黑或有青铜屑	润滑不足	检查润滑油流动情况,清理油路、油槽及刮研轴瓦
4	在工作过程中,球头结构的连杆滑块闭合高度自动改变	①没有锁紧机构的连杆机构中出现这种现象,是由于蜗轮蜗杆没有信自锁 ②具有锁紧机构的连杆滑块机构,往往由于调节闭合高度后忘了锁紧或锁紧不够	①减小螺旋角,在双连杆压力机上可采用加抱闸的方法(临时措施) ②重新调整锁紧
5	连杆球头部分有响声	①球形盖板松动 ②压力机超载,压塌块损坏	①旋紧球形盖板的螺钉,并用手扳动连杆高节螺杆以测松紧程度 ②更换新的压塌块
6	调节闭合高度时,滑块无止境地上升或下降	限位开关失灵	修理限位开关,但必须注意调节闭合高度的上限位和下限位行程开关的位置,不能随意拆掉,否则可能发生大事故

3. 离合器和制动器的维护

检查离合器、制动器的动作是否正常,能否使滑块停止在任意指定位置上,有无越程现象;离合器、制动器有无异常声音、振动和烧损现象等。当噪声过大或轴承温度过高(超过 60 ℃)及飞轮突然停止转动时,应立即关闭压力机查找原因。

转键式离合器的易损件是转键、转键拉簧及轴承。

转键式离合器的常见故障及解决措施见表 2-15。

摩擦式离合器、制动器及控制装置的易损件是摩擦片(块)、橡胶密闭组件、弹簧等。

摩擦式离合器摩擦片磨损后要及时调整间隙。摩擦片磨损后,主、从摩擦片的间隙过大,接合时从动摩擦片的移动距离变大,延长了接合时间,增大了压缩空气的用量,而且造成较大撞击,导致摩擦片易破裂或寿命降低。调整方法视离合器结构而定。

干式摩擦离合器要注意密封,保持摩擦片表面干燥,摩擦片表面不得粘有机油,否则会使摩擦系数降低,减小传递扭矩的能力。

表 2－15　转键式离合器的常见故障及解决措施

序　号	故障现象	故障原因	解决措施
1	单次行程离合器接合不上	①打棒台阶面棱角磨圆打滑 ②弹簧力量不足 ③转键的拉簧断裂或太松 ④转键尾部断裂 ⑤拉杆长度未调整好	①修复或更换新的 ②调整或更换 ③更换或上紧弹簧 ④换新转键 ⑤调整拉杆长度
2	滑块到下止点振动停顿	①制动带断裂 ②转键的拉簧断裂	更换新的
3	离合器分离时有连续急剧撞击声	①制动带太紧 ②转键拉簧松动	①调节制动器弹簧到正常 ②调节转键拉簧到正常
4	飞轮空转时离合器有节奏响声	①转键没有完全卧入凹槽内 ②转键曲面高于曲轴面	拆下维修
5	离合器分离时有沉重的响声	制动带太松	调节制动弹簧到正常
6	单次行程时出现连冲	①弹簧太松或断裂 ②弹簧太紧或断裂	调节到正常或更换弹簧
7	转键冲击严重	①转键磨出毛刺 ②曲轴凹槽磨出毛刺 ③中套磨出毛刺	拆下修理或更换

摩擦式离合器的温升不能过高,温升过高同样会使摩擦片的摩擦系数降低,扭矩传递能力减小,使摩擦片加剧磨损,甚至烧毁。使用时压缩空气的压强不能过低,接合次数不能超过压力机的行程次数。

摩擦式离合器的常见故障及解决措施见表 2－16。

表 2－16　摩擦式离合器的常见故障及解决措施

序　号	故障现象	故障原因	解决措施
1	离合器接合不紧,滑块不动或动作很慢	①间隙过大 ②气阀失灵 ③密切件漏气 ④摩擦面有油 ⑤导向销或导向键磨损	①调整间隙或更换摩擦片 ②检修气阀 ③更换密封件 ④清洗干净 ⑤拆下修理或更换
2	滑块下滑时制动失灵	①制动器摩擦面间隙大 ②气阀失灵 ③弹簧断裂 ④平衡气缸没气或气压太低 ⑤导向销或导向键磨损	①调整或更换 ②检修气阀 ③更换弹簧 ④送气或消除漏气 ⑤拆下修理或更换

序　号	故障现象	故障原因	解决措施
3	摩擦块磨损过快或温度异常升高	①气动连锁不正常,离合器和制动器互相干扰 ②摩擦块厚度不一致 ③摩擦面之间有异物 ④摩擦盘偏斜	①调整两个气阀的时差 ②重新更换摩擦块 ③消除异物 ④重新安装调整
4	制动时滑块下滑距离过长	①制动部分摩擦片间隙较大 ②凸位位置不对,制动时排气不及时	①调整间隙 ②调整凸轮位置

4. 拉紧螺栓和其他紧固螺栓的维护

闭式压力机工作一段时间后,或者超负荷运转时,都会出现拉紧螺栓松动的现象。如果压力机底座和立柱的接合面上有出油现象,说明拉紧螺栓已经松动,在这种状态下工作是很危险的,必须立即停止工作,与厂家联系按照要求重新紧固,并符合闭式压力机机身预紧要求。

压力机的各个紧固部位,特别是曲轴、连杆、滑块、调节螺杆、模具安装处等部位的紧固螺栓和螺母不能松动。压力机振动越大,松动得越快,松动会引起严重的事故。

5. 安全、过载、防护装置的维护

检查压力机各种安全、过载、防护装置是否齐全,是否有松动和损坏,工作是否正常有效。

6. 润滑系统的维护

检查压力机各个旋转和滑动部位的供油状态是否正常,油管是否有破裂现象,油池油量是否符合规定,有无杂物和异常,油是否变质,油管和接头是否漏油。特别是离合器和制动器部位的漏油,将严重影响离合器和制动器功能的发挥,必须及时更换密封件。

润滑油的工作温度应该控制在 50 ℃以下,当达到极限温度时,应该立即停机查找原因。

7. 气路系统的维护

压力机气路系统的管路中不得有冷凝水和漏气现象,要检查减压阀的调压是否灵活,安全阀压力是否正常,有无生锈失灵,压力表压力是否符合规定。分水滤气器要定期清理,否则气路的流量会减少,影响压力机的正常工作。

8. 保证压力机的精度

由于压力机工作中的冲击力很大,长期工作必然会使压力机的精度有所降低。为了保证压力机的精度以及冲压件的质量和模具寿命,生产中应该遵守压力机操作规程,正确使用压力机,按照规程制度定期检查和正确维护压力机,使压力机的精度符合设备出厂标准。

压力机的各项精度指标应该在定期维护中全面检查和记录,发现精度下降要及时修复,不应该在降低压力机精度的情况下继续使用。

思考题

1. 通用压力机由哪几部分组成? 各部分的作用是什么?
2. 通用压力机是如何工作的?

3. 通用压力机是如何分类的？

4. 通用压力机的技术参数有哪些？其含意和作用是什么？

5. 通用压力机的电动机和飞轮的作用和关系是怎样的？

6. 简述压力机装模高度调节机构的种类和使用方法。

7. 滑块许用负荷曲线是如何形成的？它的意义是什么？

8. 简述半圆形转键离合器的构造和工作原理。

9. 通用压力机是如何实现单次行程和连续行程的？

10. 气动圆盘式离合器-制动器是如何实现接合、脱开和制动的？

11. 简述压力机过载保护装置的种类和工作原理。

12. 简述拉深垫锁紧装置的作用。

13. 简述顶料装置的种类和工作原理。

14. 简述压力机润滑系统的工作方式、种类和工作原理。

15. 在选择压力机时应考虑哪些方面的要求？

16. 开式压力机的精度主要包括哪些方面？

17. 简述通用压力机模具的安装程序和压力机的调整内容。

18. 通用压力机的维护重点及维护的主要内容是什么？

第3章 液压机

3.1 通用液压机

3.1.1 通用液压机概述

1. 液压机的用途

液压机是一种以液体为介质来传递能量以实现多种锻压工艺的机器。液压机与其他压力机相比,具有压力和速度可在较大范围内无级调节、动作灵活、各执行机构动作可达到所希望的配合关系等优点。同时,液压组件的通用化和标准化,也给其设计、制造和使用带来了便利。

自 1795 年英国人布拉曼取得第一个手动液压机专利至今,液压机发展十分迅速。在冶金、锻压、机加工、交通运输、航空航天等行业,特别是在粉末冶金,管、线型材挤压,胶合板压制,打包,人造金刚石、耐火砖压制,电缆包覆,碳极压制成型,零件压装、校直等方面应用十分广泛。

2. 液压机的分类

液压机在锻压机械标准 ZB - J62030—90 中属于第二类,类别代号为 Y。

液压机按其用途分为十个组别:

① 手动液压机(0 组)　用于完成压力较小,可手工操作的简单工作。

② 锻造液压机(1 组)　用于自由锻造、钢锭开坯以及有色与黑色金属模锻。

③ 冲压液压机(2 组)　用于各种薄板及厚板冲压,其中有单动、双动及橡皮模冲压等。

④ 一般用途液压机(3 组)　包括各种万能式通用液压机。

⑤ 校正、压装用液压机(4 组)　用于零件校形及装配。

⑥ 层压液压机(5 组)　用于胶合板、刨花板、纤维板及绝缘材料板的压制。

⑦ 挤压液压机(6 组)　分别用于挤压各种有色金属及黑色金属的线材、管材、棒材、型材及工件的拉深和穿孔等工艺。

⑧ 压制液压机(7 组)　分别用于各种粉末制品的压制成型,如粉末冶金、人造金刚石、耐火砖、碳极、塑料及橡胶制品的压制等。

⑨ 打包、压块液压机(8 组)　用于将金属切屑及废料压块与打包,非金属废料的打包等。

⑩ 其他液压机(9 组)　用于冲孔、拔伸、轮轴压装等。

3. 液压机的特点

液压机与其他压力加工设备相比较有以下优点:

① 基于液压传动原理,执行组件结构简单。结构上易于实现很大的作用力,可有较大的工作空间及较长的行程。因此适应性强,便于压制大型工件或较长较高的工件。

② 在行程的任何位置均可产生压力机额定的最大压力。可以在下转换点长时间保压,这对许多压制工件是十分必要的。

③ 可以用简单的方法(各种阀门)在一个工作循环中调压或限压,而不至超载,容易保护各种模具。

④ 滑块(活动横梁)的总行程可以在一定范围内任意地改变,滑块行程的下转换点可以根据压力或行程的位置来控制或改变。

⑤ 滑块速度可在一定范围内调节,从而适应工艺过程对滑块速度的要求。用泵直接传动时,滑块速度的调节与压力及行程无关。

⑥ 与锻锤相比,工作平稳,撞击、振动和噪声较小,对工人的健康、厂房基础、周围环境及设备本身都有很大好处。

液压机的缺点是:

①用泵直接传动时,安装功率比相应的机械压力机大。

② 由于工作缸内升压及降压都需要一定时间,阀的换向时间较长以及空程速度不够高,因此在快速性方面不如机械压力机,高速冲压自动机仍以机械压力机为主。

③ 由于液体具有可压缩性,如卸载时瞬时释放能量,会引起振动(压机本体或系统),因此不太适用于冲裁、剪切等工艺。

④ 工作液体有一定使用寿命,到一定时间须更换。

4. 液压机与通用压力机性能对比

液压机与通用压力机性能对比见表 3 - 1。

表 3 - 1　通用压力机与液压机性能对比表

性　能		通用压力机	液压机
压力	调节	不能调节	容易调节
	保持	不能保持	容易保持
	与工作行程的关系	行程位置不同,压力不同	与行程无关,可保持同一压力
压力机过载现象		容易发生过载现象	不会发生过载现象
工作行程	调节	一般不能调节工作行程	容易调节工作行程
	长度限制	不宜过长	容易得到合适的长度
	终点位置的确定	能够正确确定	不易正确确定
	速度	较快	较慢
加压速度的调节		不能	容易进行
设备的维修		较容易	较费事

在实际生产中,由于压力机的行程速度较快,生产率高,所以冲压加工设备多数采用曲柄压力机。对成型速度有要求的某些冲压加工,液压机较慢的工作行程速度更符合其工艺要求,而且容易做到保压和调节工作行程长度,因此,在一定范围内得以应用。

3.1.2　通用液压机的用途和技术参数

1. 通用液压机的用途

通用液压机是一种用途广泛的液压机,在液压机类中属于第3组,称为一般用途液压机,也称万能液压机。第3组共有5种类型,其中 Y30 系列为单柱液压机,Y31 系列为双柱液压机,Y32 系列为四柱液压机,Y33 系列为四柱上移式液压机,Y36 系列为切边液压机。它们常用于材料的压制工艺,如冲裁、弯曲、翻边以及薄板拉深等,也用于校正、压装、砂轮成型,金属零件冷挤压成型,粉末制品压制成型以及塑料制品压制成型等工艺。这类液压机多用在生产批量不大但工艺要求多样化的车间。

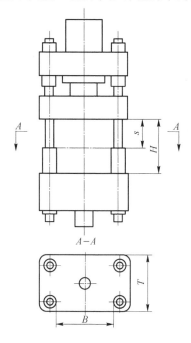

图 3-1　基本参数示意图

2. 通用液压机的技术参数

（1）公称压力（公称吨位）及其分级

公称压力是指液压机名义上能产生的最大力,在数值上等于工作液体压力和工作柱塞总工作面积的乘积。公称压力反映了液压机的主要工作能力,是通用液压机的主参数。一般大中型液压机将公称压力分为两级或三级,泵直接传动的液压机不分级。

（2）最大净空距（开口高度）H

最大净空距 H 是指活动横梁停止在上限位置时,工作台上表面到活动横梁下表面的距离,如图 3-1 所示。最大净空距反映了液压机高度方向上工作空间的大小。

（3）最大行程 s

最大行程 s 指活动横梁能够移动的最大距离。

（4）工作台尺寸（长×宽）

工作台尺寸指工作台面上可以利用的有效尺寸,如图 3-1 所示的 B 与 T。

（5）回程力

回程力由活塞缸下腔工作或单独设置的回程缸来产生。

（6）活动横梁运动速度（滑块速度）

活动横梁运动速度可分为工作行程速度、空行程速度和回程速度。工作行程速度由工艺要求来确定;空行程速度及回程速度可以高一些,以提高生产率。

（7）允许最大偏心距

允许最大偏心距是指工件变形阻力接近公称压力时,所允许的最大偏心值。

（8）顶出器公称压力及行程

有些液压机下横梁装有顶出器,其压力和行程可按工艺要求确定。Y32 系列通用液压机的主要技术参数见表 3-2。

3.1.3　通用液压机的本体结构

通用液压机一般由机身、主缸、充液装置、顶出缸、液压动力机构及电控装置等组成,各部分用液压管道及电线、电缆等连接。

下面分别介绍几种典型的结构形式。

1. 梁柱组合式液压机

液压机最常见的是三梁四柱式结构,如图 3-2 所示。利用四根立柱及锁紧螺母将上横梁及下横梁(工作台)组成一个封闭的刚性框架,以承受液压机的全部工作载荷;主缸装于上横梁上,主缸活塞与动梁紧固连接,动梁靠四根立柱导向,可做上下运动;动梁及工作台表面均开有T 形槽,以安装模具。工作台下部装有顶出缸,用来顶出工件,并可兼做浮动压边用。通用液压机顶部设有充液装置,在动梁空程快速下降时可及时向主缸上腔补油,以减少主缸增压时间。

表 3-2(a)　通用液压机(四柱式)主要技术参数(天津锻压机床总厂)

型　号	名称及单位							
	公称力/kN	滑块行程/mm	滑块开口高度/mm	滑块工作速度/(mm·s⁻¹)	工作台尺寸/mm	液压垫力/kN	液体工作压强/MPa	电动机功率/kW
YB32-63C	630	400	600	9	520×490	10	25	8.3
THP32C-80	800	2 400	3 800	1~5	1 500×1 200		25	5.5
YT32-100A	1 00	600	900	10	630×630	250	25	11
YT32-200A	2 000	710	1 120	6~18	900×900	400	25	22.75
YT32-315A	3 150	800	1 250	6~12	1 120×1 120	630	25	22.75
YT32-500B	5 000	900	1 500	10	1 400×1 400	1 000	25	45.5
YT32-630D	6 300	1 000	1 800	6	2 600×1 600	1 250	25	
THP32C-700	7 000	1 250	2 100	0.5~0.6	1 100×1 200		25	5.5
THP32-800	8 000	1 250	1 800	13	2 000×1 600	1 600	25	
THP32-1000	10 000	900	1 500	4~12	1 500×1 500	1 000	25	68
THP32-2000	20 000	2 000	2 400	8~18	3 000×4 000	1 000	25	196.5
THP32-3000	30 000	1 500	2 800	1~6	2 200×2 200	6 300	25	269.5

表 3-2(b)　通用液压机(四柱式)主要技术参数(湖州机床厂)

型　号	名称及单位							
	公称力/kN	滑块行程/mm	滑块开口高度/mm	滑块工作速度/mm·s⁻¹	工作台尺寸/mm	液压垫力/kN	液体工作压强/MPa	电动机功率/kW
YB32-40	400	320	520	10	400×460	100	25	5.5
YC32-63B	630	400	600	6~10	500×570	160	25	5.5
YF32-100A	1 000	500	800	6~10	630×720	190	25	7.5
YB32-200	2 000	710	1 120	10	900×930	400	25	15.5
YA32-315F	3 150	800	1 250	10	1 160×1 260	630	25	22.6
YF32-400	4 000	800	1 250	8	1 250×1 260	630	25	30
YF32-500	5 000	900	1 500	2.5~10	1 400×1 400	1 250	25	44
YF32-630	6 300	1 000	1 600	9~12	1 600×1 880	1 250 25 60		
YF32-800A	8 000	1 000	1 800	8	1 600×1 800	1 250	25	60
YF32-1000	10 000	1 000	1 600	10	1 800×2 000	2 000	25	60

　　梁柱组合形式又分为四柱、双柱、三柱和多柱。一般小型液压机可用双柱,结构比较简单,操作方便,但压机稳定性较差。近年来,下拉式液压机中多采用双柱式,三柱式常用于卧式挤

压液压机中。对于工作台面要求很大或大吨位液压机,则采用多柱式结构,常见的有六柱或八柱的。公称压力较小的通用液压机可做成单柱机身,公称力更小的(例如 63kN 以下)也有做成单柱台式机身的,以便操作。

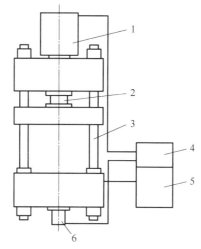

1—充液装置;2—主缸;3—机身;4—电控装置;
5—液压动力机构;6—顶出缸

图 3-2　通用液压机的结构组成

（1）横　梁

横梁包括上横梁、下横梁(或称工作台)和活动横梁(或称滑块)。横梁通常为上、下封闭的箱形结构件,在安装各种缸、柱塞及立柱处一般做成圆筒形,并用肋板与横梁面板相连。肋板在承载较大处较密,以提高横梁刚度。肋板多布置成网络形或辐射形。

中小型液压机横梁有铸造结构和焊接结构两种。大生产批量的小型液压机,其横梁多为铸铁件 HT200 或铸钢件 ZG270—500;单件小批生产时,采用 Q235 或 Q345(16Mn)板材焊接而成。中小型液压机横梁多数为整体结构,而大型液压机横梁由于受制造和运输的限制被设计成组合式,并用键和拉紧螺栓连接。

图 3-3(a)为铸造上横梁结构图,为减轻重量,缩短立柱长度,一般根据"等强度梁"概念,将上横梁设计成中部高度较两端稍高的形式。

图 3-3(b)为活动横梁结构图,活动横梁一般设计成高度略低于上横梁,而壁厚与之相近的封闭箱形体。

（2）液压缸部件

液压缸部件通常可以分为柱塞式、活塞式和差动柱塞式三种,如图 3-4 所示。

柱塞式液压缸(见图 3-4(a))在水压机中应用最多,广泛用在工作缸、回程缸、工作台移动缸及平衡缸等处,它结构简单、容易制造,但只能单方向作用,反向运动需用回程缸来实现。

活塞式液压缸(见图 3-4(b))在中小型油压机上应用广泛。活塞式液压缸可以两个方向动作,既能完成工作行程,又可实现回程,但缸内表面全部需要加工,精度要求较高,结构复杂。

差动柱塞式液压缸(见图 3-4(c))导向性及承受偏心载荷的性能较好,可用作回程缸装于上横梁上,与动梁连接较简单。液压缸多利用其法兰边或压环及螺柱与横梁相连。

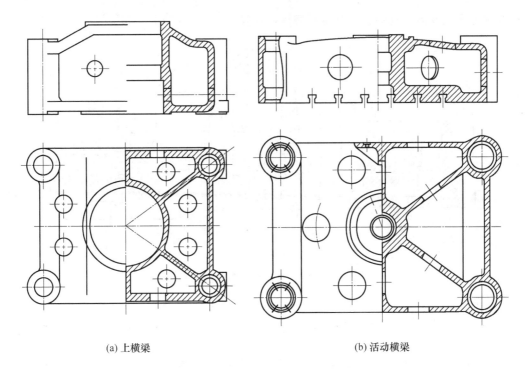

(a) 上横梁   (b) 活动横梁

图 3-3 液压机横梁结构简图

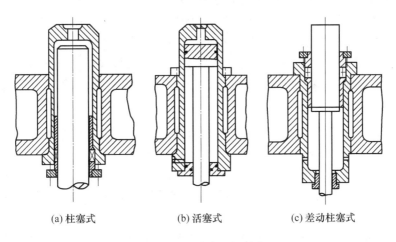

(a) 柱塞式   (b) 活塞式   (c) 差动柱塞式

图 3-4 三种液压缸形式

（3）柱塞与活动横梁的连接形式

柱塞与活动横梁的连接形式主要有两种，即刚性连接和球面支承连接，如图 3-5 所示。

刚性连接的结构如图 3-5(a) 和 3-5(b) 所示，柱塞下端插入活动横梁内，两者间无相对运动，在偏心加载时，柱塞随活动横梁一起倾斜，将活动横梁所受偏心距的一部分传给液压缸的导向处，加剧了导向铜套及密封垫的磨损。球面支承连接的结构如图 3-5(c) 所示，柱塞支承于活动横梁的球面座上。球面座一般做成凸球形，在水平方向可稍有移动。当偏心加载时，活动横梁在偏心力矩作用下倾斜，此时球面副可相对滑动，侧向力将大大减小，减轻了导套及密封垫的磨损。单缸液压机及三缸液压机的中间工作缸多采用刚性连接，而在多缸及三缸液压机的侧工作缸及回程缸的柱塞则多采用球面连接。

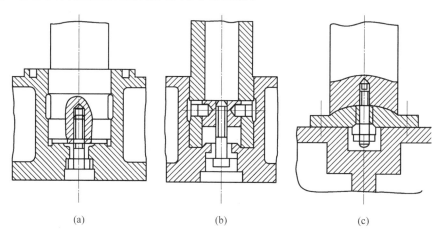

(a)   (b)   (c)

图 3 - 5　柱塞与活动横梁的连接形式

（4）立　柱

立柱是四柱式液压机的重要的支承件和受力件,同时又是活动横梁的导向件。因此,立柱应有足够的强度和刚度,导向表面应有足够的精度、较低的表面粗糙度及必要的硬度。立柱与上横梁、工作台(下横梁)的连接方式表明了立柱结构的主要特征。

常用结构形式有双螺母式、锥台式、锥套式。双螺母式结构如图 3 - 6 所示,每根立柱用四个螺母与上下横梁连接,由螺母起支承作用,并可调整上、下梁间的距离,故对立柱的有关轴向尺寸要求不严,立柱的加工、安装和维修都比较方便,因此在中小型液压机中应用较为普遍。双螺母式立柱结构必须对机架进行良好的预紧,否则会引起机架摇晃,这种结构使用久了螺母容易松动,须及时紧固,以保持机架的刚度。此外还有台肩式、锥套式等。

2. 单柱式液压机

单柱式液压机的机架可以是整体铸钢结构或钢板焊接结构,它的特点是结构比较简单,工作面大,可以从三个方向接近,操作方便,适用于厚板的弯曲、卷边、冲压等。图 3 - 7 为整体式单柱式液压机机身结构示意图,上横梁部分设有主缸安装定位孔,下横梁部分为工作台,台面上有 T 形槽,供固定模具或其他工具用,支柱部分则设计成 Ⅱ 字形或封闭的矩形截面,压机外观整齐、美观。

单柱式结构最大的缺点是机身刚度很差,承载后,主缸中心与工作台面的垂直度误差变大,导致模具间隙偏向一侧,影响工作质量,降低模具寿命。而且这种液压机通常没有导向装置,完全依靠活塞与缸的配合面导向。因此,在液压机受载时将使活塞承受相当的弯曲应力。

3. 框架式液压机

框架式液压机分组合式框架液压机和整体式框架液压机两大类。

液压机普遍采用整体式框架结构,其主要特点是易于获得较大的刚度,滑块大多数采用 45°斜面和八面可调间隙的平面导向结构,导向精度高。整体式液压机主要用在塑料制品、粉末冶金、双动薄板冲压和金属挤压液压机。

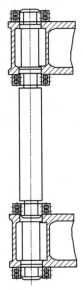

图 3 - 6　双螺母式立柱结构简图 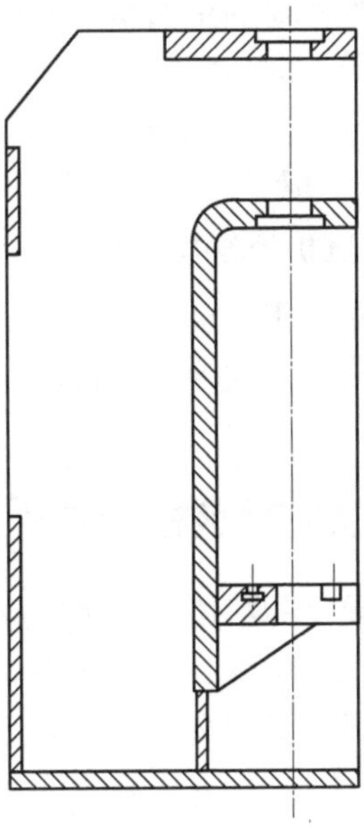　　　**图 3 - 7　整体式单柱机身结构示意图**

　　整体框架式结构有整体铸造结构和钢板焊接结构(见图 3 - 8(a)、(b))。由于钢板的力学性能一般优于铸件,在施工中不受铸造工艺条件的约束,可将各种尺寸的钢板组合在一起,因此不仅能提高机架的强度和刚度,而且省料,同时也便于制造和降低成本,外形美观。

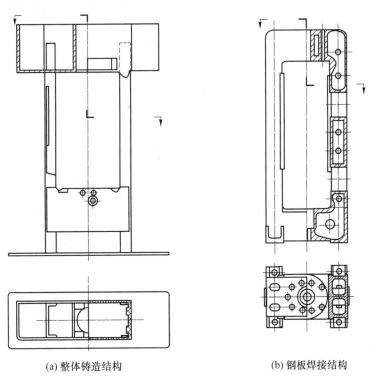

(a) 整体铸造结构　　　　　　　　　　(b) 钢板焊接结构

图 3 - 8　铸造与焊接的整体框架式机身

在焊接条件较差和批量较大的情况下,可采用整体铸造框架。其优点是省去了大量的焊接工作和焊前各承载板的坡口加工工作,但须制造木模,并有较高的铸造工艺要求。

对于大型液压机,考虑到焊接、热处理和机械加工方面的困难,多应用组合结构。组合式框架由上横梁、下横梁和两个立柱用拉紧螺栓紧固而成,类似于一般闭式机械压力机的框架。

4. 通用液压机的结构特点

通用液压机的工作台面比专门用于板料冲压的液压机要小,但比用于金属挤压成型、粉末成型的液压机要大。这种液压机的外形尺寸、总重量以及电动机总功率等均比薄板冲压液压机小,造价较低。

3.1.4 通用液压机的液压系统

液压机主要是靠液体压力来完成工作的,大多数属于高压、大流量的范畴。下面以四柱式通用液压机的液压系统为例来介绍。

通用液压机一般可实现动梁的空程快速下降、减速下降、工作压制、保压延时、快速回程及停止等动作,其工作压力、压制速度、空程下降的行程范围及减速的行程范围均可根据工艺要求进行调整。工作压制有定压成型及定程成型两种方式,定压成型是液压机工作压力达到要求压力时可进行保压、延时及自动回程,延时时间则根据需要进行调整。定程成型是动梁达到调定的行程位置后,同样可进行保压、延时及自动回程。

图3-9为Y32-315型通用液压机的液压系统原理图。液压系统可完成空程快速下降、慢速下降、工作加压、保压、卸压回程、浮动压边及顶出等动作。

① 启动 液压泵电动机启动时,全部换向阀的电磁铁处于断电状态,泵输出的油经三位四通电液换向阀10(中位)及阀4(中位)流回油箱,泵空载启动。

② 活动横梁空程快速下降 电磁铁1YA及2YA通电,阀10及阀11换至右位,控制油经阀11(右位),打开液控单向阀12,主缸下腔油经阀12、阀10(右位)及阀4(中位)排回油箱,动梁在重力作用下快速下降,此时主缸上腔形成负压,上部油箱的低压油经充液阀14向主缸上腔充液,同时泵输出的油也经10(右位)及单向阀16进入主缸上腔。

③ 活动横梁慢速下降及工作加压 活动横梁降至一定位置时,触动行程开关2S,使5YA断电,阀11复位,液控单向阀12关闭,主缸下腔油须经支承阀13排回油箱,活动横梁不再靠重力作用下降,必须依靠泵输出的压力油对活塞加压,才能使活动横梁下降,活动横梁速度减慢。此时活动横梁速度决定于泵的供油量,改变泵的流量即可调节活动横梁的运动速度。同时由于主缸上腔油压较高,液动滑阀15在油压作用下,恒处于上位的动作状态。

④ 保压 电磁铁1YA断电,利用单向阀16及充液阀14的锥面,对主缸上腔油进行密封,依靠油及机架的弹性进行保压。当主缸上腔油压降至一定值时,压力继电器17发信号,使电磁铁1YA通电,泵向主缸上腔供油使油压升高,保证保压压力,而当油压超过一定值时,压力继电器17又发信号,使1YA断电,液压泵停止向主缸上腔供油,油压不再升高。

⑤ 油压大于液动滑阀15的动作压力时,阀15始终处于上位。压力油经阀10(左位)及阀15(上位)使顺序阀18开启,压力油可经阀18排回油箱。顺序阀18的调整压力应稍大于充液阀14所需的控制压力,以保证阀14开启。但此时油压并不很高,不足以推动主缸活塞回程。

当主缸上腔油压降至一定值时,阀15复至下位。顺序阀18的控制油路被换至油箱,阀18关闭,压力油经阀12进入主缸下腔,推动活塞上行。同时主缸上腔油继续通过阀14排回

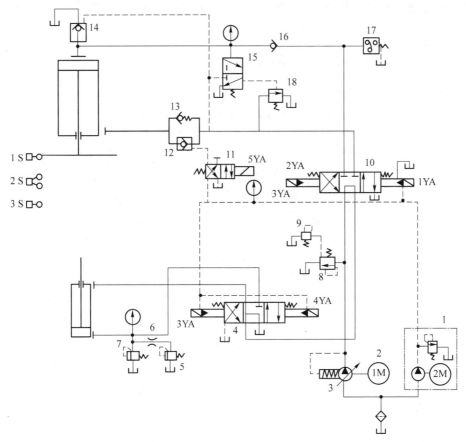

1—控制泵组；2—主电动机；—液压泵；4、10—电液换向阀；5、7、8—溢流阀；6—节流阀；9—远程调压阀；11—电磁换向阀；12—液控单向阀；13—支承阀；14—充液阀；15—液动滑阀；16—单向阀；17—压力继电器；18—顺序阀

图 3 - 9　Y32 - 315 型通用液压机液压原理图(滑阀控制)

上部油箱，活动横梁开始回升。

⑥ 浮动压边　当需要利用顶出缸进行压边时，可先令电磁铁 3YA 通电，阀 4 换至左位，压力油经阀 10(中位)及阀 4(左位)进入顶出缸下腔。顶出缸上腔油经阀 4(左位)排回油箱，顶出缸活塞上行。当接触压边圈后，3YA 断电。坯料进行反拉深时，顶出缸活塞在活动横梁压力的作用下，随动梁一起下降。顶出缸下腔油经节流阀 6 及溢流阀 5 排回油箱，由于节流阀 6 有一定的节流阻力，因而产生一定的油压，相应使顶出缸活塞产生一定的压边力。调节溢流阀 5 即可改变浮动压边力。

⑦ 顶出缸顶出及退回　电磁铁 3YA 通电，阀 4 换至左位，顶出缸活塞上行，顶出。而电磁铁 4YA 通电，阀 4 换至右位，则顶出缸活塞下行，退回。

⑧ 停止　全部电磁铁处于断电状态，阀 4 和阀 10 处于中位，液压泵 3 输出的油经阀 10(中位)及阀 4(中位)排回油箱，泵卸荷。液控单向阀 12 将主缸下腔封闭，活动横梁悬空停止不动。

⑨ 其他　溢流阀 8 及远程调压阀 9 用来调节系统安全电压，溢流阀 7 则用来顶出缸下腔安全限压用。

通用液压机多采用按钮集中控制,操作方式有点动、手动及半自动等三种,近年来出现了具有微机可编程自动控制的操作系统。

3.1.5　通用液压机的常见故障和解决措施

通用液压机常见故障和解决措施见表 3-3。

表 3-3　通用液压机常见故障和解决措施

故　障	一般原因	解决措施
动作失灵	电器接头接错或松脱	检查动作情况与电器原理是否一致,并排除
	控制油压或主油路压力不足	适当提高压力
活动横梁爬行	系统内积存有空气或泵吸油口进气	先检查吸油管路是否紧密,然后多次上下运行,并加压消除积存空气
	活动横梁与立柱或导轨配合间隙过小	加油或修理,可先涂二硫化钼防爬油
活动横梁下行速度不符合设备参数要求	支承阀或卸载阀调整压力过大	调整压力
保压时降压太快	参与保压各阀口不严	检查各阀口并研合
	保压管路中接头渗漏	检查并修理
	保压缸口密封环损坏	更换密封环
停车后活动横梁下溜严重	缸口密封环渗漏	观察缸口,发现流油则更换或拧紧
	液控单向阀(支承阀)口不严或压力太小	检查并研配,调整压力

3.2　冲压液压机

冲压液压机是用来进行板料的冲裁、弯曲及拉深成型等工序的,由于液压机在压力、行程、速度等参数的调节及过载保护等方面都比较简单、易行且可靠,本体结构也不复杂,所以板料冲压液压机有较多的应用。

3.2.1　冲压液压机的分类

冲压液压机在液压机类中属于第 2 组,目前第 2 组共有 7 个系列,其中 Y21 系列为单臂冲压液压机,Y23 系列为单动厚板冲压液压机,Y24 系列为双动厚板拉深液压机,Y26 系列为精密冲裁液压机,Y27 系列为单动薄板冲压液压机,Y28 系列为双动薄板拉深液压机,Y29 系列为橡皮囊冲压液压机。Y24 系列和 Y28 系列的主参数是公称拉深压力和总压力,其余系列的主参数是公称压力。冲压液压机的种类较多,按压制板材厚度分为薄板冲压液压机和厚板冲压液压机,按作用力方式分为单动冲压液压机和双动冲压液压机,按照液压机本体结构分为单臂式、三梁四柱式、框架式三种,按传动介质分为以水(乳化液)为介质和以油为介质的两大类,按用途又分为通用型液压机、橡皮囊液压机、汽车纵梁液压机、液压板料折弯机、液压剪板机等。

3.2.2　单动薄板冲压液压机

1. 典型结构

以 YA27 - 500 型为例,结构如图 3 - 10 所示。该机采用立式三梁四柱式结构,上梁内装有主工作缸,带动活动横梁上下运动,完成各种冲压工作。下横梁装有液压垫,供顶出工件或拉深时压边用。为便于更换模具设有移动工作台,由液压马达驱动,通过齿轮、齿条传动可将工作台移动。

2. 单动薄板冲压液压机的型号及技术参数

单动薄板冲压液压机在冲压液压机中属于第"27"组别。表 3 - 4 所列为单动薄板冲压液压机的技术参数。

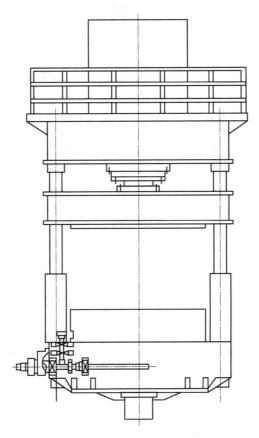

图 3 - 10　三梁四柱式冲压液压机结构简图

3.2.3　厚板冲压液压机

1. 厚板冲压液压机的用途和分类

厚板冲压液压机主要用于厚板的冷热弯曲、冲裁、拉深、成型、精整和矫正等工艺,是生产大型封头,拉深圆筒、大型厚板容器、桥梁、热交换器等特殊零件必不可少的设备。

厚板冲压液压机可分为单动厚板冲压液压机和双动厚板冲压液压机两种,单动厚板冲压液压机用于厚板的成型、校平、压印、弯曲等工艺。双动厚板冲压液压机主要用于压制锅炉和化工容器的封头,也可用于弯曲、校正、成型和拉深等工艺。

2. 厚板冲压液压机的型号和技术参数

厚板冲压液压机属于重型压力加工设备,在液压机类别中属于第 2 组,有"23""24"两个组型。表 3 - 4 和表 3 - 5 所列为国内外生产的部分产品的主要技术参数。

表 3 - 4 单动薄板冲压液压机技术参数(徐州压力机械公司)

名　称	单　位	量　值						
		YX27 - 315A	YX27 - 500A	YX27 - 630A	YX27 - 800	YX27 - 1250	YX27 - 1600	YX27 - 2500
公称力	kN	3 150	5 000	6 300	8 000	12 500	16 000	25 000
滑块行程	mm	800	900	1 100	900 1 000	900	1 000	900
滑块开口高度	mm	1 250	1 500	1 600	1 400 1 600	1 500	2 000	1 600
滑块工作速度	mm·s^{-1}	16	20	10	15	10~25	7~18	9
工作台尺寸	mm	1 200× 1 120	3 000× 2 200	3 000× 2 250	3 600× 2 400	1 500× 1 400	2 700× 1 800	6 500× 1 500
液体最大工作压强	MPa	25	25	25	25	25	25	25
电机功率	kW	44.2	99.3	60	0	140.8	165.5	280

表 3 - 5 厚板冲压液压机主要技术参数

名　称	单　位	量　值								
		单　动					双　动			
公称力	MN	5.0	7.5	10.0	20.0	20.0	5.075	8.0120	16.0220	150
最大行程	mm	1 100		2 000	1 500	1 700	1 400	2 000	2 500	5 200
工作台尺寸 （长×宽）	mm	3 050× 3 040	3 600× 1 800	3 650× 3 100	4 000× 3 000		2 000	3 800		
工作速度	mm·s^{-1}	17.4	<8~10	~20	80~100	80~100	15~30	50~76	50~75	74.37
工作液体压强	×10^{5}Pa	140	200	200	200		200	20	200	315
电动机功率	kW	165		351			473.5	351.2		
外形尺寸 长×宽×高	mm	7 400× 4 400× 8 400	3 600× 2 710× 5 820	13 410× 11 515× 13 640	26 000× 14 000× 10 630	31 000× 14 000× 13 945	15 605× 11 480× 13 680	15 780× 13 130× 14 662	20 690× 15 030× 17 500	高 34 130
生产厂		太重	一重	太重	沈重	陕压	沈重	陕压	沈重	日本石川岛播磨

3. 厚板冲压液压机的典型结构

日本石川岛播磨重工业株式会社设计制造了 150 MN 双动厚板冲压液压机,该液压机的机架是上横梁、下横梁和正方形导向立柱,通过四根拉紧螺杆连接组成的预应力封闭框架。正方形导向立柱承受弯曲载荷,拉紧螺杆承受拉伸载荷。

　　机架采用预应力结构,拉紧螺杆上拉应力振幅较小,拉紧螺杆断裂的可能性与普通拉紧螺杆结构相比也是极小的。机架刚性好,能承受较大的偏心和冲击载荷。正方形导向立柱四面均可导向,因此,允许横梁与立柱有较大的挠度,从而减轻机架重量。

　　液压机的动梁有拉深横梁和压边横梁,都用同一导轨导向。拉深横梁高,安装在上面。压边横梁低,安装在下面。当液压机由双动变为单动时,可用机械锁紧装置将两横梁连结成为一个整体。拉深横梁由四个工作缸驱动,压边横梁由八个工作缸驱动。

　　液压机底座下部设置四个支座支承液压机的全部重量。底座下部装有顶出缸,其柱塞通过底座中心。顶出缸可用来反拉深成型,并可作为缓冲器使用。

3.2.4　汽车纵梁冲压液压机简介

　　汽车纵梁冲压液压机是用于压制汽车大梁的。图 3-11 所示为 40MN 汽车纵梁液压机,它为六立柱式组合结构,上横梁为三个独立的部件,每个部件上各装一个主工作缸,活动横梁和底座(下横梁)各为一个整体铸件,活动横梁长达 9.5m,由六个立柱将上横梁和底座连成一体。从侧面看,该液压机可视为三个受力的封闭框架,但从正面看,则不是一个整体框架结构,因此不能承受偏载。底座下部装有顶出缸,上横梁上装有回程缸。

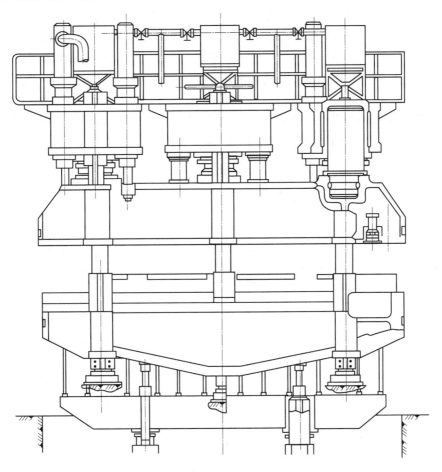

图 3-11　40MN 汽车纵梁液压机

压制时,两侧液压缸先投入工作,将板料压入下模槽腔进行弯曲。当开始校形时,中间液压缸再投入工作,液压机发挥最大工作压力。

国产汽车纵梁液压机把三台四柱式液压机排列在一起,可进行单缸动作、两缸联动和三缸联动,并具有一机多用和便于制造、运输的特点。

3.3 双动拉深液压机

3.3.1 拉深成型与拉深液压机

拉深液压机主要用于金属薄板零件的拉深成型、翻边、弯曲和冲压等工艺,例如,制造各种汽车覆盖件、脸盆、茶缸等搪瓷制品,洗衣机内桶等家用电器零件。拉深液压机在汽车、飞机等方面得到广泛的应用。

板料在进行拉深时,为防止坯料周边起皱,必须采用压边圈将坯料四周压紧,压边力要适当,过大易使坯料被拉破,过小坯料四周仍会起皱,不能保证产品质量。对于形状复杂而又不对称的工件,则要求坯料周边不同位置具有不同的压边力。所以拉深液压机的动梁一般做成内外两个,拉深动梁装在里边,压边动梁装在外边。在进行双动拉深时,拉深动梁和压边动梁可一起快速下降,接近坯料时改为慢速下降,当压边动梁压住坯料四周时,压边动梁不再下降而变为保压状态,此时,拉深动梁继续下降进行拉深。拉深工艺完成后,拉深动梁可实现保压、延时、卸压和快速回程,压边动梁相应也可实现卸压和快速回程,然后顶出缸进行顶出,最后顶出缸回程,拉深动梁和压边动梁停止运动,完成了一个工作循环。有的拉深液压机采用四个压边缸布置在压边动梁的四周,分别调整压力,以适应拉深复杂零件的要求,拉深液压机还设有移动工作台,以便于更换模具。拉深液压机下横梁上设有顶出缸,其顶杆通过工作台中间的顶杆孔顶出制成的工件。

3.3.2 双动拉深液压机的型号和技术参数

双动拉深液压机属于液压机类 Y28 系列。主要技术参数见表 3－6。

表 3－6(a)　双动薄板拉深液压机主要技术参数(天津锻压机床总厂)

名　称	单　位	量　值					
		TDY51－200 360	TDY48－315 480	YT28－400 650	YT28－500 800	YT28－630 1030	YT28－800 1300
公称力(拉深压边)	kN	2 000 1 600	3 150 1 650	4 000 2 500	5 000 3 000	6 300 4 000	8 000 5 000
滑块行程	mm	1 260	800	1 100	1 000	1 300	1 700
滑块开口高度	mm	600	1 800	1 600	2 000	2 200	2 500
滑块工作速度	mm/s		4	21～60	20～50	15～20	15～42
工作台尺寸	mm	1 000×1 000	1 120×1 120	2 800×1 800	3 000×2 000	3 200×2 200	3 680×2 240
液压垫力	kN	2 000	6 300	2 000	4 000	800	5 000
电动机功率	kW	87	26.1	140	159.3		192.7

表 3－6(b)　双动薄板拉深液压机主要技术参数(湖州机床厂)

名　　称	单　位	量　值					
		HHP28－120	YA28－100 150	YA28－200 300	YA28－400 600	YA28－500 800	YA28－630 1030
公称力(拉深 压边)	kN	800 400	1 000 1 500	2 000 3 000	4 000 6 000	5 000 8 000	6 300 10 300
滑块行程	mm	410	630	710	800	1 000	1 300
滑块开口高度	mm	660	500	800	1 300	1 600	2 200
滑块工作速度	mm/s	20	6～8	15	16	15	60
工作台尺寸	mm	600×500	630×630	900×900	1 250×1 250	2 150×3 000	2 200×3 200
液压垫力	kN				630	1 000	2 400
电动机功率	kW	15	7.5	22	37	90	190

3.3.3　双动拉深液压机的结构

1. 典型结构

图 3－12 为组合框架式双动拉深液压机示意图,机架 7 的上横梁和下横梁由四根立柱支承,通过立柱内的拉杆预紧固定,形成一个封闭的预应力框架,承受冲压变形压力。拉深缸 2 和压边缸 4 均固定于上横梁内,拉深柱塞与拉深动梁 6 连接固定,压边柱塞与压边动梁 5 连接固定。每根立柱有两根可调导轨,分别作为拉深动梁和压边动梁的导向。下横梁上面装有移动工作台,并可前后移动,以便更换模具,工作台中部设有若干顶杆孔,下横梁下部中间装有顶出缸,通过顶杆顶出制件或成型内凹形制件。在拉深动梁 6 和压边动梁 5 的下平面均开有 T 型槽以分别固定上模的凸模部分和压边部分,在工作台的上平面也开有 T 形槽,用于固定下模部分。

各厂家生产的双动拉深液压机的 T 形槽规格、槽距及顶杆孔径、孔距尺寸不完全一样,在设计模具时应查阅液压机说明书。不使用顶杆孔时,应用孔盖将其盖好,以免落入杂物或被堵塞。设计模具时,拉深凸模部分的外形应小于拉深滑块外形尺寸,模具压边部分的外形应小于压边滑块外形尺寸,并大于拉深滑块外形尺寸,且都要留有模具安装、固定的位置。当拉深凸模部分和压边圈部分尺寸较小不便于安装时,可设计过渡通用凸模座和过渡通用模板与拉深动梁和压边动梁相连接。

图 3－13 为普通的三梁四柱式双动拉深压力机示意图。压边动梁 6 由压边缸 4 驱动,用来压边。压边缸固定在拉深动梁 5 上,随拉深动梁一起运动,也有固定在下横梁上单独运动的。拉深动梁和压边动梁靠四个立柱分别导向。拉深凸模部分固定在拉深动梁 5 上,穿过压边动梁和模具压边圈中部的孔进行拉深。

2. 工作过程

双动拉深液压机的工作过程,即拉深动梁、压边动梁及顶出缸的工作顺序由液压系统控制,其工作过程如下:

① 拉深动梁和压边动梁的快速下降　液压动力机构的电动机启动,液压泵在卸荷状态下工作,拉深动梁和压边动梁靠自重快速下行。

② 慢速下降 当压边动梁接近毛坯时,触动行程开关,液压泵驱动主缸,使拉深动梁和压边动梁慢速下行。

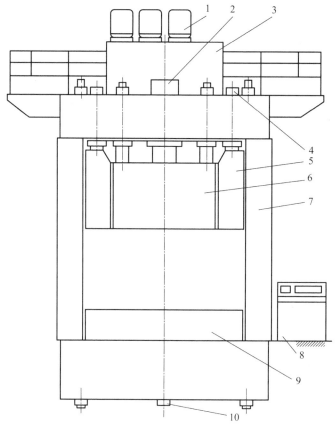

1—液压动力机构;2—拉深缸;3—充液装置;4—压边缸;5—压边动梁;
6—拉深动梁;7—机架;8—电控装置;9—移动工作台;10—顶出缸

图 3-12 拉深液压机示意图

③ 加压 当压边圈与毛坯接触时压边动梁停止运动,并由压边缸施加压边力,保持至拉深结束,其压边力可以调节,在压边动梁停止下行后,拉深动梁带动拉深凸模继续下行,直到拉深成型完成。

④ 保压、卸压 在拉深成型时,由于拉深动梁、压边动梁的运动突然停止和加载后的突然卸载造成液压冲击,引起压力冲击和管道振动。通过液压缓冲装置使主缸压力经卸荷阀逐渐卸压,可避免液压冲击。

⑤ 回程 当主缸压力下降到一定数值时(拉深已结束),拉深动梁开始回程,压边动梁不动,当拉深动梁回程到一定位置时,通过拉杆带动压边动梁回程。

⑥ 停止 回程到预定位置时,触动行程开关使电磁铁断电,液压泵卸荷,拉深动梁和压边动梁停止回程。

⑦ 顶出缸顶出及退回 顶出缸带动顶出活塞上升顶出工件,顶出缸退回,电动机停止运转,一个工作行程结束。

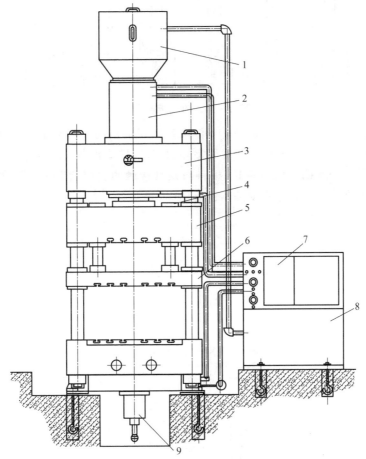

1—充液罐；2—主缸；3—上模梁；4—压边缸；5—拉深动梁；
6—压边动梁；7—操纵机构；8—液压装置；9—顶出缸

图 3-13　三梁四柱式双动拉深液压机示意图

3.4　液压板料折弯机

3.4.1　折弯与折弯机

　　板料折弯机是一种使用广泛的将金属板料在冷态下弯曲成型的加工机械。在板料折弯机上，一般使用简单的通用模具，可以将金属板料进行各种角度的弯曲成型，以做成不同几何截面形状的工件，如辅以相应的工艺装备，还可进行冲孔、冲槽、切边、切口、校平、翻边、压波纹及某些浅拉伸工序。

　　在折弯机上折弯有两种方式，一种是自由折弯，这种方式凹模形状固定不变，板料架于凹模表面上，折弯机滑块带动凸模下行，将板料在凹模内折弯成一定角度。板料折弯角度取决于凸模进入凹模的深度，因而可以利用一副模具将工件折弯成不同的角度。折弯方式如图 3-14 所示。

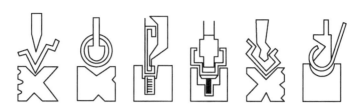

图 3-14　自由折弯方式

　　另一种折弯方式是三点折弯,这是瑞士汉默勒公司提出的一种新工艺,如图 3-15 所示,它的特点是凹模的底板深度 H 可以精确调整并固定,这样就相当于调整了凸模进入凹模的深度,使调整更容易而且精确。在折弯时,板料与模具接触的三个点 b、a、c 都在板料的同一表面,因此板料的厚度偏差对折弯角度基本没有影响。

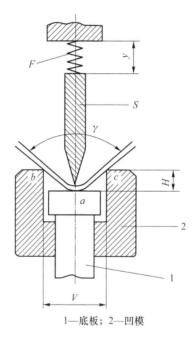

1—底板;2—凹模

图 3-15　三点折弯

　　此外,凸模顶端和凹模底板都接触到板料,改变了弯曲区域的应力状态。中性层外侧由自由折弯时的拉应力转变为压应力,不易产生裂纹,回弹量大大减小。

3.4.2　折弯机的分类和技术参数

1. 折弯机的分类

　　板料折弯机的传动方式有手动、气动、机械传动和液压传动等,近年来,液压传动已逐渐成为主要的传动形式。板料折弯机按其工作方式可分为上动式和下动式两大类,下动式折弯机的上模固定不动,工件随着工作台上升而完成折弯动作,但送料和卸料均受影响,操作不方便,目前已较少使用。

2. 折弯机的型号和技术参数

　　板料折弯机属于锻压设备(ZB-J62030—90)的第七类弯曲校正机,代号为 W。目前,常见的有 W63、W67、W69 系列。表 3 - 7(a) 所列为数控液压折弯机技术参数，表 3 - 7(b) 所列为扭力轴同步系统液压折弯机技术参数。

表 3 - 7(a)　W67K 及 W69K 数控折弯机主要技术参数(黄石锻压机床公司)

参数名称		单　位	参数值				
			W67K				W69K -
			90 30	125 30	180 40	500 60	100 3100
公称力		kN	900	1 250	1 800	5 000	1 000
可折板宽		mm	3 000	3 000	4 000	6 000	3 100
滑块行程		mm	120	170	170	295	145
滑块行程调节量		mm	90	100	135	210	
空程向下速度		mm · s^{-1}	80	90	70	70	80
工作速度		mm · s^{-1}	8	7.5	5	5	10
回程速度		mm · s^{-1}	50	43	55	30	80
工作台面与滑块最大开启高度		mm	300	350	425	600	760
主电动机功率		kW	5.5	11	11	30	15
外形尺寸	长	mm	4 395	5 100	5 340	6 380	4 879
	宽	mm	2 365	1 900	2 224	3 000	2 721
	高	mm	2 545	2 950	3 320	5 590	3 080
机器净重		kg	8 200	12 500	16 000	55 000	14 900

表 3 - 7(b)　WC67Y 系列主要技术参数(上海冲剪机床厂)

参数名称		单　位	参数值					
			WC67Y					ws67k
			63 2500	100 2500	100 3200	16 2500	160 4000	160 320
公称力		kN	630	1 000	1 000	1 600	1 600	1 600
工作台长度		mm	2 500	2 500	3 200	2 500	4 000	3 200
立柱间距离		mm	2 100	1 750	2 600	2 100	3 300	2 700
喉口深度		mm	250	320	320	320	320	320
滑块行程		mm	100	150	150	200	20	200
工作台面与滑块最大开启高度		mm	360	450	450	500	500	470
主电动机功率		kW	5.5	7.5	7.5	11	11	11
外形尺寸	长	mm	2 560	2 590	3 290	2 580	4 080	3 250
	宽	mm	1 690	1 770	1 770	1 930	1 930	2 535
	高	mm	2 180	2 450	2 450	2 750	2 800	2 920
机床重量		kg	5 000	6 540	8 000	9 000	13 000	13 300

3.4.3 折弯机的结构

1. 液压板料折弯机的本体结构

如图 3－16 所示,整体机架由厚钢板焊接而成,其主要部分是左右两块立板 1 和 3,它们具有足够的强度与刚度,两个液压缸 2 和 4 安置于左右两边,用以驱动滑块 5 及在其上固定的凸模做上下往复运动,凹模则固定在工作台 6 上。

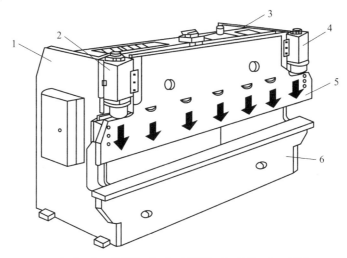

1、3—左、右立板; 2、4—液压缸; 5—滑块; 6—工作台

图 3－16　板料折弯机本体结构示意图

机架后侧安装有后挡料系统,用以确定板料折弯处的精确位置。折弯过程中,后挡料的调整最为频繁,它的定位精度直接影响到工件折弯边的尺寸精度。后挡料系统一般用机械传动控制,配以数显装置,近年来则多以伺服电动机驱动,通过计算机精确控制。

2. 同步系统

在液压折弯机中,一般均由左右两个液压工作缸驱动,同步系统用以保持两个液压缸的柱塞同步运动,从而确保滑块及凸模下表面与工作台及凹模上表面平行。因此,同步系统是液压折弯机中保证折弯精度的关键装置。同步系统有:机械式、机液伺服式、电液伺服式三种。机械式同步系统结构简单,具有一定的同步精度与抗偏载能力,因此在中小规格的折弯机中有较广泛的应用。图 3－17 为扭轴式同步系统的工作原理图,它的主要部分是一根较粗的刚性扭轴 2,两端固定在左右机架 1 的内侧,并在两边通过两个小滑块 3 与工作滑块 4 相连接,当滑块承受偏载时,由扭轴的抗扭刚度来平衡。

3. 挠度补偿机构

板料折弯机的滑块和工作台都相当长,在工作过程中,滑块和工作台都将出现中间塌陷现象,因而影响制件的弯曲精度。日本大阪捷克公司开发的液压板料折弯机,采用如图 3－18 所示的四个补偿液压缸,以减小中间挠度。四个液压缸支承于机架上,补偿液压缸的液压油取自滑块加压液压缸的加压管路,在主缸加压的同时,补偿缸压力也随之变化,起随动补偿挠度的作用。

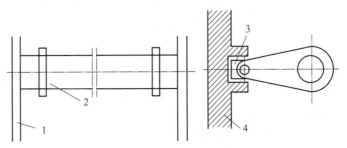

1—机架；2—刚性扭轴；3—小滑块；4—工作滑块

图 3-17 扭轴式同步系统原理图

4. 凸模快速夹紧机构

图 3-19 所示的是一个凸模快速夹紧机构,此机构更换凸模很方便,松开液压夹紧机构,扳开安全销 13 即可取下凸模 1,而当 3 中充压力油后,凸模即被夹紧。液压腔 8 与隔膜 7 形成的液压垫可保证凸模沿工作台全长对工件均匀加压。在折弯工件时,若凸模压力过大,通过推力杆 10 将隔膜 7 向上推动 2 mm,安全销 13 被推出,深度截止器 12 转动,触动限位开关,发出滑块返程信号。

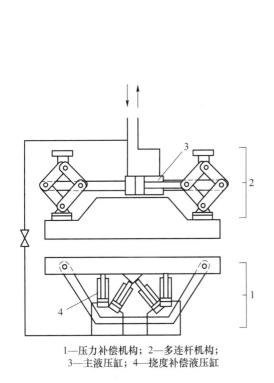

1—压力补偿机构；2—多连杆机构；
3—主液压缸；4—挠度补偿液压缸

图 3-18 HPB1025 型单液压缸驱动的板料折弯机

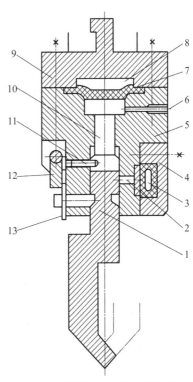

1—凸模；2—夹紧销钉；3—液压夹紧软管；4—侧盖；
5—凸模座；6—润滑油入口；7—隔膜；8—液压腔；9—顶盖；
10—推力杆；11—锁钉；12—深度截止器；13—安全销

图 3-19 凸模夹紧机构

思考题

1. 列表比较液压机和曲柄压力机适用的冲压工序。
2. 水压机和油压机在本体结构上有什么主要的不同点？
3. 液压机液压传动的特点是什么？
4. 维护和操作液压机要注意哪些问题？
5. 通用液压机有哪些参数？各技术参数的含义是什么？在模具设计中与液压机相协调的参数有哪些？

第4章 专用压力机

4.1 精冲压力机

4.1.1 精密冲裁与精冲压力机概述

精密冲裁工艺(简称精冲)是一种技术经济效果较好的先进工艺,采用这种工艺可以直接获得剪切面粗糙度 Ra 在 $3.2\sim0.8\ \mu m$ 范围内并且尺寸公差达 IT8 级的成品零件,可大大地提高生产效率。

图 4-1 所示为齿圈压板式精密冲裁。精冲是依靠强力的 V 形齿圈压板 2、反压顶杆 4 和冲裁凸模 1、凹模 5 使板料 3 处在三向压应力状态下进行的。精冲模具的间隙比普通冲裁模具的间隙要小,刃口有圆角,剪切速度低且稳定。由此可见,精冲的实现,需要通过设备和模具的作用,在被冲材料上创造塑性剪切变形的条件。精冲压力机就是用于精密冲裁的专用设备,可以满足精冲工艺的要求,它具有下列特点。

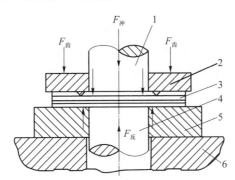

1—凸模；2—齿圈压板；3—被冲板料；4—反压顶杆；
5—凹模；6—下模座；$F_冲$—冲裁力；$F_齿$—齿圈压板力；
$F_反$—反压力

图 4-1 齿圈压板精冲原理简图

① 能提供冲裁力、压边力和反压力的三重压力,并能调节。

② 冲裁速度低且可调 由于冲裁速度低于 $15\ mm/s$,为了提高压力机的生产率,精冲压力机一般均采取快速闭模和快速回程的措施来提高滑块的每分钟行程次数。精冲压力机滑块理想的行程曲线如图 4-2 所示。

③ 滑块有很高的导向精度 由于精密冲裁的冲裁间隙比普通冲裁小得多,为保证精冲件的质量和模具寿命,精冲压力机的滑块具有很高的导向精度。

④ 滑块的终点位置准确,其精确度可达 $\pm0.01\ mm$。

⑤ 电动机功率比通用压力机大 在冲制同样制件时,精密冲裁比普通冲裁的最大冲裁力

负载行程要大,因此冲裁功就大,所以精冲压力机的电动机功率比通用压力机的功率大。

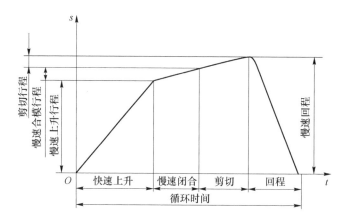

图 4-2 精冲压力机滑块理想行程曲线

⑥ 机身刚性好。

⑦ 有可靠的模具保护装置及其他辅助装置,如材料的矫直、检测、自动送进装置,工件或废料的收集装置,模具的安全保护装置等。

4.1.2 精冲压力机的分类和技术参数

精冲压力机按主传动的结构不同分为机械式精冲压力机和液压式精冲压力机。无论是机械式还是液压式精冲压力机,其压边系统和反压系统都采用液压结构。

液压式精冲压力机的床身受力均衡,抗偏载能力强,床身弹性变形小而均匀,长期使用后仍能保持机床的精度。但是封闭高度的重复精度不如机械式精冲压力机。一般总压力 3 000 kN 以下的小型精冲压力机多采用机械式,大型精冲压力机多采用液压式。

国产液压式精冲压力机在液压机中的类别代号为 Y,精密冲裁液压机的组型代号为 26,即 Y26 系列。表 4-1 所列为部分国内外精冲压力机的型号和技术参数。

精冲压力机按传动系统与滑块的相对位置不同,分为上传动式精冲压力机和下传动式精冲压力机。传动系统在压力机下部的称为下传动式精冲压力机。下传动式精冲压力机结构紧凑,重心低,运行平稳。下传动式精冲压机的缺点是工作滑块和下模在精冲过程中不停地做上下往复运动,条料进给和定位要有专门的送料装置。因为下传动式精冲压机结构简单,维修及安装方便,所以目前多数精冲压力机采用下传动式。

表 4-1 部分国内外精冲压力机的型号和主要技术参数

压力机型号	Y26-100	Y26-630	GKP-F25 40	GKP-F100 160	HFP240 400	HFP800 1200	HFA630	HFA800
总压力/kN	1 000	6 300	400	1 600	4 000	12 000	100~6 300	100~1 000
主冲裁力/kN			250	1 000	2 400	8 000		
压料力/kN	0~350	450~3 000	30~120	100~500	1 800	4 500	100~3 200	100~4 000
反压力/kN	0~150	200~1 400	5~120	20~400	800	2 500	50~1 300	100~2 000
滑块行程/mm	最大 50	70~	45	61			30~100	30~100

压力机型号		Y26 - 100	Y26 - 630	GKP - F25 40	GKP - F100 160	HFP240 400	HFP800 1200	HFA630	HFA800
滑块行程次数/(次/分)		最大 30	5～24	36～90	18～72	28	17	最大 40	最大 28
冲裁速度/(mm·s^{-1})		6～14	3～8	5～15	5～15	4～18	3～12	3～24	3～24
闭模速度/(mm·s^{-1})						275	275	120	120
回程速度/(mm·s^{-1})						275	275	135	135
模具闭和高度	最小/mm	170	380	110	160	300	520	320	350
	最大/mm	235	450	180	274	380	600	400	450
模具安装尺寸	上台面/mm	420×420	Φ1 020	280×280	500×470	800×800	1 200×1 200	900×900	1 000×1 000
	下台面/mm	400×400	800×800	300×380	470×470	800×800	1 200×1 200	900×1 260	1 000×1 200
允许最大精冲料厚 mm		8	16	4	6	14	20	16	16
允许最大精冲料宽/mm		150	380	70	210	350	600	450	450
送料最大长度/mm		180	2×200			600	600		
电动机功率/kW		22	79	2.6	9.5	60	100	95	130
机床重量/t		10	30	2.5	9	21	60		

4.1.3 精冲压力机的典型结构

1. 机械式精冲压力机

图 4-3 所示为瑞士 GKP 型机械式精冲压力机结构，它是机械式精冲压机的典型结构，采用双肘杆的传动。该压力机的主传动系统包括电动机 1、无级变速箱 2、带轮 3、飞轮 4、离合器 5、蜗轮蜗杆 6、双边传动齿轮 7、曲轴 8 和双肘杆传动机构 14。双肘杆机构的运动过程见图 4-4，曲轴 1、3 互相平行，两端均装有相同直径的齿轮，两对齿轮彼此啮合，故这两根轴总是速度相同、方向相反地旋转。曲轴 1、3 旋转通过连杆 2、4 将力传至第一副肘杆机构（由 3、5、7 构成）中的铰链轴 5，副肘杆机构伸直时，通过连杆 6 把力传给板 9，板 9 通过轴承和铰链轴 8 连接于床身并围绕铰链轴 8 摆动，这种摆动使第二副肘杆机构（由 8、10、12 构成）伸直，连杆 11 将力传至装在滑块 13 上的轴 12，滑块装在有预压的平行的滚柱导轨内，使滑块在推力的作用下向上垂直运动或向下垂直运动，完成开模、闭模和精密冲裁。图 4-5 所示为传动机构行程曲线，曲线 1 为双肘杆传动，可以较好地满足精冲工艺快速闭模、慢速冲裁和快速回程的要求。齿圈

压板和反向顶杆的运动分别由图 4-3 中的压边活塞 10 和反压活塞 13 完成,并满足调节压力和稳定压力的要求。

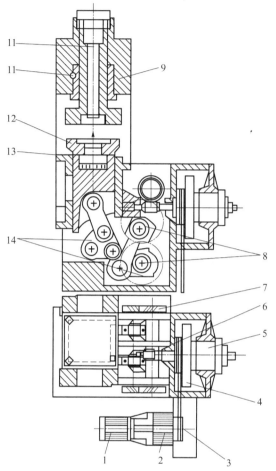

1—电动机; 2—无极变速箱; 3—带轮; 4—飞轮; 5—离合器;
6—蜗轮蜗杆; 7—双边传动齿轮; 8—曲轴; 9—机身;
10—压边活塞; 11—封闭高度调节机构; 12—滑块;
13—反压活塞; 14—双肘杆传动机构

图 4-3 GKP 型机械式精冲压力机结构

2. 液压式精冲压力机

液压式精冲压力机有国产的 Y26 系列和德国的 HFP 和 HFA 系列等。

图 4-6 所示为 Y26-630 型液压式精冲压力机结构,机身为钢板焊接结构,传动方式为下传动。主油缸 8、主柱塞 5、反压油缸、反压柱塞 13 和回程油缸 12 在机身下部,压边油缸和压边柱塞 3 在机身上部。工作油缸和导轨合为一体,油缸作为导轨,具有较高的导向精度和抗干扰能力。另外,柱塞和油缸不直接接触,因此长期工作不易磨损。

液压式精冲压力机主油缸、压边油缸和反压油缸的配置有四种情况:

① 主油缸和压边油缸组合 这种装置在机身上部,压边油缸为外装式,反压油缸在机身下部,构成上传动方式的液压式精冲压力机,所用模具为活动凸模式精冲模。如瑞士 HFP 系列的总压力在 2 000 kN 以下的精冲压力机。

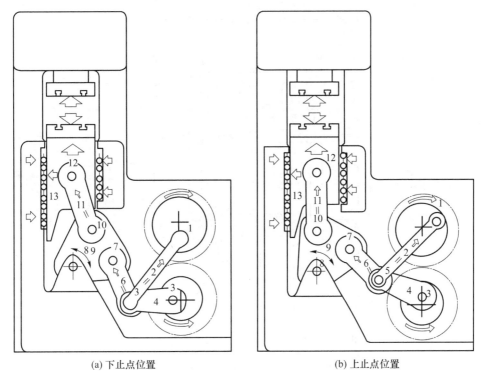

(a) 下止点位置 （b) 上止点位置

1、3—曲轴；2、4、6、11—连杆；5、7、8、10、12—铰链轴；9—板；13—滑块

图 4-4 双肘杆传动原理图

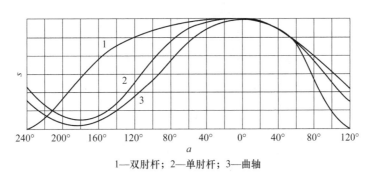

1—双肘杆；2—单肘杆；3—曲轴

图 4-5 传动机构行程曲线

② 主油缸和反压油缸组合　这种装置在机身下部，压边油缸在机身上部，为对置外装式，即下传动方式的液压式精冲压力机，所用模具为活动凸模式精冲模。如瑞士 FSA 系列的精冲压力机和 Y26-100 型精冲压力机。

③ 主油缸和压边油缸组合　这种装置在机身上部，压边油缸为内装式，反压油缸在机身下部，即上传动方式的液压式精冲压力机，所用模具为固定凸模式精冲模。如德国 HFP 系列和 HFA 系列的精冲压力机。

④ 主油缸和反压油缸组合　这种装置在机身下部，压边油缸在机身上部，为对置内装式，即下传动方式的液压式精冲压力机，所用模具为固定凸模式精冲模。如瑞士 HFP 系列的大型精冲压力机和 Y26-630 型精冲压力机。

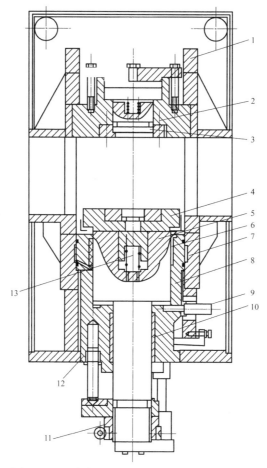

1—床身；2—上工作台；3—反压柱塞；4—下工作台；5—主柱塞；
6—台阶式上导轨；7—环形油腔；8—主缸；9—进油管；10—台阶式下导轨；
11—封闭高度调节装置；12—回程缸；13—反压柱塞

图 4 - 6　Y26 - 630 型精冲压力机的导轨结构

3. 精冲压力机辅助装置

精冲压力机在自动化冲压时,除了精冲压力机主机以外,还包括自动上料装置、自动进出料装置和模具保护装置。

图 4 - 7 是防止制件或废料滞留在模具空间的模具保护装置图。模具保护装置的工作原理是上工作台 2(浮动式工作台)用弹簧或液压悬挂以提高模具保护的灵敏度,在上下工作台相关部位各有开关 3 和 1。正常情况下,滑块上行,先使开关 1 动作,随后上工作台 2 抬起,使开关 3 动作(见图 4 - 7(a))。如果制件或废料滞留在模具空间(见图 4 - 7(b)),滑块上行时由于制件或废料的影响使开关 3 先动作,机械式精冲压力机滑块立即停止上行,液压式精冲压力机滑块立即返回原始位置,起到保护模具和压力机的作用。

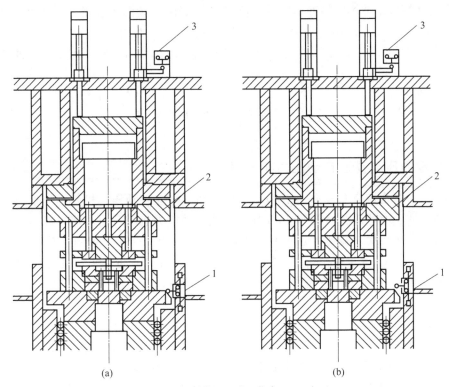

1、3—开关；2—上工作台

图 4 - 7　模具保护装置

4.1.4　精冲压力机的选择和比较

1．机械式和液压式精冲压力机

（1）机械式精冲压力机

① 压力机行程次数高,可靠性高,维护简单。

② 压力机冲裁时,滑块与工作台有横向位移,会产生横向力,抗偏载能力差。但机械式精冲压力机模具闭合时,重复精度高,适于小型制件和厚度较薄制件的冲裁。

③ 压力机机械传动链环节多,长期工作后磨损增多,上止点位置不稳定。

（2）液压式精冲压力机

① 压力机冲裁压力恒定,运行平稳,冲击和振动小,无爬行现象。

② 压力机不会产生机械传动链中因磨损而产生的积累误差,能较长时间保持压力机的精度。

③ 机身受力平稳,抗偏载能力强,运转噪声小。

2．模具结构形式与制件、压力机结构的关系

① 活动凸模式精冲模　精冲模的主凸模导向精度依靠模座内孔和齿圈压板型孔,主凸模导向部分较长,活动距离略大于冲裁料厚。如果主凸模的轮廓外形最大尺寸超过凸模高度,准确对中比较困难,因此活动凸模式精冲模适用于冲裁中、小形制件。活动凸模式精冲模又分正装式和倒装式,所使用压力机油缸配置情况也不同。

② 固定凸模式精冲模　精冲模的主凸模固定在模座上,齿圈压板相对主凸模运动。模具结构刚度好,受力平稳。适用于冲裁大形、窄长、板料较厚、外形复杂不对称、内孔较多的制件和需要级进冲裁的制件。固定凸模式精冲模又分正装式和倒装式,所使用压力机油缸配置情况也不同。

4.2　高速自动压力机

4.2.1　高速冲压与高速自动压力机概述

高速冲压一般是指速度为 400 次/分以上的冲压。高速自动压力机是高速度、高精度、高刚度和自动化冲压的特殊曲柄压力机,简称为高速自动压力机。目前高速自动压力机的行程次数已从每分钟几百次发展到每分钟一千多次,吨位也从几百千牛发展到上千千牛,主要用于电子、仪器仪表、轻工、汽车等行业中的特大批量冲压件的生产。近年来,高速自动压力机的应用范围在不断扩大,数量也在不断增加,预计将来,高速自动压力机在冲压压力机中的比例将会明显增大。

高速自动压力机有以下特点:

① 滑块行程次数高　这是高速压力机的一个重要特性,它直接反映压力机的生产效率。目前,国外中小吨位的高速压力机行程次数可达 1 000~3 000 次/分。

② 滑块的惯性大　滑块和模具的高速往复运动,会产生很大的惯性力(与行程次数的平方成正比),造成惯性振动。冲压过程中,机身积存的弹性势能释放后所引起的振动也会直接影响压力机的性能,并影响压力机和模具的寿命。为了减小振动,降低振动对邻近设备和建筑物的影响,增加操作者的安全感,必须采取减振措施。

③ 设有紧急制动装置　传动系统有良好的紧急制动特性(某些压力机采用双制动器结构),以便事故监测装置发出警报时,能使压力机紧急停车,避免不必要的经济损失。

④ 送料精度高　送料精度可达±0.03~±0.05 mm,有利于提高工步定位装置的寿命和减小因送料不准引起的模具和设备事故。

⑤ 机床刚度和滑块导向精度高。

⑥ 辅助装置较齐,有高精度的间隙送料装置、平衡装置、减振消音装置、事故监测装置等。

4.2.2　高速自动压力机的分类和技术参数

高速自动压力机按机身结构分为开式、闭式和四柱式;按传动方式分为上传动式、下传动式;按连杆数目分为单点式、双点式。但从工艺用途和结构特点上分类,可分为三大类:第一类是采用硬质合金材料的级进模或简单模来冲裁卷料的高速自动压力机,它的特点是行程很小,但行程次数很高。第二类是以级进模对卷料进行冲裁、弯曲、浅拉深和成型的多用途高速自动压力机,它的行程大于第一类压力机,但行程次数要低些。第三类是以第二类压力机为基础,将第一、二类综合为一个统一系列的压力机,每个规格有 2 个或 3 个型号,主要改变行程和行程次数,提高了压力机的通用化程度。

国产高速自动压力机的型号为 J75 系列,主参数是公称压力。表 4-2 所列为部分国产高速自动压力机的型号和技术参数,表 4-3 所列为日本会田公司 L 系列高速自动压力机的型号和技术参数。

表 4－2　部分国产高速自动压力机的型号和技术参数

型　号	符　号	单位	J75G－30	J75G－60	JG95－30	SA95－80	SA95－125	SA95－200
公称压力	F_g	kN	300	600	300	00	1 250	2 000
滑块行程次数	n	次/分	150～750	120～400	150～500	90～900	70～700	60～560
滑块行程	s	mm	10～40	10～50	10～40	25	25	25
最大封闭高度	H	mm	260	350	300	330	375	400
封闭高度调节量	ΔH	mm	50	50	50	0	60	80
送料长度	L	mm	6～80	5～150	80	220	220	220
宽度	B	mm	5～80	5～150	80	250	250	250
厚度	t	mm	0.1～2	0.2～2.5	2	1	1	1
主电动机功率	P	kW	7.5		7.5	38	43	54
生产厂			上海第二锻压机床厂	通辽锻压机床厂	齐齐哈尔第二机床厂			

表 4－3　会田公司 L 系列高速压力机的型号和技术参数(AIDA)

型　号		符　号	单位	量　值												
				PDA6	PDA8			PDA12			PDA20			PDA30		
公称压力		F_g	kN	600	800			1 200			2 000			3 000		
行程长度		s	mm	15	25	50	75	30	50	75	30	50	75	30	50	75
行程次数	最高	n	次/分	800	400	250	200	350	200	160	300	180	150	250	150	120
	最低			200	160	100	80	140	80	65	120	70	60	100	60	50
封闭高度		H	mm	280	300			360			380			420		
封闭高度调节量		ΔH	mm	40	50			50			60			80		
工作台板尺寸		$L\times B$	mm×mm	650×600	900×600			900×800	1 100×800		1 300×850	1 500×850		1 500×900	1 700×900	
主电动机功率		P	kW	15	15			18.5			22			30		

4.2.3　高速自动压力机的典型结构

图 4－8 所示为高速自动压力机及附属机构。高速自动压力机除压力机主体以外，还包括开卷、校平和送料机构等。为充分发挥高速自动压力机的作用，需要高质量、高精度的卷料、送料机构以及高精度、高寿命的级进模具。

① 机身结构　高速压力机的机身结构是保证高速冲压的关键部件。除小吨位的高速压力机采用开式结构外，大部分高速压力机都采用闭式结构，常见的有铸铁整体封闭架结构和钢板框架式焊接结构。

② 传动原理　高速压力机的主传动一般采用无级调速。滑块与导轨采用滚动预紧导向，使滑块运行时侧向间隙被消除，滑块对导轨不会产生侧向力。

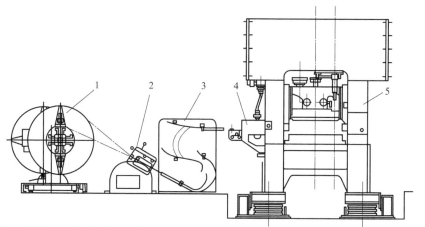

1—开卷机；2—校平机构；3—供料缓冲装置；4—送料机构；5—高速自动压力机；6—弹性支承

图 4-8　高速自动压力机及附属结构

图 4-9 是下传式高速压力机的传动原理图。电动机经过带轮（兼飞轮）2、离合器 3 将运动传到曲轴 12，曲轴 12 转动使拉杆 5 带动滑块 7 做上下往复运动。由于滑块是电动机通过带轮（一级减速）直接驱动的，因此行程次数高。被冲材料由辊式送料装置 6 送进，剪断机构 9 由凸轮 11 通过拉杆驱动，将冲压后的材料（与工件连成一体）或废料剪断，以完成冲压件的自动生产。件 13 的作用是平衡滑块在高速下产生的往复惯性力，减小压力机的振动。

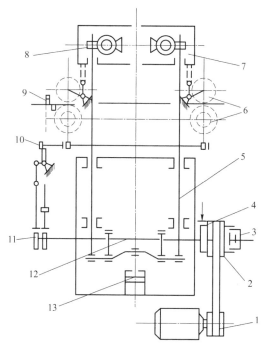

1—电动机；2—飞轮；3—离合器；4—制动器；5—拉杆；
6—辊式送料装置；7—滑块；8—封闭高度调节机构；9—剪断机构；
10—辊式送料的传动机构；11—凸轮；12—曲轴；13—平衡器

图 4-9　下传式高速压力机传动原理图

③ 送料装置 高速压力机的送料装置有夹爪式、单向离合器辊式和蜗杆凸轮式,目前以蜗杆凸轮式传动箱(又称柱包络蜗杆传动箱或福克森机构)带动的辊式送料装置为主,送料精度最高。如图 4-10 所示,蜗杆凸轮以等角速度旋转,与蜗杆凸轮啮合的是一个带有六个滚动轮子的从动盘,六个轮之间的相互位置精度为 60°±30'。蜗杆凸轮在转动一周的过程中,有 180°角的蜗杆螺旋升角为零,而另外 180°角内为不等距螺旋面。蜗杆凸轮与滚轮啮合传动,可使从动盘做间歇运动,再用传动箱从动盘的输出轴带动送料辊,就实现了间歇送料。这种机构本身要求加工精度高,又由于蜗杆凸轮螺旋面的特殊形状,使得加工比较困难。另外它不能进行无级调速,当要改变送料长度时,必须更换送料辊和交换齿轮。在这种传动箱中,由于蜗杆凸轮螺旋面的特殊形状,使得传送板料在起动和停止时的加速度为零,无惯性力。同时这种装置还有调整蜗杆凸轮和滚轮的传动间隙机构,可使从动盘的滚轮与蜗杆螺旋面之间达到无间隙,从而使送料误差保证在±0.03 mm 以内。

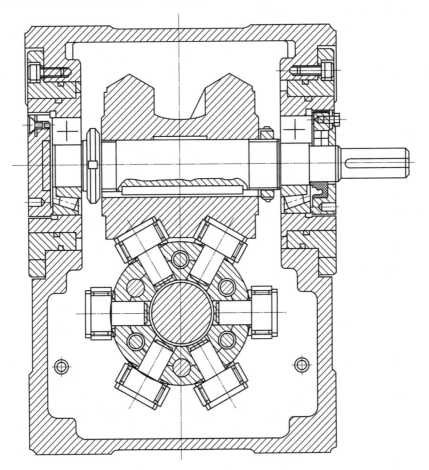

图 4-10 蜗杆凸轮传动箱示意图

④ 其他 为了减小高速压力机振动,压力机目前常用的方法有:一、减轻滑块重量,如采用铝合金滑块代替铸铁滑块。二、采用平衡缸装置、偏心重块平衡装置或增加副滑块(在垂直方向上副滑块与主滑块做相反方向的运动)等来平衡惯性力。三、在高速压力机底座与基座间和各重要零件与压力机连接处设置减振缓冲垫。对大吨位或行程次数较高的压力机还设置隔

音防护装置,以改善工人劳动条件。为了安装调节模具方便,高速压力机的滑块内一般装有装模高度调节机构。

为了减小滑块重量,某些压力机除采用轻质合金滑块以外,还将装模高度调节机构放在工作台下部,依靠工作台的升降来调节装模高度。

4.3 数控步冲压力机

4.3.1 数控冲压与数控步冲压力机概述

数控冲压是借助于安装在数控压力机中的系列标准模具,通过数控编程的方式依次自动完成不同形状的冲压工序。在数控冲压环境下,无须为特定工件制作特定的模具,既节省了模具制作费用,又大大缩短了产品的生产周期。

数控步冲压力机是利用数控技术对板料进行冲孔和步冲的压力机。被冲制的板料固定在工作台上,按规定的程序左右和前后移动及定位,模具安装在压力机转塔内自动调换或安装在模具配接器中手工快速调换,采用单次冲裁方式或步冲冲裁方式冲出不同形状和尺寸的孔及零件。

数控步冲压力机具有以下特点:

① 压力机采用高精度的滚珠丝杠和滚动导轨结构,具有较高的运动精度和可靠性。

② 压力机上下转盘中装有多副模具,供加工时自行选用。

③ 压力机采用了数控系统,使冲压工作能自动完成。

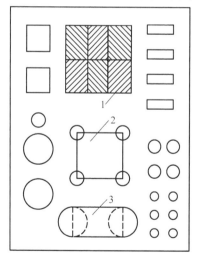

图 4-11　数控步冲压力机的冲压方式

④ 数控压力机的冲压方式与普通压力机的冲压方式有较大的差异,例如外轮廓较大的零件,如图 4-11 所示,按照常规冲法是先剪板下料(周边),然后在压力机上装一副模具,在板料上把与模具相对应的孔冲完,再换另一副模具,冲另外一种孔。依此循环,直至冲完所有的孔。这种冲法虽然不用重新制造全套模具,但是板材上下搬动次数较多,换模时间长,劳动强度大。如果在数控压力机上冲孔,只要装夹一次板料,就能把其上的孔全部冲出。其冲压方式是:当一种孔冲好后需要换模时,压力机把装于上下转盘中的另一副模具转至滑块下,移动工作台带动板料移到所冲位置即可冲孔(见图 4-11 孔 1)。另外还可利用组合冲裁法冲出较复杂的孔(见图 4-11 孔 2、3)或利用分步冲裁法冲出冲孔力大于压力机公称压力的孔。

⑤ 冲压件精度高。定位精度一般在 ±0.15 mm 以内,最高可达 ±0.07 mm。

⑥ 生产率高。与普通冲孔相比,可提高生产率 4～10 倍,尤其对单件、小批量生产可提高生产率 20～30 倍。所以很适合多品种,中、小批量或单件的生产。

⑦ 生产准备周期短,且可减少模具设计与制造费用。

⑧ 工人劳动强度低,同时可节省生产的占地面积。

4.3.2　数控步冲压力机的分类和技术参数

数控步冲压力机从不同的角度有多种形式。按照主传动驱动方式分为机械式和液压式，目前国产数控步冲压力机均为机械式；按模具的调换方式分为冲模回转头式、直线自动移动换模式和手工快速换模转塔式；按机身形式分为开式和闭式；按移动工作台的布置方式分为内置式、外置式和侧置式。

数控步冲压力机的主要技术参数有公称压力、最大加工板料尺寸、最大板料厚度、最大模具尺寸、工位数和步冲每分钟行程次数等。最大加工板料尺寸为可安装在移动工作台上板料的最大尺寸，最大模具尺寸取决于压力机转塔或模具配接器的有关尺寸。

国产数控步冲压力机的型号为 J92K 系列和 J93K 系列，主参数为公称压力。表 4-4 所列为数控步冲压力机的型号和技术参数。

表 4-4　数控步冲压力机的型号和技术参数

型　　号	J92K-25	J92K-40	TCQ2025	J92K-30	J93K-30
公称压力/kN	250	400	200	300	300
最大加工板料尺寸/(mm×mm)	1 000×2 000	1 250×2 500	1 000×2 000		750×2 000
最大板料厚度/mm	6	6	6.4	6	3
一次冲孔最大直径/mm	110	110	100	114	89
滑块行程/mm	32	32			32
工位数	24	32		28	3
单次行程次数/(次/分)(步距 25 mm)	180	180	265		
连续最大步冲行程次数(次/分)	270	270		300	300
孔间精度/min	±0.1			±0.15	
形式	回转头式		快速换模式		
生产厂家	扬州锻压机床厂		齐齐哈尔机床厂	上海第二锻压机床厂	

4.3.3　数控步冲压力机的典型结构

1. 数控冲模回转头压力机

① 工作原理　数控步冲压力机传动如图 4-12 所示，主电动机 10 通过大小带轮和蜗轮蜗杆带动曲轴、连杆、肘杆动作，使滑块 3 做上下往复直线运动进行冲压。冲模回转头 12 支承和悬挂在机身上，电液脉冲马达 11 通过两级锥齿轮和一级直齿轮的传动，使上下转盘同步回转，以选择模具，并用液动定位销 6 使转盘最终定位，以保证上下模同心。被加工板料用夹钳 13 夹紧，放置在移动工作台 2 上。两个电液脉冲马达通过滚珠丝杠-滚珠螺母传动，使工作台纵横向送进，以选择工件冲孔的坐标。

② 冲模回转头　冲模回转头结构如图 4-13 所示，上、下转盘 1、9 通过中心轴 3、7 悬挂和支承在机身的上部和下部，转盘可在中心轴上旋转。上转盘的上平面和下转盘的下平面各有 20 个上、下定位孔 5、6，以便转盘最终定位。20 副上、下模通过上、下模座 2、8 分别安装在上、下转盘上，通过吊环 4 来调整上模的高低位置。在上转盘的圆周上有从 0 到 19 依次排列

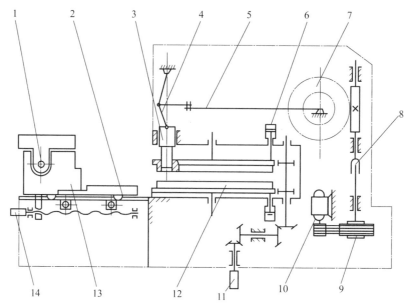

1—滚珠丝杠；2—移动工作台；3—滑块；4—肘杆；5—连杆；6—液动定位销；7—蜗轮；8—联轴节；
9—电磁离合器；10—主电动机；11、14—电液脉冲电机；12—冲模回转头；13—夹钳

图 4 - 12 J92K - 30 数控步冲压力机传动图

的数字,表示模具的编号。下转盘的圆周表面上有 20 个依次排列的发信头,分别代表某一副模具的编号,借助电器部分读出装置的配合,可以自动选择模具。这种转塔自动换模式,最多可以安装 72 套模具。另外,还有一种直线自动换模式。

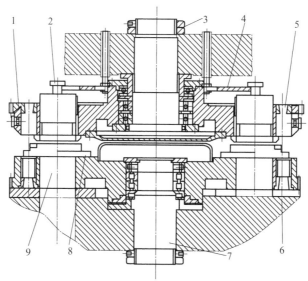

1—上转盘；2—上模座；3—上中心轴；4—吊环；5—上定位孔；
6—下定位孔；7—下中心轴；8—下模座；9—下转盘

图 4 - 13 冲模回转头结构图

2. 快速换模式数控步冲压力机

图 4-14 为快速换模式数控步冲压力机的结构简图。传动系统为机械驱动,机身为开式,移动工作台为内置式。传动原理如下:主电动机 14 通过传动系统带动曲轴 5 转动,再通过连杆带动滑块 6 上下运动。凸模配接器 7 及凸模装在滑块下面,凹模配接器 8 及凹模装在机身 13 的固定工作台上面。移动工作台 1 和移动支架 3 固接在一起,由 Y 向导轨 16 导向。Y 向导轨固接在机身上,当固接在机身上的 Y 向伺服电动机 10 转动时,通过减速器 9 和齿轮齿条使移动支架和移动工作台一起做 Y 向(前后)运动。

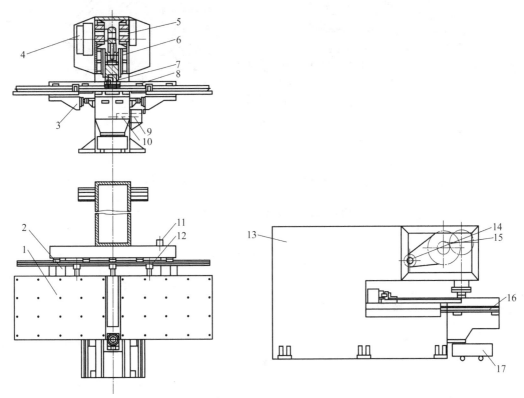

1—移动工作台;2—X 向导轨;3—移动支架;4—离合器;5—曲轴;6—滑块;7—凸模配接器;
8—凹模配接器;9—减速器;10—Y 向伺服电动机;11—X 向伺服电动机;12—夹钳;13—机身;
14—主电动机;15—传动系统;16—Y 向导轨;17—废料箱

图 4-14 快速换模式数控压力机结构简图

移动支架上装有 X 向伺服电动机 11,通过相应的减速器及齿轮齿条驱动,使 X 向导轨 2 做 X 向(左右)运动。X 向导轨上装有夹钳 12 夹固板料,通过夹钳使板料在 X 向运动。

更换模具大多数采用快速换模装置,图 4-15 为德国通快(Trumpf)公司 TC235 型快速换模装置的结构简图。凸模 2、凹模 5 和卸料圈 4 预先在换模手柄 7 中装好,然后插入压力机滑块和工作台之间。凸模锁紧缸 1、凹模锁紧缸 6 及卸料圈锁紧缸 3 的活塞大端腔进油,斜面机构将凸模、凹模和卸料圈分别锁紧。拔出换模手柄即完成换模操作。更换模具时间为 6～12 s,方便迅速。

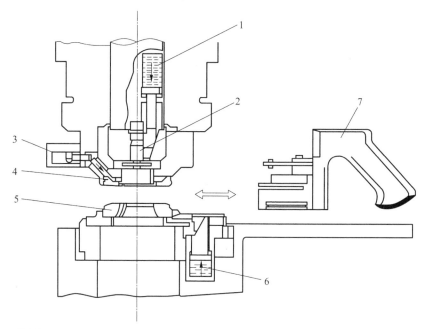

1—凸模锁紧缸；2—凸模；3—卸料圈锁紧缸；4—卸料圈；5—凹模；6—凹模锁紧缸；7—换模手柄

图 4-15　快速换模装置结构简图

4.4　机械式拉深压力机

4.4.1　拉深成型与拉深压力机概述

拉深是利用拉深模具将平板毛坯制成空心件的一种冲压工艺方法。用拉深方法可以制成筒形、阶梯形、锥形、球形和其他不规则形状的薄壁开口零件。用拉深方法来制造空心件生产效率高，材料消耗少，零件的强度和刚度高，而且工件的精度也高。拉深压力机就是用于拉深成型的专用设备，它具有下列特点，以满足拉深工艺的要求。

① 拉深压力机本身带有压边装置，可产生较大的压边力，并可根据拉深工艺需要进行调节。

② 拉深压力机滑块具有合适的工作速度。

③ 拉深压力机有较大的工作能量。由于拉深工作行程较大，故拉深变形功也较大，因此拉深压力机的飞轮惯量和电动机的容量都比较大。

4.4.2　机械式拉深压力机的分类和技术参数

机械式拉深压力机按照压力机的主要用途分为通用压力机和专用拉深压力机。通用压力机由于工作行程较短，滑块运动速度快，故只适用于简单形状的浅拉深成型。专用拉深压力机按滑块动作分为单动、双动和三动拉深压力机。

专用单动拉深压力机是近年来出现的新型拉深压力机，由于采用了合理的连杆机构，使得滑块在工作行程时速度较低且均匀，回程时速度较高，生产效率也高。

双动拉深压力机用于拉深复杂零件,它的主要结构特点是有两个滑块,即内滑块和外滑块。外滑块用于压边,又称为压边滑块;内滑块用于拉深,又称为拉深滑块。外滑块在机身导轨内做往复运动,内滑块在外滑块的导轨内做往复运动。

三动拉深压力机有三个滑块,压力机上部有一个拉深滑块和一个压边滑块,它们共享一个驱动系统,结构与双动拉深压力机相同。压力机下部有一个下拉深滑块,由另一个驱动系统控制,若不使用这个滑块,则将它脱开就变成双动拉深压力机。

拉深压力机按压力机的传动方式分为上传动式和下传动式拉深压力机。下传动双动拉深压力机结构简单,拉深行程较长,适用于中小尺寸零件的拉深,广泛用于日用品生产。目前生产类型最多的是上传动双动拉深压力机。

机械式拉深压力机在锻压设备中属于机械压力机类(J)的第四组,机械式拉深压力机的分类和型号见表 4-5。

表 4-5　机械式拉深压力机的分类和型号

组	型	名　称
拉深压力机	41	闭式单点单动拉深压力机
	42	闭式双点单动拉深压力机
	43	开式双动拉深压力机
	44	下传动双动拉深压力机
	45	闭式单点双动拉深压力机
	46	闭式双点双动拉深压力机
	47	闭式四点双动拉深压力机
	48	闭式三动拉深压力机

拉深压力机按滑块(内滑块)的连杆数目分为单点、双点和四点拉深压力机;按机身结构分为闭式和开式拉深压力机。

机械式拉深压力机的主参数有两个,即公称拉深压力和总压力。例如 JB46-315 的闭式双点双动拉深压力机的主参数是公称拉深压力为 3 150 kN、总压力为 6 300 kN。

常用的双动拉深压力机的型号和技术参数见表 4-6。

表 4-6　双动拉深压力机的主要技术参数

压力机型号	J44-55C	J44-80	JA45-100	JA45-200	J45-315	JB46-315	JA45-375
总公称压力/kN				3 250	6 300	6 300	6 300
内滑块公称压力/kN	550	800	1 000	2 000	3 150	3 150	3 750
内滑块公称压力行程/mm				25	30	40	41
外滑块公称压力/kN	550	800	630	1 250	3 150	3 150	2 550
内滑块行程/mm	560	640	420	670	850	850	850
外滑块行程(或工作台行程)/mm				260	425	530	530
行程次数/(次/分钟)	9	8	15	8	5.5~9	10	5.5
低速行程次数/(次/分钟)						1	

续表 4-6

压力机型号		J44-55C	J44-80	JA45-100	JA45-200	J45-315	JB46-315	JA45-375
内滑块最大装模高度/mm					930	1 120	1 550	1 240
外滑块最大装模高度/mm					825	1 070	1 250	1 160
内滑块装模高度调节量/mm				100	165	300	500	300
外滑块装模高度调节量/mm						300	500	
最大拉深高度/mm		280	400		315	400	390	400
立柱间距/mm		800	1 120	950	1 620	1 930	3 150	1 840
内滑块尺寸/mm	左右			560	960	1 000	2 500	1 000
	前后			560	900	1 000	1 300	1 000
外滑块尺寸/mm	左右			850	1 420	1 550	3 150	1 780
	前后			850	1 350	1 600	1 900	1 800
垫板尺寸/mm	左右	600	1 000	930	1 540	1 800	3 150	1 820
	前后	720	1 100	900	1 400	1 600	1 900	1 600
	厚			100	160	220	250	220
气垫压力(压紧力 顶出力)/kN				100	500 800	1 000 120		1 000 160
气垫行程/mm				210	315	400	440	
主电动机功率/kW		15	22	22	40	75	100	

4.4.3 机械式拉深压力机的典型结构

1. J44-80型下传动双动拉深压力机

J44-80型下传动双动拉深压力机的结构如图 4-16 所示。电动机通过带轮、齿轮驱动大齿轮 1 转动。拉深滑块 12 上的中央螺杆 10 安装凸模,压边滑块 9 上装有压边圈,工作台 6 上装有凹模。当大齿轮 1 转动时,主轴 3 带动凸轮 2 转动,凸轮 2 通过滚轮 4 带动工作台 6 上行,使压边滑块 9 上的压边圈与工作台 6 上的凹模接触,当模具压边圈与凹模接触时工作台停止运动,大齿轮 1 的转动通过轴销 5、拉杆 7 带动拉深滑块 12 上的凸模下行进行拉深成型。拉深完毕时,大齿轮转动使拉深滑块回升,然后工作台回落,通过顶件装置将拉深件顶出。另外,中央螺杆和压边滑块上都装有装模高度调节装置,由另外的电动机通过蜗杆蜗轮带动四个侧螺杆 11,促使压边滑块 9 及中央螺杆上下移动,调节压边滑块的装模高度。

J44-80型压力机中央螺杆螺纹为 M80 mm×6 mm,螺纹长度为 130 mm。这种由凸轮驱动及由一般曲柄滑块机构驱动的滑块运动速度曲线近似于正弦曲线,如图 4-17 所示,曲柄转角 α 在 90°附近时滑块运动速度最快。而对于高拉深件的成型,其工作角也接近 90°,为使拉深变形速度不至太快,要限制压力机的滑块行程次数,故生产率较低,适用于中小形尺寸的拉深成型。

2. 双动拉深压力机基本参数的关系

① 最大拉深件的高度约为 $0.47s$,s 为内滑块行程。

② 外滑块公称压力与内滑块公称压力之比为 $0.55 \sim 1.0$,下限适用于单点双动拉深压力机,上限适用于双点或四点双动拉深压力机。

③ 外滑块行程为内滑块行程的 $60\% \sim 70\%$。

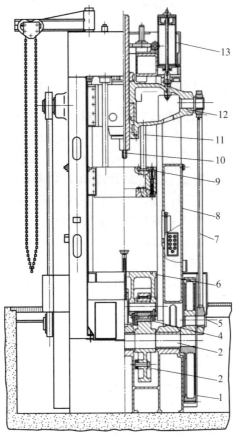

1—大齿轮；2—凸轮；3—主轴；4—滚轮；5—轴销；6—工作台；7—拉杆；8—机身；
9—压边滑块；10—中央螺杆；11—侧螺杆；12—拉深滑块；13—平衡缸

图 4 - 16　J44 - 80 型下传动双动拉深压力机结构示意图

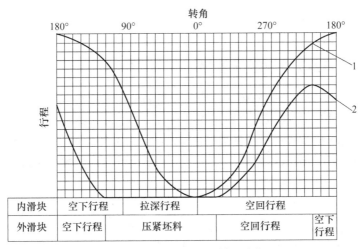

	转角				
180°	90°	0°	270°	180°

内滑块	空下行程	拉深行程	空回行程	
外滑块	空下行程	压紧坯料	空回行程	空下行程

1—内滑块行程曲线；2—外滑块行程曲线

图 4 - 17　双动拉深压力机工作循环图

4.5 冷挤压力机

4.5.1 冷挤成型与冷挤压力机概述

冷挤压是在室温下利用冷挤压模具迫使金属块料产生塑性流动,通过凸模与凹模的间隙或凹模出口,制造空心零件或剖面更小的零件的一种塑性加工方法。按照挤压过程中的金属流动方向,挤压可分为三大类:正挤压、反挤压和复合挤压。采用冷挤压工艺方法成型制件,具有零件尺寸精度高、表面粗糙度数值小、节省原材料、生产效率高,零件强度大、硬度高等特点。同时,可成型较复杂的形状及其他工艺方法难以加工的零件。

冷挤压力机主要用于室温条件下对钢或有色金属材料进行挤压、压印等体积变形的工艺。

冷挤压过程中,单位挤压力大,模具和冷挤压力机工作负荷大。挤压工艺处理不当时,设备容易出现过载,而且需要的推件力较大。因此,冷挤压力机应具有以下特点:

① 要具有足够的刚度　冷挤压工艺力大,载荷集中,为保证制件质量和模具寿命,冷挤压力机必须有足够的刚度。

② 要具有足够的能量　挤压成型的工作负荷曲线近似为矩形,挤压全过程需要很大的能量。冷挤压力机也是利用飞轮来储存和释放能量的,因此冷挤压力机都设计成能储存和释放大能量的飞轮和选用高转差率电动机。

③ 具有良好的导向精度　在大负荷工作条件下,滑块导向精度对挤压制件质量和模具寿命都会产生很大的影响,因此冷挤压力机通过加大滑块导向长度与滑块宽度的比值来减少滑块倾斜或采用滚动导轨来保证压力机的导向精度。

④ 合理的挤压速度　根据挤压成型的需要,滑块空程向下和回程时应有较高的速度,而挤压开始时应低速,并将这一速度保持到挤压变型过程完毕。

⑤ 具有可靠的过载保护装置。

⑥ 具有可靠的顶料装置。

⑦ 具有模具润滑和冷却装置。

4.5.2 冷挤压力机的分类和技术参数

冷挤压力机按驱动方式分为机械式冷挤压力机和液压式冷挤压力机。机械式冷挤压力机主要用于中、小型零件成型,挤压压力和行程较小,而要求生产率较高。液压式冷挤压力机的工作行程较长,在挤压成型过程中保持最高的、稳定的压力,而且挤压工艺参数可以调节,适用于挤压行程较大和挤压力较大的零件。目前大量用于生产的是机械式冷挤压力机。

表 4-7 机械式冷挤压机型号和技术参数

型　号	J87-250A	JA87-400	J88-160	JA88-200	JB88-200
公称压力/(×10 kN)	250	400	160	200	200
公称压力行程/mm	32	28	4		5
滑块行程/mm	200	250	70	273	300
滑块行程次数(次/分)	32	25	80		70

型 号		J87－250A	JA87－400	J88－160	JA88－200	JB88－200
最大装模高度/mm		560	670	260	480	480
装模高度调节量/mm		80	80	30	12	12
最大单次行程数(次/分)		20	15			
输 出 功/J	连续行程	33 000	65 000			
	单次行程	80 000	112 000			
上推料装置	行程/mm	40	50			
	推料力/(×10 kN)	6.3	10			
下推料装置	行程/mm	100	125			
	推料力/(×10 kN)	25	40			
工作台板尺寸(前后×左右)/(mm×mm)		750×670	850×670	600×430		
滑块底面尺寸(前后×左右)/(mm×mm)		750×670	670×630	350×400		
功率/kW	主传动电动机	55	75	5.5		11
	滑块调整电动机	1.1	1.1		11	
外形尺寸/mm	长	2 164	2 500	1 770	1 500	1 500
	宽	2 366	2 610	1 420	3 300	3 300
	地面高度	2 915	3 800	2 260	1 510	1 510
压力机质量/kg		24 500	38 000	4 400	6 500	6 500

机械式冷挤压力机按工作机构分为曲轴式(或称偏心式)、压力肘杆式和拉力肘杆式三种；按传动部分的安装位置可分为上传动和下传动两种；按挤压凸模的运动方向分为立式和卧式两种。

机械式冷挤压力机在锻压设备中的代号为 J 类 8 组，有 7、8、9 三个型号，7 型为曲轴式，8 型为肘杆式，9 型为其他形式，即 J87、J88、J89 三个系列，主参数为公称压力。液压式冷挤压力机在锻压设备中的代号为 Y 类 6 组，共有 9 个型号，即 Y61～Y69 系列，多为专门用途挤压机。表 4－7 所列为国产挤压压力机的型号和技术参数。

4.5.3 冷挤压力机的典型结构

J88－100 型拉力肘杆式冷挤压力机的传动原理如图 4－18 所示，该压力机为下传动，通过带、齿轮减速(二级斜齿圆柱齿轮减速)，将主电动机 1 的能量和速度传递给左右曲柄轴 12，使其转动，再通过曲柄轴两端的连杆 11 带动摆杆 10 摆动，摆杆 10 的摆动经过左右肘杆 9 驱动滑块 8 上下运动，完成挤压工作。由图 4－18 可知，曲柄、连杆、摆杆、肘杆均为对称设置，受力均匀，传动平稳，滑块工作时所受的载荷由上述部件承受，机身只承受侧向力。所以滑块的导向精度较高，能适应挤压工艺的需要。压力机的传动齿轮都封闭在机身内，并采用油池润滑，所以运动平稳、噪声小、结构比较紧凑。

J88－100 型冷挤压机的滑块结构如图 4－19 所示。穿过滑块中部的横轴 4 两端与肘杆连接，当肘杆运动时就带动滑块上下运动。滑块由滑块体 3 及滑块外套 5 等组成，具有较好的刚度和较长的导向长度。模具夹板 1、模具紧固螺钉 2 用于紧固挤压模的模柄。件 11 为上顶料杆,当滑块回程接近上止点时,上顶料杆被紧固在机身上的螺栓挡住,使它相对滑块向下运动,从而将上模内的制件顶出。通过件 6、7、8 可以调节挤压机的封闭高度,调节过程是:松开锁紧块 10 和紧固螺母 9,转动调节齿轮 8、7,使大螺母 6 转动,滑块体 3 即可在滑块外套内上、下移动,从而可以改变冷挤压力机的封闭高度。

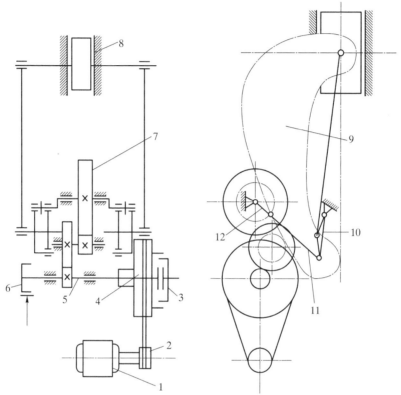

1—主电动机;2—小带轮;3—离合器;4—飞轮;5—传动轴;6—制动器;
7—斜齿圆柱齿轮;8—滑块;9—肘杆;10—摆杆;11—连杆;12—曲柄轴

图 4 - 18　J88 - 100 型拉力肘杆式挤压机的传动原理

4.5.4　冷挤压力机选用要点

①　公称压力和变形功　一般挤压工作行程较长,要严格计算变形功,不得超过压力机许用负荷曲线图的要求。机械式冷挤压力机在下止点附近达到公称压力,距下止点位置越远,发出的压力越小。机械式冷挤压力机在行程中点附近发出的压力约为公称压力的 $35\%\sim50\%$。液压式挤压机在全行程中保持压力恒定。

②　滑块行程　冷挤压力机滑块行程应满足如下计算式:

$$S \geqslant L_{\mathrm{MAX}} + S_{\mathrm{P}} + H_1 + H_2$$

式中:S——冷挤压力机滑块行程,mm;

　　　L_{MAX}——挤压制件最大长度,mm;

　　　S_{P}——挤压凸模工作行程,mm;

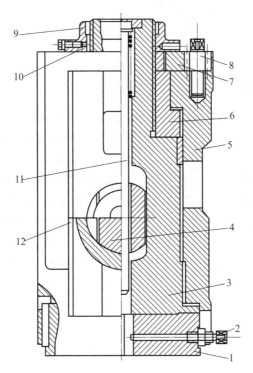

1—模具夹板；2—紧固螺钉；3—滑块体；4—横轴；5—滑块外套；6—大螺母；
7—大调节齿轮；8—小调节齿轮；9—紧固螺母；10—锁紧块；11—上顶料杆；12—导轨

图 4-19　J88-100 型拉力肘杆式挤压机的滑块机构示意图

H_1——毛坯压实所需要的距离，mm；

H_2——凸模进入和退出所需要的距离，mm。

③ 挤压速度　冷挤压成型最佳速度为 200～400 mm·s^{-1}。机械式冷挤压力机的速度比液压式的要高，生产效率也高。但机械式冷挤压力机滑块的速度随着滑块的行程而变化，在行程中间速度最大，当滑块行至下止点时速度减小到零。由于这种速度的不均匀，挤压时将产生冲击，对模具寿命是十分不利的。

曲轴式压力机工作行程和能量较大，适合挤压较长的制件。肘杆式压力机与曲轴式相比，滑块速度的变化比较平稳，但行程偏小，适用于挤压高度较小的制件。

④ 滑块行程位置控制精度　对于一些反挤和复合挤压应严格控制工作位置，理想状态是控制在 0.05 mm 之内。机械式冷挤压力机下止点的位置稳定，但下止点位置的稳定性与压力机的刚度、使用压力的大小有关。液压式挤压机下止点位置的稳定性不如机械式挤压机。

⑤ 黏滞性　液压式挤压机是靠液体传递压力的，一般来说液体是不可压缩的。但当液体中溶入较多的空气时，在高压作用下液体具有压缩性。当液压式挤压机的凸模刚接触毛坯时，会产生瞬间停滞，使挤压负荷上升，缩短模具寿命。这种停滞现象能使压力机行至终点时保持压力，减少回弹，提高挤压制件精度。机械式挤压机无这种停滞现象。

⑥ 横向力影响　机械式挤压机由于结构的原因，会产生横向分力，这会导轨易磨损，导向间隙增大。挤压凸模较长时，横向力的作用会使凸模易折断。液压式挤压机无这种现象。

4.6 剪板机

4.6.1 下料与剪板机概述

下料是指在冲压生产前,将板料或卷料剪切成条料、带料或块料的过程。剪切过程如图 4 - 20

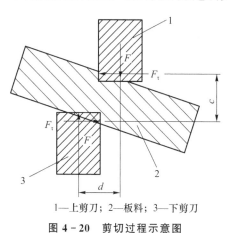

1—上剪刀;2—板料;3—下剪刀

图 4 - 20 剪切过程示意图

所示,板料在剪板机的上、下剪刀作用下产生分离变形。剪切时,下剪刀固定不动,上剪刀向下运动;开始剪切时,上剪刀刀刃压入板料,剪力 F 及相应力矩 F_d 迫使被剪板料转动,但在转动过程中将受到剪刀侧面的阻挡,剪刀的另一平面也产生一对侧推力 F_T,及相应力矩 F_{Tc},其方向阻止板料的转动,开始剪切时,板料转角随压入深度的增大而增大,而力矩 F_{Tc} 也随之增大,故剪刃压入一定深度后有 $F_d=F_{Tc}$,这时被剪板料就不再转动,直至在剪力作用下被剪断。这种剪切板料的设备称为剪板机。

4.6.2 剪板机的分类和技术参数

剪板机的种类较多,按其工艺用途和结构类型可以分为平刃剪板机、斜刃剪板机、多用途剪板机和专用剪板机。斜刃剪板机又分闸式剪板机和摆式剪板机;多用途剪板机包括板料折弯剪切机和板材型材剪切机;专用剪板机包括气动剪板机和脚踏式剪板机。

剪板机的主要技术参数有可剪板厚、可剪板宽、剪切角度、喉口深度、行程次数。剪板机在锻压设备中的代号为 Q 类,板料剪板机为 1 组,另有 1 和 2 两个型,Q11 为机械式剪板机,Q12 为液压摆式剪板机。剪板机的主参数是剪板厚度×板宽。

4.6.3 剪板机的典型结构

普通剪板机一般由机身、传动系统、刀架、压料器、前挡料架、后挡料架、托料装置、刀片间隙调整装置、灯光对线装置、润滑装置、电气控制装置等部件组成,其主要部件的结构形式如下所述。

1. 机 身

机身一般由左右立柱、工作台、横梁等组成。机身分为铸件组合结构和整体焊接结构。铸件组合结构机身大多采用铸件,通过螺柱、销钉将各组件连接成一体。这种结构的机身较重,刚性差,接合面的机械加工工作量也大。整体焊接结构与铸件结构相比,具有机身质量较轻、刚性好、便于加工等优点。目前采用整体式钢板焊接结构的机身日益增多。

2. 传动系统

剪板机的传动系统有机械传动系统和液压传动系统。机械传动系统有齿轮传动和蜗轮副传动,且又以圆柱齿轮传动居多,圆柱齿轮传动又分为上传动式和下传动式。

图 4-21 所示为上传动式剪板机工作原理,电动机 5 通过 V 带 6 驱动飞轮轴,再通过离合器 7 和齿轮减速系统 4 驱动偏心轴,然后通过连杆带动上刀架 2,使其做上下往复运动,进行剪切工作。偏心轴左端的凸轮驱动压料油箱 3 的柱塞,将压力油送向压料脚 9,在剪切之前压紧板料;回程时由弹簧力使压料脚返回。

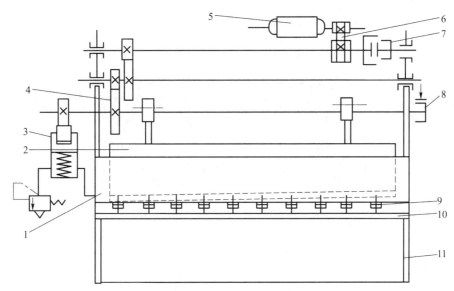

1—压料架；2—上刀架；3—压料油箱；4—齿轮减速系统；5—电动机；6—V带；
7—离合器；8—制动器；9—压料脚；10—下刀架；11—机身

图 4-21　机械上传动式剪板机工作原理图

3. 刀　架

刀架是剪板机的重要部件。老式小型剪板机的刀架多为铸铁件,大型的多为铸钢件。图 4-22 所示为摆动刀架原理。工作时,装在前部的剪刃以后部高于下剪刃的支轴 5 为中心做大半径摆动,所以上剪刃的运动轨迹在剪切点处近似于直线,剪切方向与工作台垂直线形成前倾角,前倾角一般为 0.5°～2°。偏心支轴 5 有偏心机构,当松开锁紧手柄 3 后,转动调节手轮 4,手轮通过蜗杆副带动偏心机构转动,调整偏心位置使摆动刀架前后移动,从而改变刃口间的间隙。

4. 压料器

在剪板机上刀片的前面设有压料器,可使板料在整个剪切过程中始终被压紧在工作台面上。

压料器有机械传动和液压传动等形式,在小规格剪板机中,以机械传动或液压传动使用最多。图 4-23 所示为机械随动式弹簧压料器。图 4-23(a) 为下压式,开始剪切时压料力较小,板料易移位,剪切终了时压料力最大。优点是弹簧力能够平衡刀架,但回程时,弹簧释放能量,易引起传动系统的冲击。图 4-23(b) 为上拉式,当压头接触钢板时压住钢板,压料力不再变化,刀架回程时弹簧受压。它的特点是刀架刚开始向下运动时有冲击。这两种形式由于压料力有限,只适用于小型剪板机。

5. 刀片间隙调整装置

为适应剪切不同厚度板料的要求,剪板机需根据板厚调节刀片的间隙,刀片间隙过大或过小都会损坏刀片和影响板料剪切断面质量,因此要求刀片调整装置操作方便,刚性好。

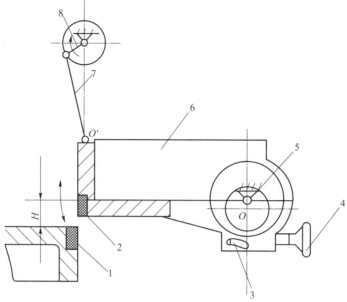

1—下剪刀;2—上剪刀;3—锁紧手柄;4—调节手轮;5—偏心支轴;
6—摆动刀架;7—连杆;8—曲柄;4.压料器

图 4 - 22　摆动刀架原理图

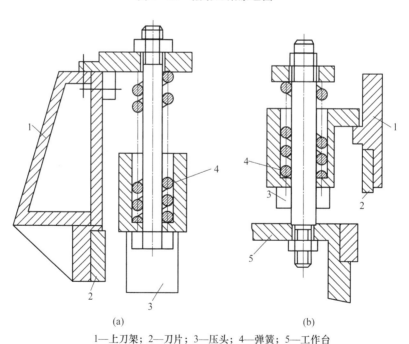

(a)　　　　　　　　　　　(b)

1—上刀架;2—刀片;3—压头;4—弹簧;5—工作台

图 4 - 23　随动式弹簧压料器

6.挡料装置

为了控制剪切板料尺寸和提高定位效率,剪板机设有挡料装置。图 4 - 24 为利用挡料装置进行剪切的示意图。挡料装置有手动和机动两种,手动挡料装置用于小型剪板机,机动装置多用于中大型剪板机。

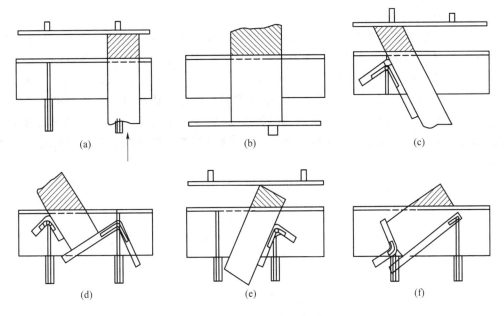

图 4-24 利用挡料装置进行剪切的示意图

7. 光线对线装置

当剪板机不使用后挡料装置或者剪刃需要与事先划好的刻线对准时,应使用光线对线装置,以保证剪切尺寸精度。

8. 托料器

图 4-25 所示为钢球托料器。钢球板托料器设在剪板机工作台上,活塞在弹簧作用下上升能托起板料,使板料在工作台上移动。托料器由液压控制,当压料脚压住板料并完成剪切动作之前,钢球陷到工作台面以下,当剪切结束时,它立即凸出工作台面以上 3~4 mm。当托料器内通入压力油时活塞下移,钢球陷入工作台面以下;排油后活塞在

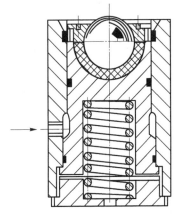

图 4-25 钢球托料器

弹簧作用下上移,钢球凸出工作台面。不用托料器时,将油路截止阀关闭,则托料器不起作用。

4.6.4 剪板机使用要点

① 剪切板料的厚度、材料性能和形状要与剪切方法和剪切设备相协调;不得违章操作。

② 剪切前要根据板料的厚度调节刀片的间隙,并检查剪刃是否锋利。

③ 根据剪切板料的尺寸调节挡料装置,试剪合格后再固紧螺钉,成批生产时要定期检查和调整。

④ 使用剪板机之前,检查剪板机的离合器、制动器和安全装置是否正常。

⑤ 多人操作时,要配合协调,遵守安全操作规程。

4.6.5 其他下料设备

1. 多条板料滚剪机

为了将宽卷料剪成窄卷料,或者将板料同时剪裁成几条条料,可以利用多条板料滚剪机下料。滚剪机的结构如图 4－26 所示,滚剪机在两个平行布置的刀轴 2 上,按条料的宽度安装若干个圆盘形刀片 1,由电动机 5 通过 V 带及齿轮传动装置 4 驱动圆盘刀轴 2 转动,刀轴 2 带动圆盘形刀片 1 转动,把宽板料或卷料剪成若干所需宽度的条料或卷料。在滚剪机前后分别配置展卷机和卷绕机,将卷料展开、滚剪之后再绕成卷料放在支架 7 上。这类滚剪机的剪切材料宽度由圆盘形刀片的宽度垫圈 3 决定,因此滚剪的材料宽度精度较高。常用滚剪机的技术参数见表 4－8。

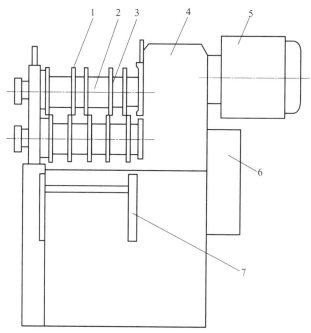

1—圆盘形刀片；2—刀轴；3—宽度垫圈；4—传动装置；
5—电动机；6—电器箱；7—支架

图 4－26 多条板料滚剪机

表 4－8 常用滚剪机的技术参数

规 格	型 号	
	JDZ－82	Q18·0.8×1000
可剪条数	12	7
可剪最大厚度/mm	0.6	0.8
可剪最小厚度/mm	0.04	0.06
材料抗拉强度/MPa	980	490
可剪条料宽度/mm	5～290	40～1 000

续表 4-8

规　格	型　号	
	JDZ-82	Q18·0.8×1000
条宽误差/mm	<0.25	—
条料平面度/(mm·m⁻¹)	—	176
刀盘直径/mm	—	60
剪切线速度/(m·min⁻¹)	400	—
台面有效宽度/mm	0.05	—
电动机功率/kW	2.2	3
外形尺寸(长×宽×高)(mm×mm×mm)	1 160×900×1 305	1 635×1 590×1 150

2. 圆盘剪切机

圆盘剪切机是利用两个圆盘状剪刀,按其两剪刀轴线相互位置不同及与板料的夹角不同分为直滚剪、圆盘剪和斜滚剪,其特征如图 4-27 所示。

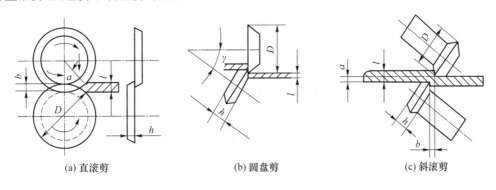

(a) 直滚剪　　　　　(b) 圆盘剪　　　　　(c) 斜滚剪

图 4-27　圆盘剪切机特征

直滚剪主要用于将板料裁成条料,或由板边向内剪裁圆形坯料,剪切时的咬角 $a<14°$,重叠高度 $b=(0.2\sim0.3)t$,圆盘剪刀直径(板料厚度 $t<3$ mm 时)$D=(35\sim50)t,h=20\sim35$ mm。

圆盘剪主要用于剪裁条料、圆形坯料和环形坯料的剪切下料,剪切时两圆盘剪刀的轴线斜角为 $30°\sim40°$,圆盘剪刀直径(板料厚度 $t<3$ mm 时)$D=28$ t,$h=15\sim20$ mm。

斜滚剪主要用剪切半径不大的圆形、环形和曲线形坯料,剪切时两圆盘剪刀的间隙 $a\leqslant0.2t$,$b\leqslant0.3t$,圆盘剪刀直径(板料厚度 $t<S$mm 时)$D=20$ t,$h=10\sim15$ mm。

圆盘剪切机的传动原理如图 4-28(a)所示。剪板机由主机和尾座两部分组成,主机主体为右侧的深喉口结构。传动箱内有齿轮变速机构,可得到三种速度。上、下圆盘刀片由齿轮、链轮传动,下圆盘刀片为齿轮传动。两个圆盘刀片呈 45°,以利于曲线剪切。剪切间隙靠上下刀盘系统的蜗轮-螺旋机构实现。

圆盘剪切机剪切圆形坯料的工作原理如图 4-28(b)所示。被剪切的坯料夹在压料定心盘上,通过上下圆盘剪刀的旋转,完成圆形剪裁;剪曲线时,夹紧机构只起支承作用,依据划线人工送进。圆盘剪切机也可以剪切条料,但是剪切后条料弯曲度较大。圆盘剪切机的技术参数见表 4-9。

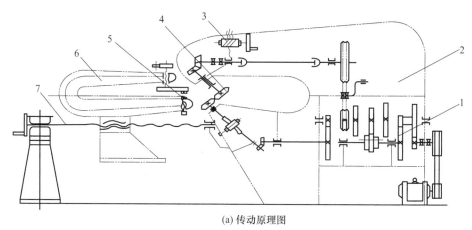

(a) 传动原理图

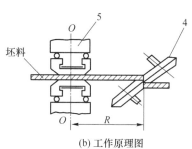

(b) 工作原理图

1—传动箱；2—主体；3—剪切间隙调整机构；4—上、下圆盘刀片；5—压料定心盘；
6—尾座；7—尾座移动丝杠

图 4-28　圆盘剪切机的传动原理和工作原理

表 4-9　圆盘剪切机的技术参数

技术参数	机床型号				
	Q23-2.5×1 500 （斜滚剪）	Q23-3×1 000 （斜滚剪）	Q23-4×1 000 （直滚剪）	QD-4×1 700 （定位直滚剪）	QZ-1.5×300 （自动圆盘剪）
最大剪板厚度/mm	0.5～2.5	0.5～3	1～4	0.3～4	0.5～1.5
最大加工尺寸/mm	φ300～φ1 500	φ40～φ1 500	φ350～φ1 000	φ1 700	φ300
工件送进速度(m·min⁻¹)	2.65	2.65	2.65	—	—
	4.24	4.35	4.30		
	6.60	6.75	6.60		
刀具直径/mm	φ70	φ60	φ80	φ50	φ50
刀具倾斜角/(°)	45°	45°	0°	0°	下刃 45°， 上刃 0°
材料抗拉强度/MPa	≤441	≤441	≤441	—	≤441
板料直线剪切宽度/mm	120～720	150～1 200	150～750	—	—
电动机功率/kW	1.5	1.5	2.2	—	—
外形尺寸(长×宽×高)(mm×mm×mm)	900×3 360 ×1 350	690×4 700 ×1 750	900×3 520 ×1 600	—	—

3. 振动剪切机

振动剪切机又称冲型剪切机,其外形如图 4-29 所示。振动剪切机的工作原理为通过曲柄连杆机构带动刀杆做高速往复运动,行程次数由每分钟数百次到数千次不等;传动原理如图 4-30 所示,电动机通过带轮、曲轴、连杆系统带动刀杆做往复运动。刀杆的运动有两种情况:①连杆在Ⅰ—Ⅱ位置间运动时,刀杆的运动速度为 1 000 次/分;②连杆在Ⅰ—Ⅲ位置间运动时,刀杆的运动速度为 2 000 次/分;刀杆运动速度的变换由手柄 A 调节。刀杆的运动行程为 2.5～9 mm,由手柄调节,当刀杆抬起时,剪刀做空行程运动,不进行剪切。

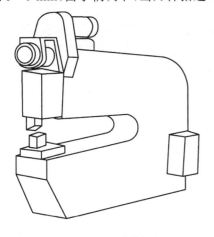

图 4-29　振动剪切机

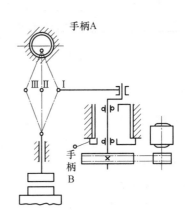

图 4-30　振动剪切机传动原理

振动剪切是万能板料加工设备,进行剪切下料时,先在板料上划线,冲头沿划线或样板对被加工板料进行逐步剪切。此外,振动剪切机还能冲孔、落料、冲口、冲槽、压肋、翻边、锁口等工序,用途相当广泛,适用于单件小规模生产。被加工的板料厚度一般小于 10 mm,常用的振动剪切机的技术参数见表 4-10。

振动剪切机的优点是体积小、质量轻、容易制造、工艺适应性广、工具简单;缺点是生产率较低,剪切和工作时要人工操作,振动和噪声大,加工精度不高。

表 4-10　振动剪切机的技术参数

技术参数	机床型号			
	Q21-5 Q21-5A	Q21-10	仿英 P9	台式
最大剪切板厚/mm	5	边缘 10,内孔 8	9	1.5
最大冲切板厚/mm	2	边缘无孔内切 4 边缘有孔内切 6	—	—
可剪最大板料宽度/mm	1 050	1 350	1 500	200
材料抗拉强度/MPa	≤441	≤441	≤490	≤441
最大成型板厚/mm	3	5	—	—
最大压肋板厚/mm	3	4	—	—
最大折弯板厚/mm	2	3	—	—
剪切通风窗厚/mm	3	4	—	—

技术参数	机床型号			
	Q21－5 Q21－5A	Q21－10	仿英 P9	台式
圆形剪切直径/mm	φ40～φ1 040	最小 φ56	最大 2 000	—
行程次数/(次/分)	1 400、2 800	400～1 300	2 000	1 400
行程长度/mm	1.7、3.5	40	—	2、3
电动机功率/kW	1.5	4	5.5	0.4
外形尺寸(长×宽×高)(mm×mm×mm)	2 040×690×1 620	3 240×2 670×1 980	2 390×850×1 600	500×250×400

思考题

1. 精冲压力机以哪些特点来满足精冲工艺的要求？选择精冲压力机的要点是什么？

2. 高速压力机有什么特点？如何衡量压力机是否高速？

3. 数控冲模回转头压力机是如何工作的？主要用于什么场合？

4. 双动拉深压力机有什么特点？

5. 冷挤压力机以哪些特点来满足冷挤工艺的要求？选择冷挤压力机的要点是什么？

第5章 蒙皮拉形工艺装备

5.1 蒙皮拉形典型零件

蒙皮拉形是板料两端在拉形机夹钳夹紧下,被工作台顶升的拉形模和板料接触,产生不均匀的平面拉应变而使板料与拉形模贴合的成型方法。图 5-1 所示为 FET1200 蒙皮拉形机模型。

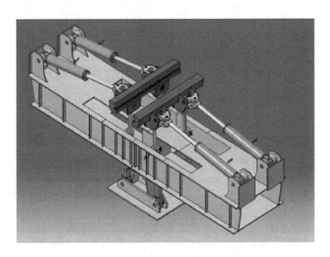

图 5-1 FET1200 蒙皮拉形机模型

1. 蒙皮拉形零件的分类

蒙皮拉形零件分为凸双曲度蒙皮、凹双曲度蒙皮和马鞍形双曲度蒙皮。图 5-2(a)所示为凸双曲度蒙皮零件,图 5-2(b)所示为凹双曲度蒙皮零件。

(a)   (b)

图 5-2 双曲蒙皮零件

2. 蒙皮拉形零件的特点

蒙皮拉形零件对表面质量要求高,外形准确度要求高(协调准确度高),形状复杂、尺寸大。双曲度蒙皮常用于飞机机身、发动机短舱。

3. 蒙皮拉形方式

（1）纵向拉形

纵向拉形是板料沿纵向两端头夹紧，在被工作台顶升的拉形模顶力和拉伸夹钳纵向拉力双重作用下，板料与拉形模贴合的成型方法。纵向拉形一般用于纵向曲度大的狭长形蒙皮零件成型。图 5-3 所示为纵向拉形零件示意图。

在纵向拉形机中，安放拉形模的工作台由液压作动筒操作上、下运动或倾斜运动。位于工作台两侧的夹钳钳台用丝杠调节作水平方向移动。倾斜作动筒用于调节钳口角度，拉伸作动筒则用于对毛料施加拉力。图 5-4 为纵向拉形机示意图，图 5-5 为纵向拉形机外形图。

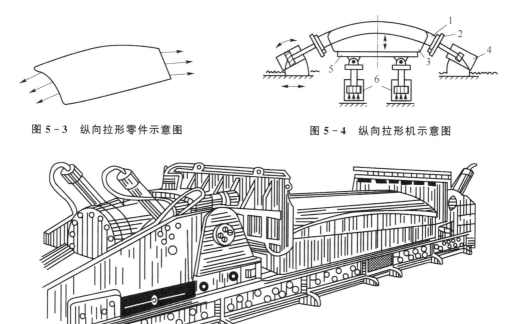

图 5-3　纵向拉形零件示意图　　　　　图 5-4　纵向拉形机示意图

图 5-5　纵向拉形机外形图

（2）横向拉形

横向拉形是板料沿横向两端头夹紧，在被工作台顶升的拉形模顶力作用下，板料与拉形模贴合的成型方法。横向拉形一般用于横向曲度大的狭长形蒙皮零件成型。图 5-6 为横向拉形零件示意图。

在拉形机中，安放拉形模的台面由液压作动筒推动做上、下平行运动。也可倾斜运动。两侧的夹钳可以调整位置，但在工作过程中固定不动。拉形时，根据蒙皮的顶部形状，将钳口调至适当位置并加以固定，务必使夹钳的拉力作用线与拉形模边缘相切。图 5-7 是横向拉形机示意图，图 5-8 是横向拉形机外形图，图 5-9 是横向拉形机实物图，图 5-10 是 VTL-1000 蒙皮拉形机实物图。

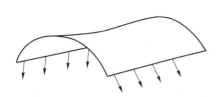

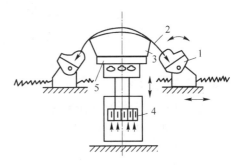

图 5-6　横向拉形零件示意图

图 5-7　横向拉形机示意图

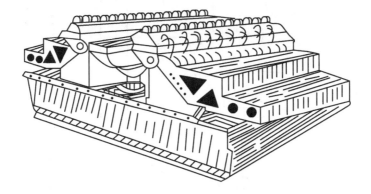

图 5-8　横向拉形机外形图

图 5-9　横向拉形机实物图

图 5-10　VTL-1000 蒙皮拉形机实物图

5.2 蒙皮拉形过程及基本原理

1. 蒙皮拉形过程

原始的蒙皮制造方法是使用拉光机拉形,现在的蒙皮制造方法是在专用机床上进行拉形。图 5-11 是拉光机拉形示意图。

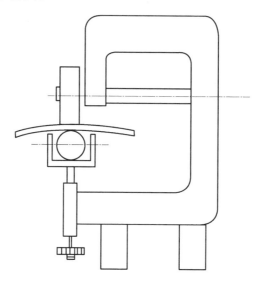

图 5-11 拉光机拉形示意图

2. 蒙皮拉形基本原理

蒙皮零件拉形与型材零件拉弯相似,都是增加拉力减少回弹,来提高成型准确度。但在拉形情况下,材料的变形状态却要复杂得多。

拉形过程可分为三个阶段:开始阶段、中间阶段和终了阶段,如图 5-12 所示。

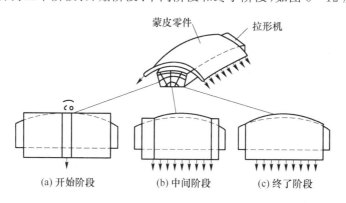

| (a) 开始阶段 | (b) 中间阶段 | (c) 终了阶段 |

图 5-12 拉形过程

开始阶段是将长方形毛料按凸模弯曲,并将毛料两端夹入机床钳口中,然后凸模向上移动,凸模脊背最高处与毛料接触,毛料被弯曲并张紧。

中间阶段是设想将毛料沿凸模横切面划分为许多条带,随着凸模上升,中间条带的附近条带相继与凸模脊背贴合,循此渐进,直到最边缘的条带与凸模贴合为止,此时毛料的内表面都与凸模贴合,取得凸模表面的形状。

终了阶段是毛料与模具表面完全贴合后,再做少量补充拉伸,例如约 1% 的延伸率,使边缘材料(即最后与凸模接触条带)所受的拉应力超过屈服点,以达到减少回弹,提高成型准确度的目的。

拉形过程中整个毛料基本上可划分为两个区域,即与模具贴合的成型区,以及与凸模相切处至夹头部分的传力区。传力区是悬空部分,这部分材料不与凸模接触,无摩擦力作用,并且在夹头部分有应力集中问题,所以毛料被拉断现象主要出现在这个传力区。

3. 极限拉形系数和拉形力

材料在拉形过程中,沿着拉力作用方向的拉伸变形是不均匀的,脊背最高点处拉伸变形量最大。

拉形系数是指板料拉形后,变形最大的剖面处长度与原始长度之比(表示变形程度的工艺参数)。

$$K = \frac{L_{\max}}{L_{\min}} \tag{5-1}$$

式中,K 为拉形系数,其他符号含义见图 5-13 双曲度蒙皮拉形系数图。

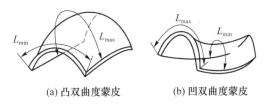

(a) 凸双曲度蒙皮　　　　(b) 凹双曲度蒙皮

图 5-13　双曲度蒙皮拉形系数图

(1) 极限拉形系数

当板料濒于出现不允许的缺陷时(破裂、滑移线、粗晶、"桔皮"等)的拉形系数称为极限拉形系数,通常用 $K_{\max}$ 表示。

$$K_{\max} = 1 + \frac{0.8\delta_L}{e^{\frac{\mu}{2n}}} \tag{5-2}$$

式中:δ_L——单向拉伸出现不允许缺陷时的延伸率(详见有关手册);

　　　μ——摩擦系数,一般取 $0.1 \sim 0.15$;

　　　n——材料的应变强化指数;

　　　e——自然对数底,$e \approx 2.718$;

　　　α——毛料在模具上的包角。

LY12、LC4 的极限拉形系数如表 5-1 所列。

表 5-1　材料厚度和 $K_{\max}$ 关系

材料厚度/mm	1	2	3	4
$K_{\max}$	1.04~1.05	1.045~1.06	1.05~1.07	1.06~1.08

蒙皮零件的拉形系数 K 超出表 5-1 所列数据,则需要两次拉形,工序中间给以退火处理。

影响极限拉形系数的因素有材料的机械性能(材料种类、厚度)、包角大小和摩擦系数(蒙皮形状及摩擦)。当材料的应变刚指数 n、抗拉强度 σ_b 愈大而包角 α 和摩擦系数 μ 愈小时,极限拉形系数 K_{max} 愈大。

(2)拉形力与毛料尺寸计算

拉形力公式为

$$P = 2T\cos\frac{\alpha}{2} \tag{5-3}$$

式中：P——拉形力；

T——单个夹钳拉力；

α——毛料在模具上的包角。

其他符号的含义见图 5-14。

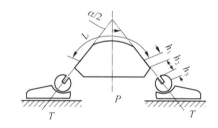

图 5-14 蒙皮拉形力参数

拉形力是选择机床的依据。

横向拉形时：

$$P = 1.8\sigma_b F\cos\frac{\alpha}{2} \tag{5-4}$$

式中：P——拉形力；

σ_b——抗拉强度系数；

F——与单个夹钳拉力 T 有关的拉力；

α——毛料在模具上的包角。

纵向拉形时：

$$P = 0.8\sigma_b F \tag{5-5}$$

式中：P——拉形力；

σ_b——抗拉强度系数；

F——与单个夹钳拉力 T 有关的拉力。

毛料尺寸计算:确定拉形毛料的尺寸应本着节约用料的原则。零件的四边留有合理的最小余量即可。

长度方向：

$$L = l_0 + 2[h_1 + h_2 + h_3] \tag{5-6}$$

宽度方向：

$$B = b + 2h_4 \tag{5-7}$$

式中：l_0——零件展开长度；

h_1——毛料的切割余量,通常取 $10\sim20$ mm;

h_2——过渡区长度,通常取 $150\sim200$ mm;

h_3——夹紧部分的余量,通常取 50 mm;

b——零件展开宽度;

h_4——切割余量,通常取 20 mm。

5.3　蒙皮拉形设备

飞机制造工厂的蒙皮拉形设备(拉形机)都是专门设计的,机构比较复杂。根据工作原理,拉形机可分类如下:

① 台动式拉形机(横拉机);

② 台钳双动式拉形机(纵拉机);

③ 立式拉形机(拉包机);

台动式拉形机是用来横向加拉的机床,它依靠液压作动筒推动台面升起,使毛料受到拉伸。台面可以上、下平行移动,以及倾斜上升,从而扩大拉形范围。图 5 - 15 是台动式拉形机实体图,图 5 - 16 是台动式拉形机示意图。

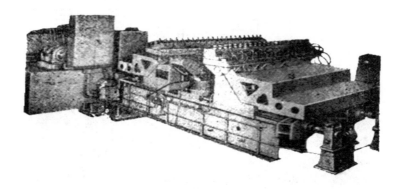

图 5 - 15　台动式拉形机实体图

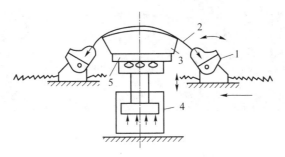

1—夹钳；2—蒙皮；3—模体；4—顶出缸

图 5 - 16　台动式拉形机示意图

台钳双动式拉形机是纵向加拉的机床,台面由液压作动筒操纵,可上、下平行移动。夹钳钳台相对工作台的距离用丝杆调整,其角度位置可用倾斜作动筒调整,由拉伸作动筒进行拉伸工作。图5-17是台钳双动式拉形机实体图,图5-18是台钳双动式拉形机示意图,图5-19所示为台钳双动式拉形机,图5-20所示为纵向拉形机的钳口装置。

图 5-17　台钳双动式拉形机实体图

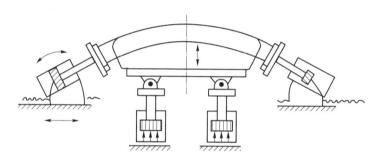

图 5-18　台钳双动式拉形机示意图

图 5-19　台钳双动式拉形机

立式拉形机在欧美各国使用较多,与我国的型材拉弯机很相似,这种机床成型模固定不动,夹紧板料的夹钳不但可以伸缩,而且可以绕着成型模转动,使板料逐渐向成型模包覆,最后贴模成型。这种拉形机称为拉包机,它的加工范围广,夹头钳口可更换,适用于大剖面型材的拉弯。图5-21所示为立式拉形机。

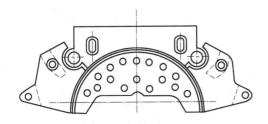

图 5 - 20　纵向拉形机的钳口装置

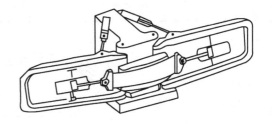

图 5 - 21　立式拉形机

5.4　蒙皮拉形工艺

　　蒙皮拉形工艺包括:确定拉形方式;计算拉形系数;计算拉形力并确定机床吨位;计算毛料尺寸;主要工艺问题及其解决方法;质量控制。

　　拉形工艺方法见表 5 - 2。

表 5 - 2　拉形工艺方法

方　法	示意图	说　明
一次拉形		新淬火状态
(多模)多次拉形		可增加过渡模多次拉形,中间退火
成组拉形		若干个形状近似的零件组合为一个曲面,用一个模胎拉形,省工、节料

方　法	示意图	说　明
重叠拉形		料厚<1 mm,多次拉形的零件,首次拉形时,将若干张毛料重叠在一起拉形,可防止材料失稳、起皱
预成型拉形	1　　　2　　　3	复杂曲面零件,先用其他方法预成初形,再拉形
紧箍成型	零件　带　紧箍	马鞍形零件,先将毛料和模胎紧箍在一起,然后拉形,可增加摩擦力,提高贴模程度
加上压拉形	上模　零件　下模	在拉形过程中,与模具顶力方向相反,用局部上模加压,可成型零件曲面上的凹陷部位

拉形工艺流程见表 5 - 3。

表 5 - 3　拉形工艺流程

零件形状	材　料	工艺流程
	LY12M	下料→预拉形→淬火→补拉形→切割外形→修整→检验

零件形状	材　料	工艺流程
	LY12M	下料→滚弯→淬火→拉形切割外形→校正→检验
	LY12M	下料→滚弯→预拉形→退火→拉形→淬火→预切割时效应力松弛校形→精密化洗→切割外形→校正→检验

1. 确定拉形方式

根据零件特点确定采用纵向拉形还是横向拉形。图 5 - 22 为确定拉形方式图。

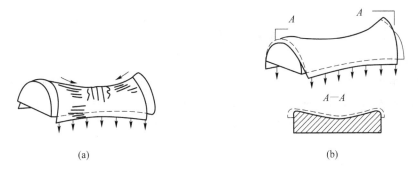

(a)　　　　　　　　　　　　　　　　　(b)

图 5 - 22　确定拉形方式

2. 计算拉形系数

$$K_{拉} \leqslant K_{\max} \tag{5 - 8}$$

式中: $K_{拉}$——拉形系数;

$\quad K_{\max}$——极限拉形系数。

按式(5 - 8)计算,若满足公式要求,可一次拉形成功,否则需要多次拉形。

3. 计算拉形力并确定机床的吨位

横拉时:

$$P = 1.8\sigma_b F \sin\frac{\alpha}{2}$$

纵拉时:

$$P = 0.8\sigma_b F$$

按拉形力选择拉形机的吨位,保证计算得到的实际拉形力小于拉形机的名义拉形力,再把得到的名义拉形力向上取整吨位,查相关拉形机使用说明书或手册选择拉形机的吨位。

4. 计算毛料尺寸

确定拉形毛料的尺寸时,应本着节约用料的原则。零件的四边只留有合理的最小余量即可。

长度方向:

$$L = l_0 + 2[h_1 + h_2 + h_3] \tag{5-9}$$

宽度方向:

$$B = b + 2h_4 \tag{5-10}$$

式中:l_0——零件展开长度;

　　　h_1——毛料的切割余量,通常取 $10\sim20$ mm;

　　　h_2——过渡区长度,通常取 $150\sim200$ mm;

　　　h_3——夹紧部分的余量,通常取 50 mm;

　　　b——零件展开宽度;

　　　h_4——切割余量,通常取 20 mm。

5. 主要工艺问题及解决方法

蒙皮拉形的主要工艺问题有:钳口处易产生应力集中、出现明显的滑移线、凹曲面、马鞍形会侧滑而起皱。

解决方法:超过极限拉形系数,则需要多次拉形;有回弹,则采用初拉,淬火后再补拉;材料利用率低,可采用组合拉形,尽可能采用对称拉形。

6. 质量控制

质量控制主要控制零件外形的准确度和表面质量。控制零件外形的准确度一般用零件与拉形模贴合间隙表示,歼击机蒙皮允许间隙≤0.5 mm;大型客机和轰炸机间隙≤0.8 mm。

表面质量控制主要避免"滑移线"和"粗晶",防止擦伤和划伤。

5.5　蒙皮拉形模的设计与制造

1. 设计要点

蒙皮拉形模如图 5-23 所示。

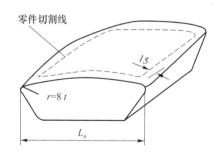

图 5-23　蒙皮拉形模

设计要求圆角 r 范围为 $30\sim50$ mm;要求表面光滑,粗糙度 $Ra<1.6$;要求拉形模质量轻且刚性好,对称布置以使受力平衡、稳定。

2. 典型结构

拉形模的典型结构有：木框或竹胶板框环氧胶砂模（用于大型零件）；金属骨架环氧塑料模（用于中小型零件）。图 5 - 24 所示为环氧胶砂模。

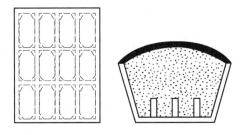

图 5 - 24　环氧胶砂模

3. 协调路线

协调路线及实物图具体见图 5 - 25。

理论模线 → 构造模线 → 切面样板 → 部件表面标准样件 → 反胎膜 → 拉形模

反切内样板

(a)

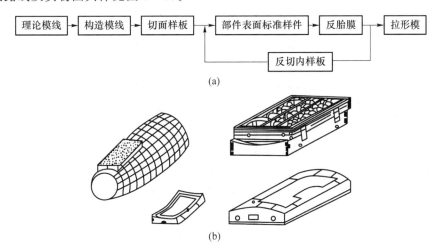

(b)

图 5 - 25　协调路线及实物图

4. 拉形模工艺要求

拉形模工艺要求见表 5 - 4。

表 5 - 4　拉形模工艺要求

序 号	技术要求项目	数 据
1	底面平面度	<3 mm
2	零件边缘至模胎边缘距离	$50\sim70$ mm
3	模胎型面圆角半径	$30\sim50$ mm
4	拉伸方向模胎侧面斜角	$15°\sim20°$
5	模胎总高度（对有上压装置的拉形机）	大于机床最小闭合高度，小于最大开启高度
6	按工艺要求，在工作表面绘制各种线迹	划线公差为 $\pm0.2\sim0.3$ mm
7	模胎两侧的零件外缘线所组成的平面应尽量和模胎底面平行	
8	活动钻模的安装，不妨碍拉形过程	
9	工作表面光滑流线	粗糙度 $Ra<1.6$

5.6 蒙皮拉形工艺

1. 蒙皮一次拉形

蒙皮一次拉形的典型工艺规程为：下料→淬火→拉形→并划线修边→检验→阳极化并涂漆。

2. 蒙皮二次拉形

蒙皮二次拉形的典型工艺规程为：下料→初次拉形→淬火→最后拉形→并划线切边→检验→阳极化并涂漆。

3. 蒙皮拉形工艺规程举例

【例1】 进气道侧壁内蒙皮。

进气道侧壁内蒙皮如图5-26所示。

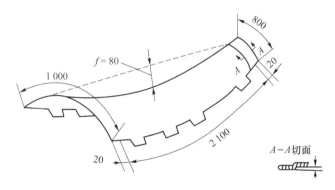

图5-26 进气道侧壁内蒙皮

进气道侧壁内蒙皮是一个长度较大的马鞍形零件。蒙皮两端留出20mm的装配余量。两侧留有8个伸出的耳片。由于零件凹陷很深，变形程度较大，按模胎实测所求得的拉形系数为1.068。根据经验数据，此拉形系数已超过极限拉形系数，必须采用二次拉形。

进气道侧壁内蒙皮在横向拉形机上生产，工艺规程如表5.5所列。

表5-5 进气道侧壁内蒙皮工艺规程

零件名称		图　号		主要技术条件		零件供应状态	
进气道蒙皮		××-××-××		① 与模胎贴合间隙不超过1 mm；		① 淬火，无色阳极化，喷罩光漆；	
材　料		数　量		② 外形偏离切钻样板容差0.5 mm，留			
LY12MO-δ3.0		2件/架		余量处容差为±2 mm；		② 两端各留20 mm余量	
				③ 表面划伤不得超过0.06 mm			

工序号	工序内容	设备	样板	模具
1	下料(有时也可用相当长的整块板料)	龙门剪		
2	检验			
3	用横拉法初步成型，并按模具手工消皱	W91-360拉形机		拉形模
4	淬火	硝盐槽		

工序号	工序内容	设　备	样　板	模　具
5	在新淬火状态下拉形至与模胎完全贴合， 并手工修剪下陷	W91 - 360 拉形机		拉形模
6	在拉形模上按切钻样板划轮廓线后修剪外形	振动剪	切贴样板	拉形模
7	去毛刺，打光无余量边，并按模胎修校			拉形模
8	检验			拉形模
9	无色阳极化			
10	喷罩光漆			

【例 2】　机身前侧壁蒙皮。

机身前侧壁蒙皮如图 5 - 27 所示。

图 5 - 27　机身前侧壁蒙皮

机身前侧壁蒙皮是一个凸双曲零件，其前部近似于筒形，后部微呈凸峰，并带有三个内孔。由于外形曲度平缓，因而可以一次拉形制成。零件纵向很大，应选用纵拉机床在淬火状态下拉形。零件的内孔尺寸很小，须用手工裁剪。工艺规程如表 5 - 6 所列。

表 5 - 6　机身前侧壁蒙皮工艺规程

工序号	工序内容	设　备	样　板	工艺装备
1	下料	龙门剪		
2	检验			
3	淬火			
4	拉形	纵拉-1M 拉形机		拉形模
5	在拉形模上按切钻样板划出内外轮廓线， 用振动剪修剪外形，并开制内孔		切钻样板	拉形模
6	整修外形	拉光机		拉形模
7	检验		切钻样板	拉形模
8	无色阳极化			
9	喷罩光漆			

4. 蒙皮外形的检验

蒙皮外形的检验一般在拉形模上进行，零件覆盖在拉形模上，用手按压试探蒙皮是否局部浮离模胎。对于厚度为 1 mm 的蒙皮加压 5 kg，2 mm 的蒙皮加压 7 kg，能够使蒙皮贴合的，则符合要求。

5. 镜面蒙皮的拉形

镜面蒙皮又称抛光蒙皮,具有耐疲劳、抗腐蚀、气动表面光滑、美观等特点。

镜面蒙皮拉形的注意事项:速度尽可能缓慢,太快易拉断;拉形变形量不超过 4%,否则会出现严重的"滑移线",最合适的变形量为 1.5%~2%;拉形过程要连续,不能间断;润滑剂黏度适中,涂刷均匀。

镜面蒙皮保护材料如表 5-7 所列。

表 5-7　镜面蒙皮保护材料

保护方法	名　称	牌　号
喷涂	可剥落、拉撕防腐剂	TEC775A 蓝色
喷涂	可剥落耐腐蚀涂层	Turco5580-G
压贴	压敏胶防护膜	YR-349 白色
压贴	压敏胶防护膜	SPV224Type1-1-48 蓝色
压贴	压敏胶防护膜	Protex8216-2 绿色
喷涂	防护膜	376-33 蓝色
喷涂	防护膜	376-39 米色

5.7　蒙皮拉形机国内外发展概述

传统的蒙皮拉形机操作控制方式一般手动调整,蒙皮零件的成型质量一致性、重复性差,零件质量难以保证。20 世纪 40 年代,欧美等国开始研究拉形工艺及其技术装备,研制出了先进的数控蒙皮拉形机。这些公司主要集中在美法等国,如 ACB 公司、CyrilBath 公司和 Hufford 公司等。

拉形机基本可分为 4 类:横向拉形机、纵向拉形机、纵横综合拉形机及转臂式拉形机。型号有 FET 型、FEL 型和 VTL 型。这些型号的拉形机按夹钳钳口的可调性可分为整体钳口拉形机和可调钳口拉形机。下面以法国 ACB 公司生产的 FET1200T 横拉机为例说明整体钳口拉形机的工作特点。整体钳口拉形机有 4 个独立水平油缸和 4 个独立垂直油缸控制一对夹钳进行板材拉伸。拉形时,要将拉伸成型的板料夹持在钳口,然后由 4 个水平拉伸缸将板料拉伸超过材料的屈服点,最后在水平缸和垂直缸的共同作用下,板料包覆成型。

水平缸和垂直缸可以分别控制,根据需要形成不同的轨迹。钳口轨迹的运动由 ACB 公司开发的控制-监视系统管理控制。系统通过油缸位置编码器和压力传感器保证对 4 个水平缸和 4 个垂直缸进行同步闭环控制,并控制油缸的极限位置。

法国 ACB 公司研制的 FEL 纵拉机的最大成型力达 20 000 kN,其夹钳包括多个夹钳块,每个夹钳块可以相对转动,使夹钳顺应零件外形。美国 CyrilBath 公司生产的 VTL 型纵横合一综合拉形机除了可以进行横向拉伸成型和纵向拉伸成型外,还可以更换夹钳实现型材的拉弯成型。

我国在拉形机方面的研究相对较晚,二十世纪五六十年代从苏联引进 P0-250 型蒙皮纵拉拉形机;20 世纪 80 年代中后期从法国 ACB、美国 CyrilBath 公司引进了一些数控蒙皮拉形机,如 FET600t、FET1200t、FEL2×350t、VTL1000 等。引进的拉形机性能稳定、故障少且专业化程度高,呈系列化,具有良好的人机界面。这些拉形机控制系统比较复杂,价格高昂,一般企业难以承受,而且一些关键技术被国外垄断。随着国内制造技术和装备技术水平的不断提高,国内一些科研院所和高校在蒙皮拉形机的设计和制造方面进行了探索性研究。北京航空航天大学自行研制了成型力 1 000 kN 多功能数控蒙皮拉形试验机,机身两侧分别由两个水平缸和两个垂直缸控制夹钳的运动。控制系统采用电液闭环伺服控制,配以 PID 控制算法,结合高精度光栅尺以及载荷传感器,形成以计算机动态采集实时控制为主的数控蒙皮拉形系统。该设备拉形件最大成型尺寸为 1 600 mm×800 mm,适用于成型曲率变化平缓的工件。

吉林大学无模成型开发中心为了解决双曲率蒙皮拉形件成型困难的问题,开发了 SF-1200 型离散夹钳柔性拉形机,见图 5-28。该设备两侧分别设置两组离散化夹钳,这些离散夹钳机构是由多个水平液压缸、垂直液压缸和倾斜液压缸组成的空间闭链并联机构,每个单支机构是 1 个平面多杆机构,每个夹钳都由 1 组液压缸组成。3 个液压缸铰链连接,液压缸与夹钳之间采用万向节连接,拉形机的工作面长×宽为 1 600 mm×1 200 mm,额定拉形力为 1 200 kN,最大拉形力为 2 000 kN,夹钳机构共有 20 个。

图 5-28　离散夹钳柔性拉形机

5.8　可重构柔性多点模具

可重构柔性多点模具拉形技术是将柔性制造和计算机技术结合为一体的先进制造技术,其核心是将传统整体拉形模具离散成规则排列的基本单元体,形成多点式、数字化控制的模具,模具单元体的高度可由计算机自动控制,通过调整每个基本单元体的高度,可构造出不同型面的多点模具。该模具可以解决传统整体模具无法考虑回弹补偿或修正的问题。图 5-29所示为可重构柔性多点模具拉形。

生产中,可调整可重构柔性多点模具基本单元体的相对高度,形成新的模具型面,进行回弹补偿或修正。它适合小批量、多品种的产品制造领域,在实际生产中可有效缩短零件的研制周期,降低零件的制造成本。在可重构柔性多点模具设备研究方面,美国麻省理工学院(MIT)首先进行了探索性研究。20 世纪 80 年代,美国 Hardt 等最先开始可重构拉形模具的研究,制造了实验室原型机。

图 5 - 29　可重构柔性多点模具拉形

1999 年美国 GrummanAerospace 公司（现在的 NorthropGrumman 公司）、MIT、CyrilBath 公司等进行了合作，共同研制了可重构柔性多点模具拉形样机。该样机由 2 688 个基本单元体组成，基本体排列数为 64×42，成型面积为 1 828.8 mm×1 219.2 mm，每个基本体为 28.575 mm×28.575 mm，长为 533.4 mm，蒙皮零件型面的包络面由可调单元体阵列构成，以柔性橡胶垫层来拟制零件的表面缺陷。

柔性模具代替传统的实体模具，实现了蒙皮的柔性化拉形制造。后来，CyrilBath 公司又制造了基本单元体排列数为 40×28 的可重构模具。该模具采用闭环控制技术。美国 WarnerRobbins 空军后勤基地将该设备用于飞机机身与机翼蒙皮的制造。

在柔性多点模具成型设备研究方面，国内一些研究机构（如北京航空制造工程研究所、北京航空航天大学、吉林大学等）对可重构柔性多点模具的拉形进行了系列研究。北京航空制造工程研究所在掌握可重构柔性多点模具蒙皮拉形工艺关键技术的基础上，自主研发了用于飞机蒙皮拉形的柔性多点模具。该模具采用新型的调形驱动机构，减少了驱动电机的数量，并采用了模块化的设计思想。这些模块分为冲头群组、模具围板、调形单元、驱动单元、制孔单元、分布式控制箱。北京航空航天大学在可重构柔性多点模具研发中也有一定突破，研制的模具型面尺寸为 600 mm×420 mm。吉林大学在可重构柔性多点模具方面取得了重大突破，其研制的 SM25 - 1200 型多点模具由 48×32 个基本单元体组成，该模具成型面积为 1 200 mm×800 mm，基本体的横截面积为 25 mm×25 mm，可承受的最大拉形力为 6 000 kN；采用混合调形方式，即当调形机械手移动到一个位置后，多个基本体高度被同时调整到计算值，节省了调形时间。

<h1 style="text-align:center">思考题</h1>

1. 拉形过程可分为哪几个个阶段？
2. 拉形机分类有哪些？
3. 简述蒙皮拉形工艺包括哪些内容。

第6章 喷丸成型工艺装备

6.1 喷丸原理

喷丸强化是一个冷处理过程,即无数个圆形小钢丸连续捶打零件表面,每颗钢丸撞击金属零件,如一个微型棒捶敲打表面,捶出小压痕或凹陷。为形成凹陷,金属表层必定会产生拉伸。表层下,压缩的晶粒试图将表面恢复到原来形状,从而产生一个高度压缩力作用下的半球。无数凹陷重叠形成均匀的残余压应力层。

在一个压应力区域,裂纹难以形成或延展。由于几乎所有的疲劳和应力腐蚀失效都发生在零件表面或靠近表面的地方,因而通过喷丸强化导入压应力可显著延长零件寿命。强化产生的残余压应力强度必须达到该零件材料拉力强度的一半。

很多金属疲劳失效的元凶是拉应力,这些拉应力的产生是外部施加的交变载荷或生产过程(如焊接、研磨、机加工)中形成的残余应力。拉应力试图将零件表面拉伸或拉扯,最终导致裂纹的发生。而压应力挤压表层处的晶粒使该区域的晶粒结构结实、紧固地结合在一起,从而极大地延缓疲劳裂纹的形成。压应力层下,细纹延展缓慢,因此增加压应力层深度能有效抑制裂纹发生和延展。图6-1所示为喷丸成型的零件。

图6-1 喷丸成型的零件

6.2 影响喷丸质量的因素

6.2.1 喷丸强度

影响喷丸强度的工艺参数主要有:弹丸直径、弹流速度、弹丸流量、喷丸时间等。弹丸直径越大,速度越快,弹丸与工件碰撞的动量越大,喷丸的强度就越大。喷丸形成的残余压应力可以达到零件材料抗拉强度的 60%，残余压应力层的深度通常可达 0.25 mm，最大极限值为 1 mm 左右。喷丸强度需要一定的喷丸时间来保证，经过一定时间，喷丸强度达到饱和后，再延长喷丸时间，强度不再增加。在喷丸强度的阿尔门试验中，喷丸强度的表征为试片变形的拱高。

阿尔门试验常用来测定喷丸强度。喷丸强度常用 N 试片（用于有色金属试验）、A 试片（最常用）、C 试片（更高强度）来测量，A 试片和 C 试片为近似 3 倍关系。C 试片测得强度为 0.15~0.20 Cmm，就相当于 0.45~0.60A mm。

试验过程中，先测量试验片原有变形，然后将卡好该试片的工装置于喷丸箱内，采用与工件相同的工艺进行喷射。喷射结束后，取下试片，测量变形拱高。图 6-2 所示为弧高值测量仪。

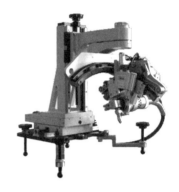

图 6-2 弧高值测量仪

弧高值检测时先测量试片原有变形量，然后将装好该试片的器定器置于喷丸箱相应位置并固定，采用与工件相同的喷丸工艺参数进行喷射。喷丸结束取下试片，测量变形拱高，减去原有试片的变形量即为试片喷丸后的弧高值。图 6-3 所示为试片固定器，图 6-4 所示为喷丸强度试片。

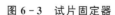

图 6-3 试片固定器　　　　　图 6-4 喷丸强度试片

6.2.2 覆盖率

覆盖率是指工件上每一个点被钢丸打到的次数，有人对喷丸覆盖率常这样认为：我的喷嘴一上一下喷工件两遍，不就是满足 200% 的覆盖率了吗？其实这个理解是错误的。

覆盖率的测量是先在工件表面涂上一层蓝墨水或荧光釉,然后按工艺参数对工件进行喷丸,每喷一遍将工件取出,在显微镜(10 倍放大镜)下观察所残留的涂层在表面所占的比例,如还有 20% 残留,则覆盖率为 80%。当残留只有 2%,即覆盖率为 98% 时可视为全部清除,即覆盖率为 100%,此时就有一个时间。若达到 200% 的覆盖率,就是 2 倍的该时间。残余压应力检测通过 X 射线衍射原理可测出喷丸工件的压应力层深和压应力值。

影响覆盖率的因素有零件材料硬度、弹丸直径、喷射角度、距离、喷丸时间等。在规定的喷丸条件下,零件的硬度低于或等于标准试片硬度时,覆盖率能达到 100%;反之,覆盖率会下降。在相同的弹丸流量下,喷嘴与工件的距离越长,喷射的角度越小,弹丸直径越小,达到覆盖率要求的时间就越短。喷丸强化时,应选择大小合适的弹丸、喷射角度及距离,使喷丸强度和覆盖率同时达到要求值。

6.2.3　表面粗糙度

影响表面粗糙度的因素有零件材料的强度和硬度、弹丸直径、喷射的角度和速度、零件的原始表面粗糙度。在其他条件相同的情况下,零件材料的强度和表面硬度值越高,塑性变形越困难,弹坑越浅,表面粗糙度越小;弹丸的直径越小,速度越慢,弹坑就越浅,表面粗糙度值越小;喷射的角度大,弹丸速度的法向分量越小,冲击力越小,弹丸的切向速度越大,弹丸对表面的研磨作用就越大,表面粗度值就越小;零件的原始表面粗糙度也是影响因素之一,原始表面越粗糙,喷丸后表面粗糙度值降低越小;相反,表面越光滑,喷丸后表面变得粗糙。当对零件进行高强度的喷丸后,深的弹坑不但加大,表面粗糙度,还会形成较大的应力集中,严重削弱喷丸强化的效果。

6.3　喷丸研究的意义

飞机、装甲车、船舶、机车、汽车、内燃机、汽轮机、冶金机械、石油机械、采煤机械、矿山机械等机械装备,承受循环载荷的重要承力件随时可能出现疲劳断裂失效,其后果不仅造成财产损失,还会导致人员伤亡,因此提高机械零部件的疲劳强度和寿命具有重大意义。喷丸形变强化工艺是通过对零件表层实施冷挤压而使表层冷硬化和产生残余压应力,目前该技术已被证明能显著提高零件抗疲劳性能和抗应力腐蚀能力,延长零件使用寿命。

喷丸强化工艺适应性较广,工艺简单,操作方便,生产成本低,经济效益好,强化效果明显。近年来,喷丸强化不仅用于汽车工业领域的弹簧、连杆、曲轴、齿轮、摇臂、凸轮轴等承受交变载荷的部件,还广泛用于军工、能源和冶金中的各种机械设备的齿轮、轴承、焊接件、弹簧、涡轮盘和叶片等零部件,并在模具、切削工具等的表面清洁度、寿命和防腐能力的提高方面发挥了重要作用。

6.4　喷丸技术发展状况

1927 年 Herbert 发明了第一台喷丸机,并首先应用于汽车行业,解决了车轴和弹簧经常发生疲劳损坏的问题。美国工程师 Almen 正确解释了喷丸提高疲劳强度的机理——主要是表面层内建立的压缩残余应力的作用,从而也促进了利用喷丸技术来产生有利的残余压应力技术的发展。第二次世界大战期间,设计装甲车辆时常利用喷丸残余应力。

我国于20世纪50年代开始采用喷丸技术,从60年代开始了喷丸的系统研究和应用。1976年,国防工业办公室在上海召开了国防工业喷丸强化技术交流会,在整个国防工业系统推广该工艺。

20世纪60年代后,喷丸应用扩大到飞机制造业和其他军事工业。时至今日,喷丸已成为国防机械工程界普遍感兴趣的一种表面处理工艺,具有广阔的发展前景。图6-5所示为深圳百宝喷丸设备(型号:SK21)。深圳百宝机械设备有限公司成立于1991年,是一家专业设计、制造喷砂表面处理和喷丸强化设备的制造企业,经过20年的发展,在表面处理和喷丸强化方面积累了丰富的经验,并于2004年成为DPI集团成员,同时成为中国首家设计、生产、制造CNC数控喷丸机的企业,以及行业内特种工艺之关键设备主要制造企业。

图6-5 深圳百宝喷丸设备(型号:SK21)

图6-6所示为齿轮数控双喷丸强化机C2x4S。

图6-6 齿轮数控双喷丸强化机C2x4S

6.5　喷丸机结构介绍

1. 双仓连续喷丸机

双仓连续喷丸机由上、下仓添料自动控制,上仓是储料仓,下仓是工作仓。工作时,喷丸机的下仓处于压力状态,下仓封闭阀将下仓添料口封闭。此时,上仓就可以接受加料。待喷丸作业进行一段时间后,关闭上仓排气阀,打开上仓进气阀,压缩空气进入上仓,上仓充气,压力升高,直至上下仓的压力相等。下仓封闭阀在其自重和上仓内弹丸的作用下跌落(或采用气缸控制),储存在上仓的弹丸进入下仓。

下仓加料的整个过程中,由于上下两仓均处于相同压力状态,喷丸作业不会受到丝毫影响,待上仓内的弹丸进入下仓后,关闭上仓进气阀,打开上仓排气阀,上仓卸压,上仓添料口再度打开,接受加料。

自动添料的上下两仓分别配有满仓料位仪和空仓料位仪,当下仓内的弹丸料位下降到空仓料位仪的感应杆以下时,料位仪发出空仓信号,使上仓升压,控制上仓内的弹丸流入下仓。在 PLC 设定的时间内上仓进气阀自动关闭,上仓排气阀自动打开,上仓排气卸压,上仓添料口打口,上仓添料备用,上仓料位升高到满仓料位感应杆的高度时,料位仪发出满仓信号,并将储丸箱的添料机构关闭,停止加料。图 6-7 所示为双仓连续喷丸机。

2. 多轴机械臂喷枪运动机构

喷枪运动机构为多轴机械臂,直线轴重复定位精度可达±0.5 mm,运行稳定可靠。配置的三轴机械臂与旋转工作台的旋转运动相结合,可以很好地实现曲面喷丸加工要求。喷枪由多轴机械臂驱动,喷丸过程中按照设定要求执行运动,确保达到稳定均匀的喷丸强化效果。图 6-8 所示为多轴机械臂喷枪运动机构生产汽轮机叶片。

图 6-7　双仓连续喷丸机

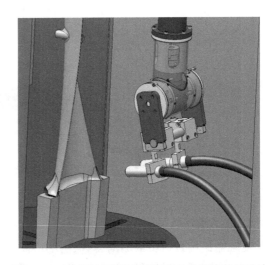

图 6-8　多轴机械臂喷枪运动机构生产汽轮机叶片

3. 喷丸机器人

喷丸强化引入工业机器人及控制系统,作为喷枪运行机构,在喷丸过程中按指定的要求动作。配备高性能的控制柜及配备 7.5"LCD 示教器,提高了机器人的可操控性,使机器人作业系统更加完美。图 6-9 所示为 ABB 机器人执枪喷丸。

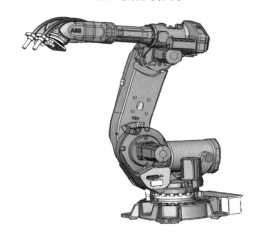

图 6-9　ABB 机器人执枪喷丸

4. 螺旋输送机

螺旋输送机由摆线针轮减速机、螺旋轴、输送罩、带座轴承等组成,是一种标准的丸料水平输送设备,也是喷抛丸机弹丸循环系统的重要组成部分。

螺旋输送机为系列化部件,通用性、互换性高,性能稳定可靠。整个螺旋轴焊后加工以保证同轴度。螺旋叶片采用 16Mn 材料,其内外圆均经特殊工艺进行加工后拉伸而成,节距、外圆尺寸均十分精确,提高了使用寿命。

以往设备经常出现的两端轴承破损问题,经分析主要原因是两端轴承密封不严,颗粒性的东西或铁性粉尘穿过端板进入轴承,对轴承造成破坏。在端板内部加迷宫式密封罩,端板外部将轴承与端板隔离,一旦有丸料和粉尘被挤出,丸料和粉尘将从端板与轴承的间隙中掉落,不会进入轴承。图 6-10 所示为螺旋输送机。

图 6-10　螺旋输送机

5. 皮带输送机

皮带输送机包括头部驱动装置、头部中间架、头部密封罩、中间架、扩口导料槽、上下托辊组、上下边挡辊组、尾轮张紧装置、输送胶带等。

皮带输送机的特点是驱动采用油冷滚筒,维修时拆装方便;平行、槽形上托辊组均采用压板紧固在中间架上,安装调整简单方便,无须预先精确设计、加工安装孔;采用槽形上托辊组,使跑偏胶带自动复中;槽钢中间架刚性直线性好,并配以特制的上、下边挡辊组在主、被动滚筒前导向等综合措施,使输送物料和空载均不跑偏,大大缩短工程调试时间及减少维护工作量;丸料输送量大。图 6-11 所示为皮带输送机。

6. 刮板输送机

刮板输送机采用气缸或电机推动刮板式回收器往复移动。通过 PLC 程序设计控制刮板推动往复速度和频率,将掉落在刮板上的丸料推到一个集中的区域,再采用刮板将丸料送到喷丸室外的斗式提升机内,通过丸尘分离器和弹丸筛选后进入喷丸机内完成循环。

刮板输送机的优点是可省去很深的地沟,属于无地坑设计,节约费用,维护简单。图 6-12 所示为水平刮板输送机。

图 6-11　皮带输送机

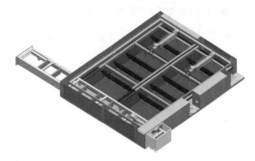

图 6-12　水平刮板输送机

7. 斗式垂直提升机

斗式垂直提升机由摆线针轮减速机、滚筒、输送胶带、料斗、封闭料筒和涨紧装置等组成。斗式垂直提升机的特点是罩壳采用折弯成型焊接结构,其侧面设有检修门,下罩壳的正面及侧面均装有活动门;离心重力方式落料;采用聚酯线芯专用传动带,高强度、抗拉伸;皮带轮采用鼠笼式结构,提升胶带与带轮间的摩擦力,延长了使用寿命,同时避免了散落的弹丸嵌入皮带轮与皮带之间,影响传动;提升机下部轴上装有脉冲轮,检测提升机的工作状态,能及时将信号反馈至 PLC 处理,并通过报警器报警,保证设备的安全运转;提升量留有 10% 的余量。图 6-13 所示为斗式垂直提升机。

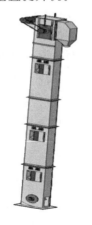

图 6-13　斗式垂直提升机

8. 蜂窝地板回收系统

蜂窝地板回收系统包括一系列进料斗和覆盖其上的栅格地板。漏斗之间的空间形成回收管,用过的丸料和碎片被回收管的气流送入一个可调节的旋风分离器进行丸尘分离。该系统适用于小型喷丸室(10~20 m²)和回收量小(约 2 t/h)的场所,特别适用于非金属丸料。图 6-14 所示为蜂窝地板回收系统。

9. 数控回转工作台

数控回转工作台用于输送工件进出室体,并在喷丸过程中装载/固定工件。数控回转工作台为自动旋转工作台,台面固定有耐磨橡胶保护层,用于保护台面并防止工件在装夹过程中碰伤;台面上可设置 6~8 条放射状等分的装夹槽,数控回转工作台配置行星减速机、回转支承、齿轮等传动部件,由伺服电机驱动运行,数字设定转速。机械运动部件均为内置结构,密封性好。数控回转工作台安装在轨道上,通过减速电机驱动可自动进出喷丸室体。图 6-15 所示为数控回转工作台。

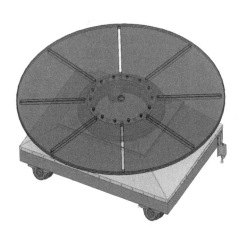

图 6-14　蜂窝地板回收系统　　　　　图 6-15　数控回转工作台

10. 尺寸分选(振动筛)

振动筛网分离器标准配置有两层筛网,上层筛网能将较粗的杂质分离出来送入废料桶,下层筛网能将小于尺寸要求的不合格丸料分离出来送入废料桶。第二层筛网上面是符合尺寸要求的丸料,被送入储料斗继续循环使用,储料斗通过气动控制的放料阀与自动喷丸机连接。

尺寸分选(振动筛)的特点如下:筛分、过滤效率高,精度优;筛网不堵塞,筛分最细可至400目,换网快捷;密封好,噪声低、无粉尘污染;体积小,重量轻,移动方便,出料方向可任意选择,便于自动化作业;保养简单,可单层或多层使用,最高可达四层,与物料接触部分采用不锈钢。图 6-16 所示为弹丸尺寸分选(振动筛)。

11. 弹丸形状分选筛

强化介质大多数是圆形的。如使用过的丸料磨碎了,那碎裂的丸料必须清除掉,防止再次使用而损伤工件表面。喷丸强化的丸料介质必须具有均匀的尺寸,因为介质打击到零件表面所产生能量的大小与其重量和喷射速度直接相关。大尺寸的丸料由于其重量大,所以打击能量也较大。如果尺寸不同的丸料混合在一起使用,较大尺寸的丸料产生较深的残余压应力层;

较小尺寸的丸料形成较浅压应力层,这样不均匀、参差不齐的残余压应力层直接导致强化结果的不一致,进而严重影响提高疲劳强度的效果。

为了正确地分离出尺寸和形状不合格的丸料,可利用一种特殊的螺旋式筛分系统,它包含内圈和外圈,原理是根据圆形丸料和破损丸料的滚动速度不同来将它们区分开。丸料会经由一个通道管路到达螺旋分离器上端的圆锥形上方,随后掉落在圆锥上,在螺旋分离器内圈向下滚动。圆形丸料获得足够速度后,能逃离到外圈,这些分流到外圈的圆形丸料是可重复使用的合格介质;而破碎的尺寸不合格的丸料滚动就非常不顺利,会滞留在内圈,分离结束后,将其清掉即可。图 6-17 所示为弹丸形状分选筛。

图 6-16　弹丸尺寸分选(振动筛)

图 6-17　弹丸形状分选筛

12. 数控系统

数控系统包括工件运动数字控制系统,喷嘴运动数字控制系统,丸料流量数字控制系统,空气压力/流量数字控制系统,工艺参监控、记录系统,喷丸质量的监控、记录系统。

数控丸料阀没有任何活动部件,依靠很强的永磁体和去除电磁体来调节丸料的流量,丸料阀的上部是电磁控制模块,下部为弹丸流量感应模块。

流量控制器可提供适当的控制信号给丸料阀,丸料阀内部电路将接收到的控制信号转变为输出信号控制弹丸流量。当丸料下落通过丸料阀的下部感应部分时,产生信号并送回到流量控制器作为流量反馈信号。控制器将该反馈信号与所需要的丸料流量进行比较并调节输出信号返回到丸料阀,从而控制闭路循环,并设置程控报警和极限停机。

数控压力调节阀:数控压力调节阀由大流减压阀、电气比例阀和压力传感器等组成。电气比例阀将 PLC 输入电压信号转换为气压信号控制大流量减压阀的先导控制气路,实现大流量减压阀压力调整。通过电气比例阀的输出端口输出电压信号并反馈给 PLC,从而实现喷丸压力数字闭环控制。输入信号:DC0-10V,设定压力:0.005~0.9 MPa,精度为±2%。设置程控停极限,保证喷丸工艺参数的稳定性。图 6-18 所示为数控系统。

图 6-18　数控系统

6.6 飞机机翼数控喷丸成型设备

在飞机机翼的成型时,飞机机翼数控喷丸成型设备采用的无模工艺是最理想的,这种工艺还可以用来去除复杂零件由于机加工或热处理产生的扭曲变形,喷丸工艺可用来对飞机机翼表面成型,提高起升性能,并改善油耗及减少环境污染。通过该成型工艺,受喷丸的一面在残余挤压应力的作用下在弹性范围内产生变形,这种变形使被喷丸一面鼓起,这种拱起将迫使另外一面也处于受压状态。精密控制与专业设计的工艺能使机翼表面形成任何所需的流体曲线。经过喷丸的零件会增加抗击弯曲疲劳的能力。

喷丸成型工艺可满足各种表面曲度、厚度、形状的要求,以及加强筋和加工变形等条件。喷丸成型的丸体是可重复使用的,许多飞机制造商用其来成型机翼。由于不用模具,被成型材料不需要留有加工余量,还能节约昂贵的模具开发和制作费用。图 6 - 19 所示为飞机机翼数控喷丸成型设备。

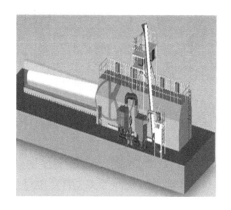

图 6 - 19　飞机机翼数控喷丸成型设备

思考题

1. 简述喷丸原理。
2. 影响喷丸质量的因素有哪些?
3. 简述喷丸机有哪些。

第7章 快速成型制造技术

7.1 快速成型制造技术及应用

7.1.1 快速成型制造技术

快速成型制造技术又叫快速原型制造技术。

1. 原型与原型制造的概念

原型被认为是产品在人们所感兴趣的一维或多维空间中的一种表示，换句话说，产品开发人员认为有意义的产品在某个方面的表示，都可以看作原型，包括从概念设计到具有完整功能制品的有形和无形的表示。

原型可以分为物理原型和分析原型。物理原型以近似或直接的产品的有形实体表示，是实际存在的，可以进行检测和实验，在视觉和触觉上都类似于产品。而分析原型为产品的非有形表示，未被制造出来，是以仿真、视觉图像、方程或分析结果表示的。在大多数情况下，原型是指物理原型，即物体在三维空间的实物表示。本章介绍的原型就是物理原型。

原型可以由两种方法产生，一种是利用已有的知识和技术，按目的要求进行设计、加工，或由设计者利用 CAD/CAM 系统，通过构想在计算机上建立原型的三维电子模型，并加工成实物。另一种方法则是通过反求技术实现，即由用户提供一个实物样品，原封不动或经过局部修改后得到这个样品的复制品或仿制品。

原型制造是设计、建造原型的过程。一般来说，物体成型的方式分为三类：去除成型、净尺寸成型和原型制造，原型制造属于添加成型。快速、自动成型系统与计算机数据模型相结合，能够制造各种复杂形状的原型或零件，原料利用率可达 100%，可使生产周期大大缩短，生产成本大幅度降低。

2. 快速成型制造技术的原理和特点

快速成型制造技术（Rapid Prototyping Manufacturing，RP）采用分层累加的方法，属于添加成型制造工艺。即先用 CAD 三维造型，然后利用专门的软件对模型进行分层切片，得到每一层的二维轮廓信息，最后将每一层的二维轮廓顺序堆积，叠加成三维物理实体。最基本的思想内涵是基于离散堆积，即数学中的微积分思想，将一个物理实体复杂的三维加工离散成一系列二维层片的加工，然后叠加。快速成型制造技术是一种降维制造或添材制造技术。

快速成型制造技术具有以下特点：

（1）制造快速

快速成型制造技术是并行工程中进行复杂原型和零件制作的有效手段。从产品 CAD 或从实体反求获得数据到制作原型，一般只需要几小时至几十小时，速度比传统成型加工方法快得多。

（2）自由成型制造和高柔性加工

快速成型制造技术由 CAD 模型直接驱动，无须使用刀具和模具而自由成型，能够制造任意复杂形状结构的、不同材料复合的原型和零件；改变 CAD 模型或反求数据结构模型，重新调整和设置参数即可生产不同形状的原型或零件，还能借助电铸、电弧喷涂等技术进一步将塑胶原型制成金属模具。

（3）技术高度集成

快速成型制造技术是计算机技术、数据采集与处理技术、材料工程和机电加工与控制技术的综合体现。成型过程高度自动化，特别是在曲面制造过程中，CAD 数据的转化（切片分层）可百分之百地自动完成，而不像数控切削加工中需要高级技术人员数天复杂的人工辅助劳动，才能转化成工艺数控代码。

（4）可选材料的广泛性

快速成型制造技术可以采用的材料十分广泛，如可以采用树脂类、塑料类、纸类、石蜡类，也可以采用复合材料、金属材料或陶瓷材料的粉末、箔、丝、小块体等，还可以是涂覆某种黏结剂的颗粒、板、薄膜等材料。

（5）环保型制造技术

快速成型制造属非接触加工，不需要机床切削加工所必需的刀具和夹具，避免了刀具磨损和切削力的影响。在制造过程中无振动，无噪声，没有或极少产生下脚料。

3. 快速成型制造技术的工艺流程

快速成型制造技术的工艺流程如图 7-1 所示。

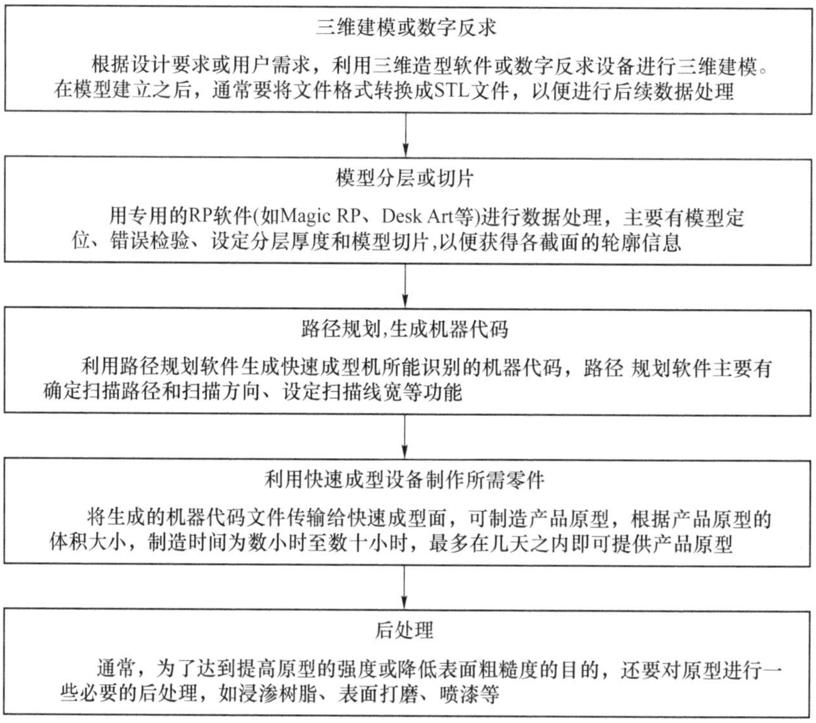

图 7-1　快速成型制造的工艺流程

7.1.2　应用领域

1. 产品设计开发

快速成型制造技术可将 CAD 的设计构想快速、精确而又经济地生成可触摸的物理实体，显然比将三维的几何造型展示于二维的屏幕或图纸上具有更高的直观性和启示性。设计人员可以更快、更容易地发现设计中的错误并及时修改。在国外，快速成型制造技术被用作制造厂家争夺订单和与客户交流沟通的最佳手段。

2. 快速模具制造

以快速成型制造技术生成实体模型，做模芯或模套，结合精铸、粉末烧结或电极研磨等技术，可以快速制造出企业所需要的功能模具或工装设备，制造周期可较传统数控切削方法缩短30%～40%，成本下降 35%～70%。模具的几何复杂程度愈高，这种优势愈显著。美国某模具供应商声称，其车间在接到客户 CAD 设计文件后一周内可提供任意复杂的注塑模具，80%的模具则可在 24～48 h 内完工。

3. 产品功能测试

采用快速成型制造技术可严格地按照原设计将模型迅速地制造出来，进行功能试验与相应的研究，如流动分析、应力分析、流体和空气动力学分析等，从而优化产品设计。

4. 生物医学与仿生制造

快速成型制造技术可应用于人体骨骼修复和矫形整容等，例如，用快速成型制造技术制作的牙齿矫形器，其透明性、美观性及舒适性均优于传统的牙齿矫形器。

7.2　快速成型机

7.2.1　快速成型机的分类

通常快速成型机按照成型工艺原理进行分类，目前比较典型的快速成型工艺有立体光固化成型(SLA)、分层实体制造(LOM)、选区激光烧结(SLS)和熔丝沉积制造(FDM)四种，它们均产生于 20 世纪 80 年代，技术成熟，已获得较长期的商业化应用，在快速成型技术中占主要地位，这四种快速成型工艺各有优缺点，应根据实际需要合理选用。下面分别叙述与这四种快速成型工艺相对应的快速成型机。

1. 立体光固化快速成型机

立体光固化成型材料主要有液态的自由基光固化树脂、阳离子光固化树脂和混杂型光固化树脂。立体光固化快速成型机工作原理是：首先，升降机将工作台置于最高位置，使工作平台上的液态光敏树脂厚度为一个层厚；之后，紫外激光器透镜组聚焦，扫描器做 X-Y 方向的扫描运动，照射并固化模型第一层；然后升降机带动工作平台下降一个层厚，浸上一个层厚的液态光敏树脂，再扫描固化第二层，完成第二层与第一层的黏接；重复上述步骤，最后形成三维实体模型。

立体光固化快速成型机的工艺特点是：成型精度高，可以制作精细的零件；表面质量好，类似塑料质感,需要加支撑;成本高(激光器、树脂价格高昂)。

2. 选区激光烧结快速成型机

选区激光烧结成型材料为石蜡、聚碳酸酯、尼龙、金属粉末等。选区激光烧结快速成型机工作原理是:首先,铺粉滚轮将供料缸的粉末铺一薄层在成型缸上面,并加热至低于材料的熔化温度;然后,低功率激光器产生的激光经透镜组聚焦后,在高速扫描器的作用下,根据模型的第一层二维截面信息,选择性地照射薄层粉末,将其烧结成型;待第一层烧结完成后,成型缸下降一个层厚,而供料缸同时上升一个层厚;重复上述过程,直至完成模型的最后一层烧结,形成所需的三维实体模型。

选区激光烧结快速成型机工艺特点是:可直接成型金属零件或模具;材料来源广泛;精度较高,不需要加支撑。

3. 分层实体制造快速成型机

分层实体制造成型材料为薄材(纸)、塑料薄膜等。分层实体制造快速成型机采用激光器按照 CAD 分层模型所获得的数据,用激光束将单面涂有热熔胶的薄膜材料或其他材料的箔带切割成欲制原型在该平面的内外轮廓,再通过加热辊加热,使刚刚切好的一层与下面已切割层黏结在一起。通过逐层切割、黏结,最后将不需要的材料剥离,得到欲求的原型。

分层实体制造快速成型机工艺特点是:适合做大型实心件,精度比较高;原型件具有硬木质感,但后处理费时,废料比较多,不需要加支撑。

4. 熔丝沉积制造快速成型机

熔丝沉积制造成型材料为 ABS、聚碳酸酯等;支撑材料为水溶性高分子材料。熔丝沉积制造快速成型机利用热塑性材料的热熔性和黏结性,加热 ABS 等工程塑料丝材,逐点、逐线、逐面地堆积成型。

熔丝沉积制造快速成型机工艺特点是:不用激光,成本低,成型材料较广泛;适宜成型空心薄壁件,需要加支撑;精度一般,原型件有塑料质感。

7.2.2 快速成型机的技术参数

不同的快速成型机,技术参数有较大差异,基本的技术参数可概括如下。

1. 激光器的额定功率和使用寿命

快速成型机一般采用低功率激光器。立体光固化快速成型机采用功率为数十毫瓦的紫外激光器,其使用寿命为 2 000 h 左右;选区激光烧结快速成型机和分层实体制造快速成型机多采用 25～50 W 的 CO_2 激光器,其使用寿命为 20 000 h 左右。

2. 振镜扫描速度

高速振镜的扫描速度直接影响成型速度。立体光固化快速成型机和选区激光烧结快速成型机均采用了高速振镜扫描器,其扫描速度范围一般为 0～4 m/s。

3. 动态聚焦性能

激光经聚焦后,在整个成型面积内扫描时,光斑尺寸在不同的位置有很大差异,影响成型精度,需要采用 Z 轴动态聚焦系统进行校正。对于选区激光烧结快速成型机,一般要求在整个成型面积内,经动态聚焦系统校正后,激光光束焦点偏离焦平面的距离≤1 mm。

4. 成型尺寸

成型尺寸反映快速成型机一次可成型的最大零件尺寸,一般用(长×宽×高)表示,目前最大成型尺寸有 1 180 mm×730 mm×550 mm,1 000 mm×800 mm×500 mm,457 mm×457 mm×609 mm,主要用于制造汽车行业的大型覆盖件。

5. 成型速度

成型速度反映快速成型机的生产效率,单位为:g/h,即每小时可成型多少克的模型。成型速度直接与制件精度要求、扫描速度和分层厚度相关,精度要求越高、扫描速度越小、分层厚度越小,则成型速度越小。

6. 成型精度

在各类快速成型机中,立体光固化快速成型机的成型精度最高,可达±0.01 mm,其余的快速成型机的成型精度一般为±0.1 mm

7.2.3 快速成型机的基本结构

不同种类的快速成型机,其结构既有相同部分,又有各自特有的部分。概括而论,各种快速成型机的基本结构可简化为下面几部分。

1. 光学系统或热源系统

大部分快速成型机采用激光器为能源进行快速成型,因此光学系统是其关键部件之一。立体光刻快速成型机采用紫外激光器,选区激光烧结快速成型机和分层实体制造快速成型机采用低功率 CO_2 激光器。光学系统主要包括激光器、光路传输机构、光束聚焦机构和高速振镜扫描器等。此外,也有少数快速成型机不采用激光器,如熔丝沉积制造快速成型机采用一套专用热源系统对成型原材料进行加热。

2. 控制系统

快速成型机是一种高度自动化设备,控制系统必须能识别三维数学模型的分层截面信息,必须能控制快速成型机的各机构部件按照截面信息协调一致地运动,最终实现堆积成型。

3. 升降机构

升降机构是快速成型机中的必备部件之一,传统的数控机床一般不具备此部件。各种快速成型机的升降机构的作用原理与机械结构相似,其作用是根据分层厚度顺序移动,从而使模型的所有层面叠加在一起,即堆积成型。

4. 供材机构

供材机构也是所有快速成型机的必备部件之一。对于不同的快速成型机,供材机构的机械结构差异较大。立体光刻快速成型机采用浸渍式,由容器和升降工作台及刮平器组成。选区激光烧结快速成型机采用辊刮式,由供料缸、铺粉滚轮和升降工作台组成。分层实体制造快速成型机采用辊卷式,由送料滚筒、收纸滚筒、导向辊等组成。熔丝沉积制造快速成型机采用喷涂式,由喷嘴、储料器和供料器等组成。

5. 加热机构

在选区激光烧结快速成型机和分层实体制造快速成型机中才有加热机构。对于选区激光烧结快速成型机,加热机构的作用是减小成型过程中的零件变形和节省激光能量;对于分层实体制造快速成型机,加热机构的作用是提供各层截面牢固地黏结在一起的热源。另外两种快速成型机不需要加热机构。

6. 辅助机构

快速成型机的辅助机构主要有排尘机构(SLS 与 LOM)、氮气保护装置(SLS)和集料箱等。

思考题

1. 快速成型制造技术采用的是哪种成型原理?
2. 快速成型制造技术的特点是什么?
3. 快速成型制造技术主要应用于哪些方面?

第8章　超塑成型/扩散连接工艺装备

8.1　超塑成型原理

1. 超塑性概念

超塑性是指材料在一定的组织条件下和一定的温度和应变速率条件下表现出无明显缩颈的异常高的塑性的能力。

2. 超塑性分类

按照实现超塑性的条件(组织、温度、应力状态等)分类,主要可分为组织超塑性、相变超塑性和其他超塑性。

3. 超塑成型原理

超塑成型原理如图8-1所示,包括凸模真空成型法和凹模真空成型法。

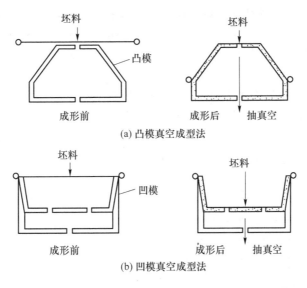

(a) 凸模真空成型法

(b) 凹模真空成型法

图8-1　超塑成型原理

8.2　超塑成型/扩散连接技术简介

8.2.1　超塑成型/扩散连接技术定义

超塑成型/扩散连接(SPF/DB)组合工艺技术是利用材料的超塑性和在同一热规范内的扩散连接特性,在一次循环内实现成型、连接,制造出利用常规工艺难以制备的形状各异的整体结构件。

8.2.2 超塑成型/扩散连接技术原理

超塑成型是利用某些材料在特定条件下具有极好的变形能力而发展起来的一种成型工艺,采用超塑成型工艺能够制造出常规工艺难以成型的复杂结构,而且没有回弹,能够保证成型零部件的精度,加工重复性好。扩散连接是利用被连接材料的表面在不足以引起塑性变形的压力和低于被连接工件熔点的温度条件下,使接触面通过原子间相互固态扩散而形成连接的方法。图 8-2 是超塑成型/扩散连接成型过程示意图。

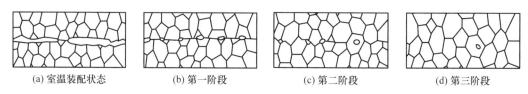

(a) 室温装配状态　　　　(b) 第一阶段　　　　(c) 第二阶段　　　　(d) 第三阶段

图 8-2　超塑成型/扩散连接成型过程示意图

8.2.3 超塑成型/扩散连接技术的特点

超塑成型/扩散连接技术的特点如下:

① 可以使以往由许多零件经机械连接或焊接组装在一起的大构件成型为大型整体结构件,极大地减少了零件和工装数量,缩短了制造周期,降低了制造成本;

② 可以为设计人员提供更大的自由度,设计出更合理的结构,进一步提高结构承载效率,减轻结构件质量;

③ 采用这种技术制造的结构件整体性好,材料在扩散连接后的界面完全消失,使整个结构成为一个整体,极大地提高了结构的抗疲劳和抗腐蚀特性;

④ 材料在超塑成型过程中可承受很大的变形而不破裂,所以可成型很复杂的结构件,这是用常规的冷成型方法根本做不到或需多次成型方能实现的。

8.2.4 超塑成型/扩散连接技术存在的问题

超塑成型/扩散连接技术存在的问题如下:

① 对零件待焊表面的制备和装配的要求较高;

② 焊接热循环时间长,生产率低,在某些情况下会产生一些副作用,例如母材晶粒可能过度长大;

③ 设备一次性投资较大,而且焊接工件的尺寸受到设备的限制;

④ 对焊缝的焊合质量尚无可靠的无损检测手段。

8.3　超塑成型/扩散连接技术的应用实例

8.3.1 在航空发动机上的应用

超塑成型/扩散连接技术在航空发动机上的应用如图 8-3 所示。

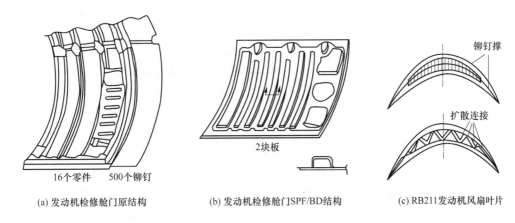

图 8 - 3　超塑成型/扩散连接技术在航空发动机上的应用

8.3.2　在军事领域的应用

超塑成型/扩散连接技术在军事领域的应用见图 8 - 4 和图 8 - 5。

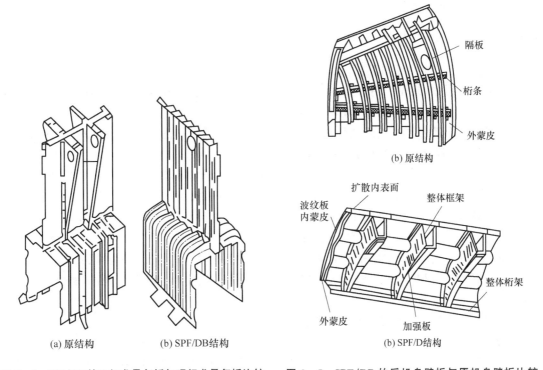

图 8 - 4　SPF/DB 的飞机龙骨复板与现行龙骨复板比较　　图 8 - 5　SPF/DB 的后机身壁板与原机身壁板比较

思考题

1. 简述超塑成型原理。

2. 超塑成型/扩散连接技术的特点有哪些。

3. 何谓超塑成型?

第9章 旋压工艺装备

9.1 简 介

9.1.1 旋压成型的概念

旋压是综合了锻造、挤压、拉伸、弯曲、环轧、横轧和滚压等工艺特点的少、无切削的先进加工工艺,广泛地应用于回转体零件的加工成型。旋压是根据材料的塑性特点,将毛坯装卡在芯模上并随之旋转,选用合理的旋压工艺参数、旋压工具(旋轮或其他异形件)与芯模相对连续地进给,依次对工件的极小部分施加变形压力,使毛坯受压并产生连续逐点变形而逐渐成型工件的一种先进塑性加工方法。

9.1.2 旋压成型工艺的特点

旋压成型工艺的特点如下:

① 旋压过程中,旋轮(或钢球)对坯料逐点施压,接触面积小,对于加工高强度难变形材料,所需要的总变形力较小,从而使功率消耗大大降低。

② 坯料的金属晶粒在三向变形力的作用下,沿变形区滑移面错移,滑移面各滑移层的方向与变形方向一致,因此,金属纤维保持连续完整。

③ 强力旋压可使制品达到较高的尺寸精度和表面光洁度。在旋压过程中,旋轮不仅对被旋压的金属有压延的作用,还有平整的作用,因此制品表面粗糙度好。

④ 制品范围很广。根据旋压机的能力可以制作大直径薄壁管材、特殊管材、变截面管材以及球形、半球形、椭圆形、曲母线形以及带有阶梯和变化壁厚的几乎所有回转体制件,如火箭、导弹和卫星的鼻锥和壳体;潜水艇渗透密封环和鱼雷外壳;雷达反射镜和探照灯外壳;喷气发动机整流罩和原动机零件;液压缸、压气机外壳和圆筒;涡轮轴、喷管、电视锥、燃烧室锥体以及波纹管。

⑤ 同一台旋压设备可进行旋压、接缝、卷边、缩颈、精整等加工,因而可生产多种产品,同时产品规格范围大。

⑥ 坯料来源广,可采用空心的冲压件、挤压件、铸件、焊接件、机加工的锻件和轧制件以及圆板作坯料,能旋压有色金属、黑色金属以及含钛、钼、钨、钽、铌一类难变形的合金金属。

⑦ 在旋压过程中,由于被旋压坯料近似逐点变形,因此,其中任何夹渣、夹层、裂纹、砂眼等缺陷很容易暴露出来。这样旋压过程也附带起到了对制品的自动检验的作用。

⑧ 金属旋压与板材冲压相比较,金属旋压能大大简化工艺所使用的装备,一些需要多次冲压的制件,旋压一次即可制造出来。

9.1.3 旋压工艺的分类

按照旋压的变形特点,旋压工艺可分为普通旋压和强力旋压(变薄旋压),简称普旋和强旋。普通旋压的材料形状改变,强力旋压的材料厚度变化。

按照旋压的变形条件,旋压工艺可分为热旋压和冷旋压两类。冷旋压在室温下进行,热旋压则是将工件加热到一定温度下进行。热旋压主要是用于塑性差的难成型材料及旋压变形量大的场合。

按照旋压件的形状特点,旋压工艺可分为筒形件旋压和异形件旋压两类。由于旋压件都是在其自身的旋转运动中成型的,因此所有的旋压件都是旋转体零件,不同的只是旋出母线的形状及其与旋转轴线的相互位置关系不同而已。

旋压设备的自动化程度的不断提高,旋压工艺技术不断改进,使得旋压技术在原有基础上又派生出了多种旋压成型方法,例如:超声波旋压法、通用芯模旋压法、斜扎式旋压法、多旋轮的错距旋压法、劈开旋压法、射流旋压法等。

9.1.4 旋压成型技术起源

最古老的旋压设备主要是人力驱动,使用棒形工具使坯料成型。后来又借助于水利和蒸汽动力驱动。初级阶段主要用于薄壳零件的批量生产,因受限于操作者技术的熟练程度和体力,发展受到制约。我国早期的工艺品制胎和铜铝制品曾采用手工旋压成型。电动机的出现使得旋压机的主轴可以采用电机驱动,进而旋压工具也由原来的木质擀棒逐渐改用金属旋轮,使得旋压技术有了重大的突破,其应用范围不断扩大,加工能力不断提高。18 世纪 60 年代末期,德国出现了第一个金属旋压技术的专利。

9.1.5 国内外旋压成型技术的发展

我国旋压技术发展始于 20 世纪 60 年代初期,先后有北京有色金属研究总院、北京航空工程研究所、中国兵器工业第五研究所等单位率先开展旋压技术工艺和设备的研究。随后,兵器、航空、航天、核工业、汽车等行业也陆续开展了旋压技术研究与开发。据不完全统计,当前全国从事旋压技术的单位不断增加,拥有旋压设备近千台,从事旋压技术的人员数以千计。

国外技术先进的国家,其旋压技术已日臻成熟。国内旋压技术近年来发展迅速,随着对外引进和自主创新能力的提高,与国外先进国家旋压技术的差距正在逐步缩小。

9.2 普通旋压成型技术

普通旋压成型作为发展较早的一项旋压成型技术,具有悠久的历史。工艺装备技术发展经历了由手工到机械、由靠模仿型到录返、数控的全过程。因为零件种类繁多,所以普旋的成型设备也较为复杂多样。随着数控技术的发展,数控设备在普旋设备中的比例明显增加。

9.2.1 普通旋压成型的变形特征

普通旋压主要是改变坯料的形状,壁厚基本不变或改变较少的一种旋压成型过程。普通旋压主要通过改变板料直径尺寸来成型工件,是加工薄壁回转体的无切削成型工艺过程,通过旋轮对转动的金属圆板或预成型坯料做进给运动而旋压成型。

9.2.2 普通旋压的工艺优点

普通旋压的工艺优点如下：

① 模具制造周期较短,模具费用低于整套冲压模具 50%～80%。

② 近似为点变形,旋压力比冲压力低。

③ 可在一次装卡中完成成型、切边、制梗、咬接等多道工序。

④ 可以成型其他成型方法难以成型或不能成型的钛、钨等稀有金属,并且旋压时实现加热较其他工艺加热成型方便。

⑤ 制品范围广。普通旋压可以成型出球形、椭球形、曲母线形、杯形、锥形及变截面带台阶的异形薄壁回转体零件。

9.2.3 普通旋压工艺的制定

首先对零件图进行分析,在综合材料、尺寸的精度、结构的基础上拟定工艺方案。

9.2.4 拉深旋压

拉深旋压简称拉旋,是在芯模上利用旋轮将平板坯料加工成空心轴对称工件的方法。芯模的外形是工件的内形,芯模与坯料同步旋转的同时,旋轮与坯料保持局部接触,作用力较小,多采用单旋轮成型。拉旋也是应用最广泛的普旋形式之一。通常所说的普通旋压机,严格意义上讲就是拉深旋压机,典型产品有弹箭头罩、灯具及回转类装饰品。

(1) 坯料的制备

坯料直径按等面积原则进行计算,考虑工件适量减薄,坯料直径应小于计算值的 3%～5%。薄壁工件拉伸旋压时,坯料应先将边缘预成型,以防止在前期旋压道次中起皱,并提高工效。坯料外缘光滑整齐有利于防止旋压中边缘开裂。

(2) 拉伸系数

拉伸旋压坯料的变形程度可用拉伸系数 m 表示,即

$$m = D/D_0$$

式中：D——工件的直径；

D_0——坯料的直径。

对于多道次拉深旋压,系数 m_n 是相邻两道次直径之比：$m_1 = D_1/D_0$,$m_2 = D_2/D_1$,…,$m_n = D_n/D_{n-1}$。拉深系数 m 的极限值与金属的性能和状态有关,并受工件的壁厚、直径及结构等影响。通过选择合理的拉伸系数确定旋压道次。

(3) 拉旋转速

拉旋时工件转速适度增大有助于增加变形的稳定性,工件的转速与材料、壁厚、直径及设备的刚度有关,常用圆周速度表示。常用材料圆周速度选择的参考数据为：纯铝 200～750 m/min；阴极铜 150～450 m/min；黄铜 200～650 m/min；不锈钢 250～550 m/min；拉伸钢 300～500 m/min。

(4) 旋轮轨迹的设定

无论在哪种旋压方式下,旋轮的运动轨迹都是一个重要的工艺要素,平板拉深旋压成型曲

母线形和筒形件时,旋轮可按渐开线轨迹运动。

(5)进给比

进给比是旋轮纵向进给速度与主轴转速的比值。拉旋进给比的选择取决于旋轮的几何形状、坯料的力学性能、工件的表面质量。进给比选择范围为 0.5～5.0 mm/r。材料的韧性好,工件形状简单,进给比取大值;工件形状复杂,进给比取小值。

提高进给比可以提高效率,但对初期道次需相应减小起旋点仰角,以防止起皱。减小进给比有助于改善表面粗糙度,过小进给比易造成局部减薄,不贴模。采用反推辊时适当加大进给比可防止坯料减薄过多,常用进给比 $f=0.5～3.0$ mm/r。

(6)拉旋设备

拉旋设备如图 9-1 和图 9-2 所示。

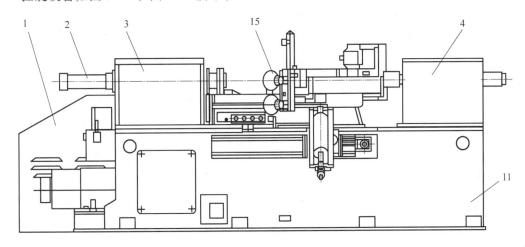

图 9-1 拉旋设备示意图

图 9-2 普通旋压机

9.2.5 缩口旋压

三种旋轮行程见图 9-3。缩口采用往程旋压易使坯料减薄,采用回程旋压则相反,二者的复合可减少壁厚差。典型产品:汽车消声器。

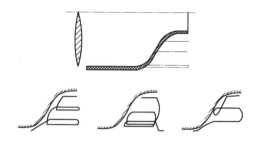

图 9 - 3 三种旋轮行程

9.2.6 瓶体收口及封底

瓶体收口及封底可采用特殊型面的旋轮或翻板旋压,在高转速下经多道次进给,借助空气模(无芯模)成型。旋轮运动时的轨迹使其轴线始终平行于工件表面,并保持平直段与工件完全接触。

加热是瓶体收口及封底的重要工艺因素,合金钢瓶体收口及封底坯料可以采用机外加热,机上保温的方式。最终封底前,还需要高温切割具,吹去氧化皮,增加局部温度,实现底部最终的无缝封合。铝合金只能收口,不能封底,收口可与加热同时进行。合金钢瓶体收口及封底加热温度在 800 ℃以上,温度范围较宽;铝合金瓶体收口加热温度在 400 ℃左右,温度范围较窄。

9.2.7 局部成型

局部成型是对工件的某一部分进行旋压加工的工艺方法,包括缩旋、扩旋、翻边、制梗等,也是普旋中常见的工艺方法。局部成型可在通用旋压机上实现(例如油筒)。

9.3 强力旋压成型技术

9.3.1 强力旋压的特点

强力旋压(又称变薄旋压)源于普通旋压,在旋压过程中不但改变毛坯的形状而且显著地改变(减薄)其壁厚的。强力旋压与普通旋压的区别是强力旋压属于体积变形范畴,变形过程中主要是壁厚减薄而坯料体积基本不变,成品形状完全由芯模尺寸决定,成品尺寸精度取决于工艺参数的合理匹配。筒形件强力旋压时,只减小外径而不改变内径(内旋时则相反)。由于强力旋压减小毛坯的壁厚,因而在一次旋压中允许较大的变形量,这就使强力旋压的生产效率大大高于普通旋压,其适用范围也有所扩大,但是相应的强力旋压需要较大的设备功率。

9.3.2 强力旋压的分类

① 根据旋压类型和金属变形机理的差异,强力旋压可分为异形件强力旋压——剪切旋压;筒形件强力旋压——流动(挤出)旋压;

② 筒形件强力旋压——流动(挤出)按旋轮与坯料流动方向分为正向旋压与反向旋压;按旋轮和坯料相对位置分为内径旋压与外径旋压;按旋压工具分为旋轮旋压与钢球(滚珠)旋压。

1. 剪切旋压

(1) 成型原理

异形件剪切旋压适用于锥形、抛物线及各种曲母线形工件的成型。锥形件是异型件的典型形状。在剪切旋压过程中,平板坯料在旋轮挤压与剪切综合作用下,厚度方向遵循体积不变定律和正弦规律变形。从工件的纵断面上看,其变形过程犹如按一定母线形状推动一叠扑克牌一样。

(2) 正弦规律

对具有一定锥角和壁厚的锥形件进行强力旋压时,根据纯剪切变形原理可求出毛坯的合理厚度,所符合的规律为正弦规律。

正旋规律虽然由锥形件的强力旋压所导出,但基本上适用于一切异形件,因为任何异形件在沿其半径方向以很小的间隔分段后,都可近似地把每段看作锥形件的一部分,仅各段锥角大小不同而已,但曲母线异形件在运用正弦规律时存在一定的误差。母线曲率半径越小,其法向壁厚变化越大,误差越大。

(3) 正弦规律的偏离

在实际生产过程中,锥形件强力旋压的实际壁厚往往不等于按正弦律计算所得理论壁厚,即实际壁厚与理论壁厚存在一定程度的偏离。这种偏离有很多种原因,例如,旋轮与芯模的间隙误差、旋压工艺系统的弹性变形和毛坯的壁厚误差等。

由于偏离正弦律的情况难以避免,实际生产中一般倾向于采用 $\Delta<0$ 的旋压方法,因为适当的减薄过渡有利于提高材料的极限减薄率,并且可改善旋压件的贴膜状况,从而提高其内表面的精度。

有时由于产品性能的需要,必须采用 $\Delta<0$ 的旋压方法。例如,旋转式破甲弹要求药型罩有一定的内应力,以便爆轰波压垮药型罩而形成射流时能产生一反旋力矩,来补偿射流的离散作用,于是对药型罩采用了减薄过渡($\Delta=-15\%$)旋压成型,结果达到了预期的效果,提高了破甲威力。图 9-4 所示为锥形件旋压成型设备。

图 9-4　锥形件旋压成型设备

2. 筒形件流动旋压

强力旋压有两种基本变形方式:正旋和反旋。正旋时材料的流动方向与旋轮的运动方向相同;反旋时材料的流动方向与旋轮的运动方向相反。正旋压适用面较宽,直径精度优于反旋压。反旋压的芯模及行程较短,其应用限于不带底的筒形件成型。

(1)筒形件流动旋压的变形机理

1)主体运动

工件在芯模带动下进行的旋转运动是旋压变形的主体运动,工件成型主要依靠旋转运动来完成。工件在旋转时受到旋轮的阻碍而产生变形,同时旋轮在借助摩擦力发生旋转。因此,旋轮的转动是被动的,其转速大小取决于工件的转速、工件与旋轮的半径比。

旋轮与工件之间不仅有滚动摩擦,而且有滑动摩擦,并有一定的热量产生,所以在旋压过程中,需要充足的冷却和润滑等。

2)局部渐变

筒形件变薄旋压是旋轮对工件局部施压的过程,通过工件与旋轮的相对运动而沿螺旋轨迹逐步连续推进,完成整个工件的成型。旋压成型过程中,坯料旋转产生变形,坯料上有一个连续位移的塑性变形区。变形区沿着螺旋线位移,螺距等于坯料旋转一圈时旋轮的位移量。

旋轮和工件都是旋转体,两者互相接触加压时,作为刚体的旋轮压入作为塑性体的工件,其接触面为旋轮工作表面的一部分,接触面的轮廓是旋轮形体与工件形体的相贯线。不同的旋轮工作面形状具有不同的接触面形状,接触面的大小则取决于旋轮的结构数据、旋压的工艺参数和工件的直径。

强力旋压时的变形程度一般用工件壁厚减薄率 ε 来表示,即

$$\varepsilon = (t_0 - t_f)/t_0 \tag{9-1}$$

式中:t_0——毛坯的壁厚;

t_f——旋压件的壁厚。

ε 越大标志着强力旋压的变形程度越大,材料的变形愈剧烈。

3)变形过程

强力旋压的整个变形过程可分为三个阶段,即旋入阶段、稳定旋压阶段、旋压终了阶段。三个旋压阶段对应着三个不同的变形状态。

旋入阶段是从旋轮接触毛坯旋至达到所要求的壁厚减薄率,该阶段壁厚减薄率逐渐增大,旋压力相应递增以至达到极大值。

稳定旋压阶段为旋轮旋入毛坯达到所要求的壁厚减薄率后,旋压变形进入稳定阶段。该阶段旋压力和应力基本保持不变。

4)受力分析

筒形件变薄旋压时,变形区处于三向应力状态,正旋变形径向与切向为压应力,轴向为拉应力;反旋变形为三向压应力。正旋时,已变形区承受拉应力;反旋时,待变形区承受压应力;同时,上述两个变形区均承受由于传递扭转力矩所产生的轴向剪切应力。

(2)筒形件强力旋压设备

筒形件强力旋压设备可采用单旋轮、双旋轮、三旋轮和多旋轮。单旋轮旋压径向力不平衡,适宜薄壁短件成型;双旋轮旋压筒形件与三旋轮和多旋轮相比精度和适用范围都存在差距。多旋轮旋压增加了坯料夹紧的可靠性,但设备结构复杂,应用相对有限;三旋轮均布的旋压机是国内外筒形件旋压的主流。图 9-5 所示为筒形件强力旋压设备,图 9-6 所示为筒形件强力旋压设备工作状态,图 9-7 所示为大吨位筒形件强力旋压设备。

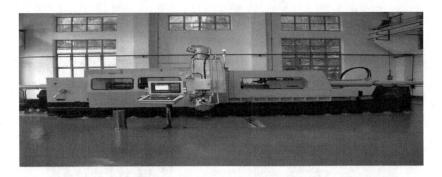

图 9 - 5　筒形件强力旋压设备

图 9 - 6　筒形件强力旋压设备工作状态

图 9 - 7　大吨位筒形件强力旋压设备

3．内径旋压

内径旋压又称内旋压,用于外径较大且精度要求较高、材料变形抗力较低的薄壁筒形或曲母线形零件,可加工内壁带环向筋零件。

NX63 - 250CNC 张力内旋压机是我国内自行研制的具有自主知识产权的高精度多功能数控旋压机,可进行单臂内旋压、张力内旋压、模环旋压等,主要用于旋制内(外)部带环向加强筋以及各类高精度筒形件。张力旋压使工件的直径精度、直线度、圆度等均得以显著提高。模环旋压解决了长工件旋压脱模的关键技术,大大降低模具制造费用。

4．钢球旋压

钢球(滚珠)旋压是具有变薄旋压特征,采用钢球(滚珠)替代旋轮的变薄旋压成型方法。

钢球(滚珠)旋压是制造小直径高精度超薄管的成型工艺,属于多点局部成型,变形区小,力学载荷低。钢球(滚珠)旋压具有力学载荷对称、变形稳定、旋压件尺寸精度高等特点。

钢球(滚珠)旋压用于高精度超薄管的变薄旋压成型,材料可为不锈钢和高温合金,国内目前加工管件最小壁厚为 0.15 mm,壁厚公差小于 0.01 mm,最小直径可达 3 mm,长径比达到 30 以上,表面粗糙度值低于 0.06 μm。图 9-8 所示为钢球旋压机,图 9-9 所示为钢球旋压产品。

图 9-8　钢球旋压机

图 9-9　钢球旋压产品

9.4　特殊旋压成型技术

1. 带轮齿环旋压

旋制的带轮(包括折叠式、劈开式、多楔式)及飞轮齿环以其体轻、平衡性好而在农机、纺机等机械,尤其是汽车部件中得到广泛应用。

随着带轮楔齿数增多,组合型面种类和数量增加,产量增大,带轮齿环旋压机的力能、刚度均日趋增大,工位数逐渐增多。国外已发展了卧式或立式的加工中心和自动线,其生产效率一般能达 60～250 件/时。图 9-10 所示为带轮齿环旋压产品。

图 9-10　带轮齿环旋压产品

2. 齿肋旋压

带内齿类零件旋压的典型产品(如汽车离合器、行星齿轮、发动机气机匣等壳体)均可采用旋压成型加工。旋压的汽车离合器的齿尖无毛刺,齿面冷作硬化,抗疲劳性能和硬度显著提高。

3. 螺纹旋压

当旋轮圆角半径很小而进给比较大时,旋压纹变为螺纹,旋压变形为轧制变形,可旋轧出螺纹管。将旋轧轮放于管内,可旋轧成型内螺纹管。

4. 三维非轴对称管件旋压

三维非轴对称(轴向偏斜,偏心)的管件也可旋压加工,其加工原理为工件旋转与摆动复合进行,目前国内外均已研制出相关设备,用于汽车、摩托车排气歧管、消声器、空调过滤器、离合器壳体、不锈钢厨具等产品加工。

5. 复合旋压

复合旋压是筒形件和异形件的组合体,其结构有如下三类:筒形件+异形件;筒形件+异形件+筒形件;异形件+筒形件+异形件。

由于复合件旋压的复杂性,其芯模、旋轮和坯料的设计加工均较困难。复合旋压有两种类型,一种是工序复合,例如先旋压筒形件,再进行翻边和卷边等;另一种是一道旋压成型工序中有两种不同的旋压工艺,如汽车轮辐圆柱段与锥段成型时,是普旋和强旋的有机结合,等强度轮辐属于典型复合旋压成型。图 9-11 所示为车轮旋压设备,图 9-12 所示为车轮旋压产品。

图 9-11　车轮旋压设备

图 9-12　车轮旋压产品

9.5　旋压成型设备

9.5.1　旋压设备的类型

旋压机按其运动方式、主轴方位、旋轮个数等可分为多种类型,而按其功用大致可分为强力旋压机、普旋机和专用旋压机。强力旋压机主要以流动旋压和剪切旋压成型为主,设备要求有较高的动静态刚度,所受旋压力及主轴扭矩较大。而普旋机主要成型有色金属复杂曲母线形面工件,设备旋轮头所受旋压力较小。专用旋压机主要承担一种或较少种类似结构的工件加工任务,像气瓶收口机、轮毂旋压机、带轮旋压机等。

9.5.2　旋压设备的关键装置

1. 控制系统

最早的旋压机主要依靠手动控制旋轮运动轨迹,对工人的操作技术要求较高,工件一致性差,效率低。后来采用模拟电信号、PLC 等控制旋压机各开关参量,使得旋压机的自动化程度大大提高,能实现批量化的生产。随着电子、电力、微电子等领域专业技术的飞速发展,出现了录返式控制旋压机和数字化控制旋压机,这是旋压机控制方式的一大进步,录返式旋压机只需要将工件手动旋压过程示教给旋压机控制系统,录返系统将通过"记忆"功能以同样的路径自动加工后续同种产品,实现自动批量生产的目的。目前的 CNC 旋压机已具有较多的辅助功能,像自动上下料、自动换旋轮、恒线速等。装机较多的控制系统是 SINUMERIK840D、FAGOR 等,840D 已具有 6 通道 6 主轴、每通道可实现各直线轴独立运动的功能。

2. 动力系统

主轴模拟、数字变频实现无级变速及恒线速,主轴直流、交流变频电机可提供较大的扭矩。旋轮头直线轴依靠伺服电机通过高精度滚珠丝杠提供动力,用旋转编码器以半闭环控制方式确定位置,或通过直线及圆光栅尺以全闭环控制方式控制;旋轮头直线轴也可采用液压马达、液压缸以比例–伺服阀控制,以满足较大的旋压力需求。为提高生产效率,像直线电机、电主轴等先进技术将不断地应用于旋压设备,从而为高速、超高速旋压材料塑性变形理论研究提供条件。

3. 主轴箱和导轨

由于无级变速范围较小,往往增加机械齿轮变速机构来扩展主轴变速范围,其典型的传动方案是变频电机—变速箱—主轴箱,通过变速机构的调整,达到变速范围的调整,而在每个变速范围内又可实现无级变速。由于有数控系统的支持,有的旋压机也带有主轴定向旋转功能,在一些特殊的旋压中也能起到一定的作用,同时能容易地实现旋压中材料变形恒线速功能。

滑动导轨由于结构简单、使用方便等原因,目前实际应用较多,但由于存在动静摩擦突变,易导致"爬行"现象,影响设备的稳定性。静压导轨由于有极薄的一层油膜,其摩擦系数极小,对旋压过程中的"爬行"现象能起到较好的克服作用,但由于旋轮座受较大的倾转力矩,导轨较难平衡,容易导致工件几何精度变差,目前在一些大型旋压设备上使用。滚动导轨由于受力较小、设备刚度要求较高等原因,实际应用不多。

4. 旋轮座和旋轮头

旋轮座有整体式和开式结构,整体式通常是将各旋轮装在同一个框架机构上,各旋轮轴向运动采用同一信号控制、同一动力驱动,排除了同步误差,可在大旋压力状态下稳定工作。开式结构具有较高的灵活性,可实现多轮多路径同步旋压,在普旋和专用设备中较多采用开式结构,缺点是刚性较差,旋压力不能太大,旋轮头较易振动。

旋轮头根据安装旋轮个数有单轮、双轮、三轮、多轮几种,在较先进的旋压机上可实现自动换旋轮。单轮机构简单、使用灵活方便,双轮、三轮及多轮可在一道次旋压中通过错距旋压实现多次变薄,提高生产效率。

5. 旋压工装

芯模在有模旋压中是不可或缺的工艺装备,主要承受旋压时的强大旋压力,对工件变形起支撑作用,保证工件的内壁形面在旋轮的共同作用下迫使材料屈服变形,变形过程中受到较大的摩擦力,因此要求芯模具有较高的强度、刚度和硬度,热旋芯模还应具有较高的耐热性。材料应采用淬火硬度为 HRC50～60 的各种工具钢等。在结构上均为简单回转体,有内冷式、自动卸料式、组合分体式及较简单的整体式结构。芯模直径的确定主要应考虑工件旋压后的材料回弹及胀缩径量。

旋轮与工件外表面直接接触,承受极大的摩擦,因此要求旋轮具有较高的硬度(HRC55～65)、粗糙度及圆角尺寸精度。旋轮可分为圆弧式、双锥面式、台阶式等。圆弧旋轮的圆角半径是影响旋压质量的重要因素。

双锥面和台阶面旋轮有带光整段和不带光整段两种形式,双锥面旋轮结构简单,通用性好,一般较多应用于筒形件旋压,主要成型参数为成型角和圆角半径,成型角一般取 15°～45°,成型角过大会使旋轮前材料隆起和堆积倾向增大,容易失稳拉裂,过小又容易扩径。旋轮光整段的作用是利用材料弹性回复效应来减少工件表面不平度,光整段的存在使得旋轮圆角半径得以减小,也起提高工件成型准确度的作用。台阶旋轮是在双锥面旋轮成型段前增加一引导段,防止材料隆起、堆积,有时也可起预成型作用。

靠模样板应用于无数控及仿形装置的液压设备,在传统的液压设备中起到了极好的作用,增大了设备的旋压范围。

9.5.3　专用旋压设备

1. 轮毂旋压机

轮毂旋压机具有较高的自动化程度,是规模化生产线中的关键设备,每分钟能生产 2～4 件工件。轮毂旋压机有立式和卧式两种结构,旋轮头可正负向较高速工作进给,在一个工步可完成粗旋和精整过程,辅助工序少,工作效率较高,产品质量好。图 9－13 所示为轮毂旋压机。

图 9－13　轮毂旋压机

2. 带轮旋压机

带轮旋压机多为立式旋压机,旋压带轮直径从 40～450 mm 均可生产,结构有单轮、双轮及三轮形式。以前我国主要靠进口专用带轮旋压设备(立式结构),现在已基本实现了国产化,并已形成多种规格的数条全自动生产线,可满足国内上千万件的需求。自产设备性能已基本达到国外先进水平,并具有刚性好、精度高、可靠性好、控制系统先进、调试方便、生产效率高、外形美观等特点。

3. 气瓶热收口旋压机

气瓶热收口旋压机主要特点为可实现两个直线轴(X、Z 轴)与一个旋转轴(B 轴)的三轴联动工作,同时还具备加热功能,并配有自动上下料装置。气瓶热收旋压机可用于封底、缩径及曲母线弧段收口加工,在主轴、尾顶、选轮座、旋轮柄均采用强制冷却方式,可自动控制点火、熄火及毛坯温度保持,有的设备配有光学温度监测计,能很好地控制温度,一般采用火焰或中频感应加热。目前国产设备应用逐渐增多,已在多个地区形成了数种气瓶生产线,可满足国内甚至国外压力容器市场的需求。图 9 - 14 所示为气瓶热收口旋压机。

4. 大型封头旋压机

大型封头旋压机主要有两种形式,即"二步法"成型(压鼓＋旋压翻边)旋压机和"一步法"成型(多道次普旋成型)旋压机。大型封头旋压机主要由机身、旋压辊、成型棍、顶紧、动力机构和控制系统等构成,核心为旋压辊、成型辊的组合运动轨迹。图 9 - 15 所示为封头旋压机。

图 9 - 14　气瓶热收口旋压机

图 9 - 15　封头旋压机

翻、卷边旋压机通过转台的转动来加工不同形状的工件,压力轮机构是其中的关键,其运动轨迹的计算较为复杂,而旋压臂所受旋压力相对较小,旋轮机构运动灵敏性高,成型简单快速,因此产品性能得到改善,提高了生产效率,降低了成本。

近年来,我国对大型封头的需求日益增多,国内封头旋压设备研制也已基本能满足国内市场发展需求,在国家政策的支持下,通过近几十年的研究改善,大型封头旋压设备已基本实现了国产化。

5. 数控旋压机

(1) GFF - CNC 系列数控强力旋压机简介

此系列旋压机机床为无切削加工成型,特别适用于筒形件旋压,可通过正旋对带底工件或通过反旋对管形件进行旋压成型。同时设计专用工装,可实现异形件旋压成型。

机床采用卧式三旋轮均布,用伺服系统控制,可实现正反旋带台阶变壁厚的工件旋压成型。采用四轴控制系统,编程简单,适用性强,对称分布的三旋轮装置分别编程控制,可实现理想的错距旋压成型。

机床数控系统采用西门子控制系统,具有芯模保护功能,开机时对各单元自动检测故障,自动诊断和过载保护等,并能实现联动,四轴直线插补、圆弧插补,纵、横向均采用伺服电机控制,通过光电编码器,将位置和速度检测信号反馈给控制系统。

(2) 数控强力旋压机简介

机床配数控旋压机床由床身、床头箱、尾座、旋轮座、旋轮预旋转、外置卸料器、内置卸料器、机床冷却箱、防护推拉门装置、冷却泵、润滑装置、液压泵站、电控柜、操纵台等部件组成。

传动系统:主传动用主轴伺服电机驱动,主轴转速为 30~600 r/min,无级调速,主轴连接形式采用德国标准,具有足够刚性。进给传动用旋轮座纵向进给传动,采用伺服电机控制系统,经减速机构传动,有快速和工作进给两种速度,进给量选择为每分钟进给量。旋轮横向进给采用 120° 均布,分为三个独立的伺服电机控制单元。

辅助传动:尾座可以在床身上自动运行到所需位置固定并夹紧,外置卸料器采用液压油缸传动。旋轮座纵、横向滚动导轨和滚珠丝杠润滑,均采用定时、定量集中润滑。机床防护装置为封闭式,并设有钢化玻璃窗推拉门,防止事故发生。表 9 - 1 所列为数控强力旋压机技术参数。

表 9 - 1　数控强力旋压机技术参数

序　号	名　称	型　号		
		3GFF - 400CNC	3GFF - 600CNC	3GFF - 600CNC
1	最大毛坯直径/mm	400	600	700
2	最小工件直径/mm	60	60	100
3	最大工件长度(正旋)/mm	1 500	2 000	2 500
4	最大工件长度(反旋)/mm	2 000	3 000	3 500
5	双心距/mm	4 700	6 000	6 500
6	主轴转速/rpm	30~600	30~300	30~500
7	主电机功率/kW	37、40	100	120
8	尾顶力/kN	50	75	150
9	旋轮座纵向行程/mm	1 500	2 000\2 500	2 500\3 000
10	旋轮座纵向推力/kN	170	250\300	300
11	旋轮横向行程/mm	200	300	300
12	旋轮横向推力/kN	3×100	3×200	3×500
13	液压泵站电机功率/kW	11	20	30
14	冷却液流量/(L·min⁻¹)	200	200	300

(3) GSF 系列 CNC 数控录返普通旋压机简介

机床为数控录返普通旋压机,卧式单旋轮,用于各种空心薄壁回转体零件的旋压成型,特别适用弧形、半球形、锥形和抛物线形零件的普旋成型及筒形件旋压成型,并可实现缩旋、扩旋、卷边、翻边和刮边等加工,为多功能、通用型机床。旋压材料为铝、铜、有色金属、低碳钢、合金钢、不锈钢等。根据用户的要求,可实现各种特殊形状的零件旋压成型,保证工件形面、直径、变薄率等相关尺寸符合要求。

机床功能:具有成熟的 CAD 绘图编程软件,在线绘制旋压图形曲线,可以采用鼠标等外设备,非常方便地在屏幕上进行旋压轨迹的设计和修改,系统可以按照绘制旋压曲线的轨迹进行旋压成型。旋轮运动轨迹可为直线、圆弧、多圆弧连接线以及组合的曲线等,并输入计算机进行道次规范化编程。表 9-2 所列为数控录返普通旋压机技术参数表。

表 9-2　数控录返普通旋压机技术参数

序　号	名　　称	型　号		备注
		GSF-350PCNC	GSF-450PCNC	
1	中心高/mm	350	450	
2	双心距/mm	1 100	1 250	
3	最大毛坯直径/mm	690	890	
4	主轴转速范围/(r·min^{-1})	50～700	50～800	
5	主电机功率/kW	15	22	
6	旋轮横向行程/mm	275	350	
7	旋轮横向推力/kN	22	65	
8	旋轮纵向行程/mm	500	800	
9	旋轮纵向推力/kN	24	65	
10	旋轮座横向进给速度/(mm·min^{-1})	1 000	1 000	
11	旋轮座纵向进给速度/(mm·min^{-1})	3 000	3 000	
12	尾顶行程/mm	500	560	
13	尾顶力/kN	12	50	
14	顶料力/kN	12	50	
15	液压泵站电机功率/kW	7.5	7.5	

思考题

1. 简述普通旋压的工艺优点。
2. 强力旋压的分类有哪些?
3. 专用旋压设备有哪些?

第 10 章　注塑机

10.1　注射成型与注塑机

10.1.1　注射成型与注塑机概述

在注塑机上,利用注射成型模具,采用注射成型工艺获取制品的方法,称作注射成型。可以注射成型的材料有塑料、陶瓷、金属粉末与树脂混合的材料等。由于注射成型技术具有诸多优点,能够一次成型形状复杂且质量高的制品,生产效率及自动化程度高、材料的加工适应性强,既可成型热塑性塑料,又可成型热固性塑料,因而在塑料制品加工业中被广泛应用,是塑料制品的主要成型工艺方法之一。

注射成型要求注塑机必须具备下列基本功能。

① 实现塑料原料的塑化、计量,并以一定的压力将熔料注入模具;

② 实现成型模具的启闭、锁紧和制品脱模;

③ 实现成型过程中所需能量的转换与传递;

④ 实现工作循环及工艺条件的设定与控制。

据统计,全世界注塑机的产量在近 10 年来增加了 10 倍,产量占塑料机械产量的 35%～40%,成为塑料机械中增长最快、产量最多的机种。目前用注塑机加工的塑料量约占塑料产量的 30%,这个比例还在扩大。注塑机正朝着大型、高速、高效、精密、自动化、小型、微型、节能的方向发展。

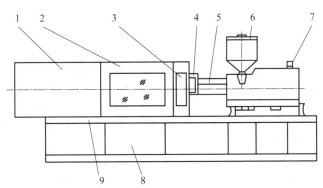

1—合模装置；2—安全门；3—操作面板；4—喷嘴防护罩；5—注射装置；
6—料斗；7—警报灯；8—落料口；9—机身

图 10-1　螺杆式注塑机示意图

10.1.2　注塑机的基本组成及工作过程

1. 注塑机的基本组成

注塑机全称塑料注射成型机,由注射装置、合模装置、电气和液压控制系统、润滑系统、水路系统、机身等组成,如图4-1所示。各组成部分的作用如下:

① 注射装置　注射装置将固态塑料预塑为均匀的熔料,并快速将熔料定量地注入模腔。

② 合模装置　合模装置可使模具打开和闭合,并确保注射时模具不开启。合模装置内还设有供推出制品用的推出装置。

③ 液压、电气控制系统　液压、电气控制系统使注塑机按照工序要求准确地动作,并精确地实现工艺条件要求(时间、温度、压力)。

④ 润滑系统　润滑系统为注塑机各运动部件提供润滑。

⑤ 水路系统　水路系统用于注塑机液压油的油温冷却、料斗区域冷却以及模具冷却。

⑥ 机身　机身是一个稳固的焊接构件。机身上方左边安置合模机构,右边安置注射装置。机身下方安置电气及液压控制系统。

2. 注塑机的工作过程

(1) 合　模

模具首先以低压高速进行闭合,当动模接近定模时,合模装置的液压系统将合模动作切换成低压低速(即试合模)状态,确认模具内无异物存在后,再切换成高压低速将模具锁紧。

(2) 注射装置前移

注射座移动油缸工作使注射装置前移,保证喷嘴与模具主流道入口以一定的压力贴合,为注射工序做好准备。

(3) 注射与保压

完成合模和注射装置前移两项工作后,便可向油缸注入压力油,于是与注射油缸活塞杆相连接的螺杆便以高压高速将料筒内的熔料注入模腔。熔料充满模腔后,要求螺杆仍对熔料保持一定的压力,防止模腔内的熔料回流,并向模腔内补充制品收缩所需的物料,避免制品产生缩孔等缺陷。保压时,螺杆因补缩会有少量的前移。

(4) 冷却和预塑

一旦浇口料固化立即卸除保压压力。此时,合模油缸的高压也可卸除,制品在模内继续冷却定型。为了缩短成型周期,将预塑程序安排在制品冷却的时间段内进行。预塑是指注射装置对下一模用的塑料进行塑化。经过塑化,固态塑料变成有流动性的均匀的熔体,当塑化量达到预定值后,螺杆自动停止塑化。

(5) 注射装置后退

成型时,为了避免喷嘴长时间与冷模具接触而使喷嘴端口处形成冷料,影响下次注射和制品质量,需要将喷嘴撤离模具,即安排注射装置后退程序。当模具温度较高时,可以取消此程序,使注射装置固定不动。

(6) 开模和顶出制品

模内制品冷却定型后,合模装置即可开模,顶出装置动作使制品顶离模具。清理模具,为下模成型做好准备。图10-2为注塑机工作过程循环框图。

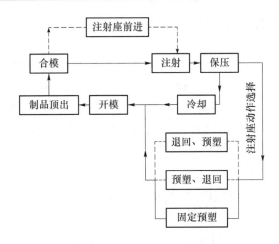

图 10-2　注塑机工作过程循环框图

10.1.3　注塑机的分类和技术参数

1. 注塑机的分类

随着注射成型工艺技术的发展与应用范围的不断扩大,注塑机的类型不断增加。注塑机的分类方法较多,常用的有以下几种。

（1）按装置排列的形式分

根据注射装置和合模装置的排列形式,注塑机可分为卧式、立式、直角式和多模式四种。

① 卧式注塑机　图 10-3 所示为卧式注塑机,该机注射装置和合模装置的轴线呈一线并水平排列。卧式机是目前应用最广的机型,由于机身较低、安装稳定,一般大中型注塑机均采用这种形式。这类注塑机操作与维修方便,制品被推出模腔后可自动坠落,故易实现全自动操作。其缺点是机床占地面积较大,向模内安放嵌件比较困难,而且模具安装比较麻烦。

② 立式注塑机　图 10-4 所示为立式注塑机,该机注射装置和合模装置的轴线呈一线并按垂直地面方向排列。它的优点是占地面积小,安装、拆卸模具方便,在下模安装嵌件时,嵌件不易倾斜或下落。其缺点是制品由模具中推出后,须人工取出,有碍于自动操作,若要实现全自动化,必须采用机械手进行取件。立式机的机身较高使其结构稳定性受到影响,因此这种形式仅适用于小型注塑机。

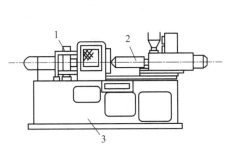

1—合模装置；2—注射装置；3—机身

图 10-3　卧式注塑机示意图

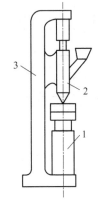

1—合模装置；2—注射装置；3—机身

图 10-4　立式注塑机示意图

③ 角式注塑机　角式注塑机的注射装置与合模装置的轴线正交垂直。小型角式注塑机的注射装置与合模装置各为沿空间的垂直方向和水平方向排列,如图 10－5 所示;而大型角式注塑机的注射装置和合模装置均按照空间水平方向互相垂直排列(图略)。角式注塑机的主要特点是对应模具的主流道设在水平分型面上,适于生产制品中心部位不允许有浇口痕迹的制品,两层型腔的模具(称多层注塑模具)有时为了设置流道方便、合理也采用。角式机的占地面积介于卧式机和立式机之间。目前国内角式注塑机的生产量小,但它是一种不可缺少的形式。

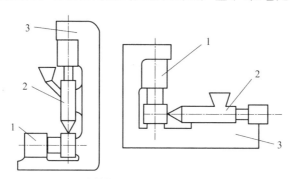

1—合模装置；2—注射装置；3—机身

图 10－5　角式注塑机示意图

④ 多模注塑机　多模注塑机是指含有多个工位操作的特殊注塑机,如图 10－6 所示。根据注射量和机器用途,多模注塑机可将注射装置与合模装置进行多种形式的排列。例如,多模转盘注塑机为多个合模装置围绕同一回转轴均匀排列,工作时,一副模具与注射装置的喷嘴接触,注射保压后随转台的转动离开,停在另一工位上冷却定型,前面工位的模具转过一个工位进行开模取出制品,同时,另一副模具转入注射工况,其他工位可进行安放嵌件、喷脱模剂、合模等工序。该结构注塑机的优点是充分发挥了注射装置的塑化能力,提高生产效率,故特别适合于冷却时间长或辅助时间多的制品的大批量生产,如旅游鞋生产、注射中空吹塑制品成型等。

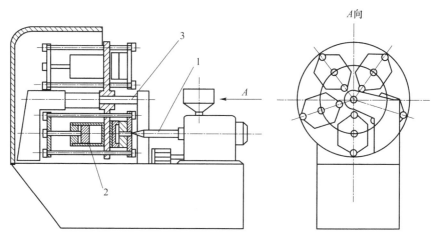

1—注射装置；2—合模装置；3—机身

图 10－6　多模注塑机示意图

（2）按成型制品精度的高低分

注塑机分为普通（或通用）型、精密型和超精密型。普通注塑机用于成型一般精度的制品，而精密和超精密型注塑机不仅可以成型形状更加复杂、壁厚更薄、精度和质量更高的制品，而且能够稳定地控制制品的重复精度，但是精密注塑机的价格比普通注塑机要昂贵得多。

（3）按成型工艺的特点分

根据塑料原料的特性以及制品成型工艺方法不同，设计了各种相应的注塑机，有热塑性塑料注塑机、热固性塑料注塑机、反应注塑机、结构发泡注塑机、注射吹塑注塑机、注射—拉伸—吹塑注塑机、气体辅助注塑机、复合注塑机、排气注塑机、超高速注塑机等。

此外还有各种各样的为生产特定产品而设计的专用注塑机，例如眼镜注塑机。

2. 注射机的技术参数

（1）公称注射量

公称注射量是指在对空注射的条件下，注射螺杆或柱塞做一次最大注射行程时，注射装置能达到的最大注射量。它反映了注塑机能够生产塑料制品的最大质量，故常用作表征注塑机规格的主要参数。

注塑机的公称注射量通常用两种参数表示，即注射质量和理论注射容量，这两者均是以注射聚苯乙烯（PS）塑料作为标准。注射质量是指注塑机的螺杆（或柱塞）做一次最大行程所注射出的熔料的质量（g）；理论注射容量则为注塑机料筒的截面积与螺杆的最大行程的乘积，单位为 cm^3。

（2）注射压力

注射时，料筒内的螺杆或柱塞对熔料施加足够大的压力，此压力称为注射压力。注射压力的作用是克服熔料从料筒流经喷嘴、流道和充满型腔时的流动阻力，给予熔料充模的速率以及对模内的熔料进行压实。注射压力大小对制品的尺寸和重量精度，以及制品的内应力有着重要影响。为了满足不同加工需要，许多注塑机配备有 2~3 根不同直径的螺杆及料筒供选用。由于注射油缸和油压不变，故改变螺杆直径便改变了最大注射压力。使用较小直径的螺杆，可对应获得较大的最大注射压力。螺杆直径一定时，还可以通过调节注射系统的油压来改变最大注射压力。

（3）锁模力

锁模力又称合模力，是指熔料注入模腔时，合模装置对模具施加的最大夹紧力。当高压熔料充满模腔时，会在型腔内产生一个很大的力，企图使模具沿分型面胀开，因此必须依靠锁模力将模具夹紧，使腔内塑料熔料不外溢跑料。模具不至胀开的锁模力为

$$F = 0.1 K p_c A \tag{10-1}$$

式中：F——注塑机额定锁模力，kN；

　　　p_c——模具型腔及流道内塑料熔料平均压力，MPa；

　　　A——制品及浇注系统在模具水平分型面上的总投影面积，cm^2；

　　　K——安全系数，通常取 1.1~1.2。

锁模力是保证制品质量的重要参数，在一定程度上反映注塑机生产制品的能力，因此，锁模力常用作表示注塑机规格大小的主要参数。

（4）注射速率

注射速率指单位时间从喷嘴注射出的熔料量。注射速率高才能保证熔料快速充满模腔。

描述注射快慢的参数,除了注射速率外,还有注射时间和注射速度,它们的关系为

$$q=Qt \tag{10-2}$$
$$V=St \tag{10-3}$$

式中：q——注射速率,为体积流率,cm^3/s,其理论值等于料筒内截面积乘以注射时螺杆移动的速度；

　　Q——注射量,cm^3；

　　t——注射时间,s；

　　V——注射速度,等于注射时螺杆移动的速度,mm/s；

　　S——注射时螺杆所移动的距离,mm。

目前注塑工艺要求注射速率不仅数值要高,还要求在注射过程中可进行过程控制,即实现所谓的分级注射,以对熔料充模时的流动状态实现控制。

（5）塑化能力

塑化能力是指在一小时内,塑化装置所能塑化的熔料量。

（6）合模装置的基本尺寸

1）模板尺寸和拉杆内距

模板尺寸是指模板外围的长度和高度尺寸。拉杆内距是指两拉杆之间(不包括拉杆本身)的距离,用水平距离(mm)×垂直距离(mm)表示。图 10-7 所示 XS-Z-60 型机的模板尺寸为长 330 mm、高 400 mm 左右,拉杆内距为 190 mm×300 mm,这两个参数限制了模具外形尺寸和装模方向。

2）最大模厚和最小模厚

最大模厚和最小模厚是指移动模板关闭模具,达到规定锁模力时,动模板与定模板(前固定板)间的最大和最小距离(见图 10-7)。由这两个参数可以了解设备允许容纳模具的厚度范围。

3）模板最大距离

模板最大距离是指移动模板与固定模板台面之间的最大距离。

4）开模行程

开模行程是指移动模板能够移动的最大行程。模具是依靠移动模板的移动来实现合拢或打开。确定开模行程的需要量时,应以保证模具打开后能顺利取出制品为度。

（7）顶出行程、顶出力

注塑机的液压顶出装置能够提供的最大顶出行程和最大顶出力。

（8）注塑机技术经济特性参数

1）移模速度

移模速度可反映注塑机的工作效率,直接影响制品成型周期的长短。原则上应尽可能提高移模速度。因此,模板移动速度是按能够进行快、慢切换设计的。

2）空循环时间

空循环时间是指在没有塑化、注射、保压、冷却和取出制品等动作的情况下,完成一次循环需要的时间,有时也直接用开合模时间来表示。它反映了注塑机的驱动能力。空循环分为理论空循环和实际空循环,前者是以油泵提供最大流量、油缸做最大行程时,经计算所需要的周期时间；后者是指设备在无负荷条件下,以最高速度完成所规定的行程所需要的时间。后者比

前者增加了动作之间的切换时间、行程末端减速时间等。

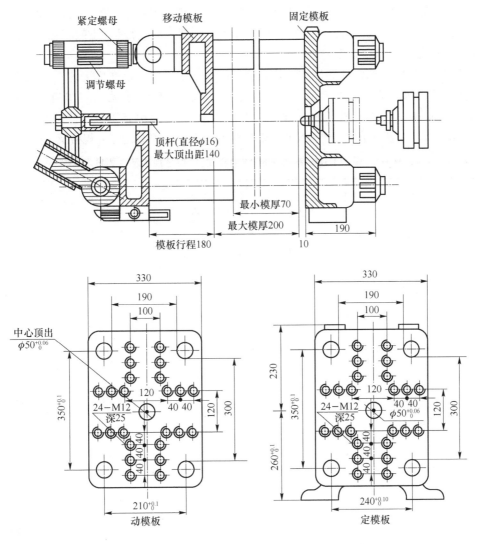

图 10-7　XS-Z-60 注塑机合模装置的基本尺寸

3. 注塑机的型号规格表示法

注塑机的型号规格有三种表示法:锁模力、注射量/锁模力、注射量。

锁模力表示法是用注塑机的最大锁模力参数来表征该机的型号规格,此表示法直观、简单,可直接反映注射制品的面积大小;注射量/锁模力表示法是用理论注射容量与锁模力两个参数共同表示注塑机的型号规格,这种表示方法能够比较全面地反映注塑机加工制品的能力;注射量表示法是用注塑机的理论注射容量参数来表征注塑机的型号规格。

这三种表示方法当中,锁模力法和注射量/锁模力法在国际上用得比较普遍。注射量法我国以前采用得较广,现在国产机用前两种方法的居多。

我国注塑机行业制订的规格系列有 SZ 系列和 XS 系列。

SZ 系列以理论注射容量和锁模力共同表示设备规格。如 SZ-200/1000,SZ 表示塑料注射成型机,理论注射容量为 200 cm³,合模力为 1 000 kN。

XS 系列是比较早时采用的系列,它以理论注射容量表示设备的规格。如 XS - ZY - 125A,XS - ZY 指预塑式(Y)塑料(S)注射(Z)成型(X)机,125 指理论注射容量为 125 cm³,A 指设备设计序号为第一次改型。

目前国产注塑机的生产厂家很多,其规格早已突破了原国家标准规定的系列,往往用厂家名称的缩写字母加上主参数来表示注塑机的规格。例如 HT 系列(海天机械有限公司生产的注塑机)、CJ 系列(震德公司生产的注塑机)、LY 系列(利源机械有限公司生产的注塑机)等。表 10 - 1 和表 10 - 2 所列分别为部分国产 CZ 系列和 SZ 系列注塑机的型号规格及主要技术参数。

表 10 - 1 国产 CJM3 系列注塑机(肘杆式)的型号规格及主要技术参数

技术参数	型 号			
	CJ750M3	CJ1000M3	CJ1300M3	CJ1600M3
	4815 750	6449 1000	8310 1300	16850 1600
射胶系统 INJECTIONUNIT				
理论注射容积/cm³	2 672	3 505	4 416	8 627
	3 168	4 024	5 297	10 733
	3 636	4 830	6 770	13 068
注射质量/g	2 510	3 255	4 150	8 110
	2 970	3 800	4 980	10 089
	3 270	4 345	6 363	12 284
注射质量/Oz	88.7	115	146.6	286.6
	104.9	134.3	176	356.5
	116	153	224.4	434
螺杆直径/mm	90	98	105	130
	98	105	115	145
	105	115	130	160
注射压力/MPa	180	184	185	196
	152	160	155	157
	132.4	133.4	121	128.9
螺杆长度直径比	24 : 1	24 : 1	22 : 1	22 : 1
	22 : 1	20 : 1	20 : 1	20 : 1
	20 : 1	18 : 1	17.7 : 1	18 : 1
螺杆行程/mm	420	465	510	650
螺杆转速/(r・min⁻¹)	0～100	0～100	0～100	0～85
锁模系统 CLAMPING UNIT				
锁模力/kN	7 500	10 000	13 000	16 000
开模行程/mm	1 025	1 150	1 300	1 550
模板尺寸/(mm×mm)	1 430×1 430	1 680×1 680	1 870×1 870	2 210×2 210
拉杆内距/(mm×mm)	970×970	1 100×1 100	1 250×1 250	1 500×1 500

技术参数	型 号			
	CJ750M3	CJ1000M3	CJ1300M3	CJ1600M3
	4815 750	6449 1000	8310 1300	16850 1600
锁模系统 CLAMPING UNIT				
模板间最大开距/mm	2 000	2 250	2 550	3 050
闭模厚度(最薄～最厚)/mm	380～975	450～1 100	600～1 250	800～1 500
油压顶出行程/mm	300	350	380	380
油压顶出力/kN	274	274	303	303

表 10－2　国产 SZ 系列注塑机的型号规格及主要技术参数

项　目	型 号									
	SZ－10 16	SZ－25 25	SZ－40 32	SZ－60 40	SZ－100 60	SZ－60 450	SZ－100 630	SZ－125 630	SZ－160 1000	SZ－200 1000
结构形式	立	立	立	立	立	卧	卧	卧	卧	卧
理论注射容量/cm³	10	25	40	60	100	78 106	75 105	140	179	210
螺杆(柱塞)直径/mm	15	20	24	30	35	30 35	30 35	40	44	42
螺杆注射压力/MPa	150	150	150	150	150	170 125	224 164 5	126	132	150
注射速率/(g·s⁻¹)	—	—	—	—	—	60 75	60 80	110	110	110
塑化能力/(g·s⁻¹)	—	—	—	—	—	5.610	7.3 11.8	16.8	10.5	14
螺杆转速/(r·min⁻¹)	—	—	—	—	—	14～200	14～200	14～200	10～150	10～250
锁模力/kN	160	250	320	400	600	450	630	630	630	1 000
拉杆内间距/mm	180	205	205	295×185	440×340	280×250	370×320	370×320	360×260	315×315
移模行程/mm	130	160	160	260 180	260	220	270	270	280	300
最大模具厚度/mm	150	160	160	280	340	300	300	300	360	350
最小模具厚度/mm	60	130	130	160	10	100	150	150	170	150
锁模型式	—	—	—	—	—	双曲肘	双曲肘	双曲肘	液压	双曲肘
模具定位孔直径/mm	—	—	—	—	—	55	125	125	120	125
喷此球半径/mm	10	10	10	15	12	SR20	SR15	SR15	SR10	SR15
喷此口孔径/mm	—	—	3	3.5	4	—	—	—	—	—
生产厂家	常熟市塑料机械总厂					上海第一塑料机械厂				

项　目	型 号									
	SZ－250 1250	SZ－320 1250	SZ－400 1 600 SZ－350 1600	SZ－630 3500	SZ－500 2000	SZ－800 3200	SZ－250 1500	SZ－630 2400	SZ－1250 4000	SZ－1600 4000
结构形式	卧	卧	卧	卧	卧	卧	卧	卧	卧	卧
理论注射容量/cm³	270	335	416	634	525	840	255	610	1 307	1 617

项　目	型　号									
	SZ - 250 1250	SZ - 320 1250	SZ - 400 1600 SZ - 350 1600	SZ - 630 3500	SZ - 500 2000	SZ - 800 3200	SZ - 250 1500	SZ - 630 2400	SZ - 1250 4000	SZ - 1600 4000
螺杆直径/mm	45	48	48	58	52	67	45	60	80	85
注射压力/MPa	160	145	141	150	153	142.2	178	151	154.2	155
注射速率/(g·s⁻¹)	110	140	160	220	200	260	165	310	410	410
塑化能力/(g·s⁻¹)	18.9	19	22.2	24	28	34	35	47	65	70
螺杆转速/(r·min⁻¹)	10～200	10～200	10～200	10～125	10～160	10～125	10～390	10～266	10～170	10～150

项　目	型　号									
	SZ - 2000 4000	SZ - 2500 5000	SZ① - 100 500	SZ① - 500 1500	SZ - 60 40	SZ - 100 80	SZ - 160 100	SZ - 200 120	SZ - 200 160	SZ - 500 200
结构形式	卧	卧	卧	卧	卧	卧	卧	卧	卧	卧
理论注射容量/cm³	2 000	2 622	80②110②	350,467,622	60	100	160	200	300	500
螺杆直径/mm	90	95	30 35	45.52.60	30	35	40	40 42	45	55
注射压力/MPa	130	160	200 150	198,144.5,108	180	170	150	165 150	150	150
注射速率/(g·s⁻¹)	430	500	—	—	70	95	105	120	145	173
塑化能力/(g·s⁻¹)	75	80	—	—	35④	40④	45④	55③70③	82④	110④
螺杆转速/(r·min⁻¹)	10～140	10～170	10～150	10～130	0～200	0～200	0～220	0～220	0～180	0～180
锁模力/kN	4 000	5 000	500	1 500	400	800	1 000	1 200	1 600	2 000
拉杆内间距/mm	750×750	900×900	280×250	410×410	220×300	320×320	345×345	355×385	450×450	570×570
移模行程/mm	750	950	300	360	250	305	325	350	380	500
最大模具厚度/mm	770	870	250	400	250	300	300	400	450	500
最小模具厚度/mm	380	450	150	760③	150	170	200	230	250	280
模具定位孔直径/mm	200 (深25)	250 (深25)	125	160	80	100	100	125	160	160
喷嘴球半径/mm	SR20	SR20	SR15	SR17.5	SR10	SR10	SR15	SR15	SR20	SR20
生产厂家	上海第一塑料机械厂					浙江塑料机械厂				

我国生产的塑料注射成型机还有 SZK 系列(无锡格兰机械有限公司)、HT 系列(宁波海天机械制造有限公司)、WK 系列(汾西机器厂)、CJ 系列(震德塑料机械厂)等

10.2　注塑机的结构组成

10.2.1　注射装置

注射装置是注塑机的一个重要组成部分,其作用是对塑料进行塑化、计量、注射和保压。目前,注射装置以柱塞式和螺杆式为主,另外有双阶柱塞式、螺杆柱塞式和双螺杆式等。

1. 柱塞式注射装置

图 10 - 8 为柱塞式注射装置示意图,柱塞式注射装置由定量加料装置、塑化部件(料筒、柱塞、分流梭、喷嘴)、注射油缸、注射座移动油缸等组成。其工作原理为:加入料斗 6 中的塑料粒料落入加料装置 5 的计量室 7 中,当注射油缸中的活塞 10 前进时,推动注射柱塞 8 前移,与之相连的传动臂 9 带动计量室 7 同时前移,从而将粒料推入料筒 4 的加料口中,加料口内的塑料在柱塞 8 的推力作用下,依次进入料筒前端的塑化室。依靠料筒加热器 3 的加热,使塑料逐步实现由玻璃态到粘流态的物态变化。注射柱塞将料筒前端已成黏流态的熔料,通过喷嘴 1 注入模具型腔内。

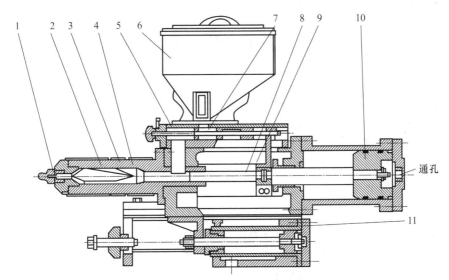

1—喷嘴；2—分流梭；3—加热圈；4—料筒；5—加料装置；6—料斗；7—计量室；
8—注射柱塞；9—传动臂；10—注射活塞；11—注射座移动油缸

图 10 - 8　柱塞式注射装置示意图

柱塞式注射装置具有以下特点:

① 塑化不均,塑化能力受到限制　由于依靠料筒外部加热器的热量来使料筒内部的塑料熔融塑化,而塑料的导热性较差,柱塞推挤塑料的过程中对塑料又无混合作用,使塑料在料筒内呈"层流"状态运动,造成靠近料筒壁塑料的温度高,塑化快,而料筒中心塑料的温度低,塑化慢。料筒直径越大,温差越大,塑化越不均匀,甚至会出现内层塑料尚未塑化好,而表层塑料已过热分解变质的状况。

② 注射压力损失大　因注射压力不能直接作用于熔料,而是经未塑化的塑料传递,当料

筒内部设置有分流梭(塑化零件)时,熔料还必须克服分流梭与料筒壁之间狭窄通道的阻力后才能抵达料筒的前端,最后通过喷嘴及模具流道注入模腔,造成很大的压力损失,模腔压力仅为注射压力的 25%～50%。

③ 不易提供稳定的工艺条件　柱塞在注射时,首先对料筒加料区的松散固态塑料进行压实,然后才能将压力传递给塑化后的熔料,将头部的熔料注入模腔。可见,即使柱塞匀速移动,熔料的充模速度也是先慢后快,直接影响熔料在模内的流动状态,且每次加料量的不准确,对工艺条件的稳定和制品质量也会有影响。

此外,料筒的清洗比较困难。但是,柱塞式注射装置的结构简单,设备的制造费用低,因此在注射量较低的注塑机上采用较多。

2. 螺杆式注射装置

螺杆式注射装置是在柱塞式的基础上研究并发展来的,它克服了柱塞式注射装置的一些弊病,所以应用十分广泛,尤其大中型注塑机均采用螺杆式注射装置。图 10-9 所示为螺杆式注射装置,它由料斗、塑化部件(料筒、螺杆、喷嘴)、螺杆传动装置、注射油缸、注射座、注射座移动油缸等组成。料斗、塑化部件以及螺杆传动装置安装在注射座上。

注射座在注射座移动油缸的驱动下,使喷嘴与模具接触或离开。螺杆的后端与注射油缸的活塞相连接。

螺杆式注射装置的工作原理为:塑料由料斗落入料筒加料口,依靠螺杆的转动将料带入并沿螺杆螺槽向前输送。由于塑料在前进的过程中不断地吸收料筒外部加热器传递来的热量,加上螺杆转动使塑料产生剪切热而进一步升温,塑料逐渐熔融,而螺杆的转动对塑料起到良好的搅拌与混合作用,因此到达螺杆头部,(即料筒的前端)时塑料已呈均匀的黏流态。随着料筒前端累积熔料的增多,熔料压力逐渐增大。当熔料压力达到能克服注射油缸活塞退回时的阻力(由背压形成的)时,螺杆便开始向后退,进行计量工作。而螺杆背压形成的反推力迫使物料中的气体由加料口排除,并使得熔料密度增加。当螺杆前端达到所需要的塑料量时(以螺杆后退一定位置计),计量装置触动行程开关或位移传感器发送信号,螺杆即停止转动和后退,到此塑化程序结束,等待注射。注射时,压力油进入注射油缸,活塞推动螺杆按要求的压力和速度将熔料注入模腔内。当熔料充满模腔后,螺杆对熔料继续保持一段时间压力。保压的目的是防止模腔中的熔料反流,并向模腔内补充因制品冷却收缩所需要的物料。模腔内的熔料经过冷却,由黏流态恢复到玻璃态,从而定型。

与柱塞式注射装置相比,螺杆式具有以下优点:

① 塑化能力高　螺杆式注射装置的塑化是依靠外部加热器的供热和螺杆旋转对塑料内部造成的剪切摩擦热的共同作用,因而塑化均匀性好,塑化效率高,塑化量容易增大。加热器的温度比柱塞式的低。

② 注射压力损失少　因注射时,注射压力直接作用在熔料上,料筒内不设置分流梭,因而也没有分流梭造成的阻力,在其他条件相似的情况下,螺杆式注射装置可采用较小的注射压力。

③ 改善了模塑工艺,提高了制品质量,增大了注塑机的最大注射量,并扩大了注射成型塑料品种的范围,可以成型热敏性塑料和流动性差的塑料以及大中型制品,并能对塑料直接进行染色加工,而且料筒清洗较方便。

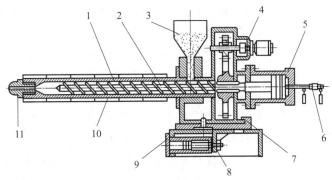

1—料筒；2—螺杆；3—料斗；4—螺杆传动装置；5—注射油缸；6—计量装置；
7—注射座；8—转轴；9—注射座移动油缸；10—加热圈；11—喷嘴

图 10 - 9　螺杆式注射装置

3. 注射装置主要零部件

（1）料　筒

料筒是一个外部受热、内部受压的长筒状高压容器,塑料的塑化与加压过程都是在料筒内完成的。料筒壁较厚,因为除了需要满足强度的要求外,料筒应具有一定的热容量,以保持料筒内物料温度的稳定。在生产过程中,注射螺杆(或柱塞)在料筒内做往复运动并与料筒的内壁呈间隙配合(见图 10 - 9)。因此,料筒的制造精度要求很高,而且材料必须坚韧、耐磨、耐腐蚀和耐高温。

料筒温度直接影响制品的质量。例如影响制品表面残余应力、收缩率以及制品密度稳定性,后者现已成为衡量精密注塑制品质量优劣的一个重要依据。

（2）注射柱塞

注射柱塞是柱塞式注射装置塑化部件中的重要零件,它的作用是把注射油缸的压力传递给塑料,并以较快的速度将一定量的熔料注射到模腔内。注射柱塞的行程乘以其截面积,决定了从料筒内注射出来的塑料体积量。注射柱塞是一个表面光洁、硬度较高的圆柱体,其头部是呈圆形或大锥度的凹面,如图 10 - 10 所示。柱塞与料筒之间的配合要求是既不能漏料,又能顺利地做往复运动。在柱塞式注射装置料筒内部的前端设置有一个零件,叫分流梭。分流梭的结构如图 10 - 11 所示,其形似鱼雷,上面有几根翅肋。安装分流梭后,分流梭的翅肋与料筒壁接触,料筒的部分热量传给分流梭,使其成为塑化零件。分流梭与料筒内壁形成均匀分布的薄浅通道,注射柱塞挤压过来的塑料被分流梭分成薄层料流,其受到加热料筒和分流梭两方面的加热,从而缩短了塑化时间,提高了塑化能力,改善了塑化质量。

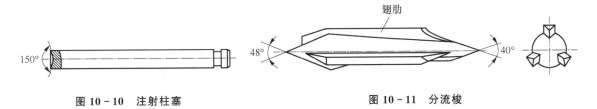

图 10 - 10　注射柱塞　　　　　　　　**图 10 - 11　分流梭**

（3）注射螺杆

螺杆是螺杆式注射装置塑化部件中的重要零件。从塑料进入料筒的塑化过程来看,经过了固体加料和输送、压实和熔融、进一步塑化(均匀化)和计量三个过程。由此,通常设计螺杆按进料段(又称固体输送段)、熔融段(又称压缩段)和均化段(又称计量段)三段进行。

螺杆根据压缩段长度的不同,分为渐变型螺杆、突变型螺杆和通用型螺杆,如图 10 - 12 所示,L_1、L_2、L_3 分别为进料段、熔融段、均化段。

长压缩段螺杆见图 10 - 12(a),其特点是塑化能量转换较缓和,主要用于加工具有较宽软化温度范围、高黏度的非结晶性塑料,如硬聚氯乙烯、聚苯乙烯、聚碳酸酯、聚砜、ABS 等。

突变型螺杆是指上述螺槽过渡段较短,即短压缩段螺杆,见图 10 - 12(b)。其特点是塑化能量转化较剧烈,主要用于加工黏度低、熔点明显的结晶性塑料,如聚乙烯、聚丙烯、聚甲醛、尼龙、含氟塑料等。

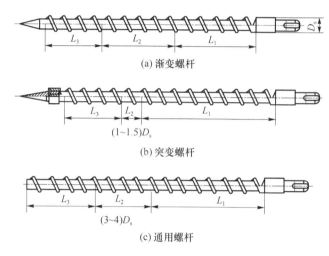

(a) 渐变螺杆

$(1\sim1.5)D_s$

(b) 突变螺杆

$(3\sim4)D_s$

(c) 通用螺杆

图 10 - 12　注射螺杆的型式

通用螺杆的熔融段长度介于渐变型和突变型之间,见图 10 - 12(c)。在注射成型中,经常需要更换塑料品种。为了减少频繁拆换螺杆的繁杂劳动,生产中经常采用通用螺杆。使用通用螺杆时,只须调整工艺条件(如料筒温度、螺杆转速、背压等)就可以满足不同塑料制品的加工要求,有较宽的应用范围。但对某些塑料而言,会降低塑化效率,增加功率消耗,使用性能不如专用螺杆。

螺杆的材质要求与料筒的相同。针对磨损性物料(如玻璃纤维增强塑料)和腐蚀性塑料(如硬质 PVC),设计有 PVC 专用装置、PC 专用螺杆、双金属螺杆、双金属料筒(表层喷涂有抗腐蚀或抗磨损金属材料)等。

图 10 - 13 所示为螺杆头部的几种结构组成。图 10 - 13(a)所示为较简单的螺杆头部安装,也是最基本的螺杆端头形式。螺杆头呈圆锥尖头状是为了减少注射时熔料的流动阻力,防止熔料停滞和分解。

螺杆头一般为可拆卸形式,这样便于安装其他一些零件。图 10 - 13(b)所示螺杆前端安装了止回环 1 和止回环座 2,止回环的作用是防止高压注射低黏度塑料时容易出现熔料沿螺杆与料筒之间的间隙倒流,产生压力保持困难和实际注射量不准确的现象。止回环的功能类似单向阀,预塑时,止回环右边熔料压力大于螺杆头部熔料压力,熔料顶开止回环不断流向螺杆头前端聚集;注射时,螺杆前端熔料的压力升高,迫使止回环后移与止回环座贴紧而将流道关闭,使熔料不能产生倒流。图 10 - 13(c)所示为在螺杆的前端增设了一个混炼环 3,它一般用于粗螺杆,以提高螺杆的塑化能力。混炼环做成销钉型或屏蔽型可起到对未熔融塑料颗粒的过滤、粉碎、细化、剪切、混炼等作用。

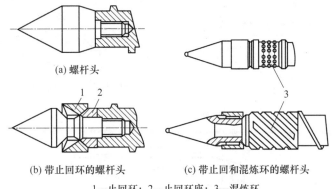

(a) 螺杆头

(b) 带止回环的螺杆头　　　(c) 带止回和混炼环的螺杆头

1—止回环; 2—止回环座; 3—混炼环

图 10－13　螺杆头与螺杆前端的结构组成

(4) 喷　嘴

喷嘴是安装在料筒最前端的零件。注射时,喷嘴与模具紧密贴合连接,料筒里的熔料经过喷嘴的内孔道,注入模腔内。因为喷嘴内孔道的直径较小,所以,注射时起到建立熔料的压力、提高注射速率的作用,并由于使熔料产生剧烈的剪切和摩擦,从而熔料得到进一步混炼、均化和升温。

喷嘴的结构形式较多,常用的可归为两大类型:开式和关式。

① 开式喷嘴　开式喷嘴又称直通式喷嘴,生产过程中开式喷嘴的出口始终为敞开状态。图 10－14 所示开式喷嘴的几种形式,图 10－14(a)所示为通用型喷嘴,其特点是体短、结构简单、制造容易、对压力的损耗小。由于其外部不设加热器,与模具接触时很容易被模具冷却,使其前部的物料冷硬。另外,在加工低黏度物料时,容易产生流涎现象,即预塑时或未注射时,熔料自喷嘴口处流出,故这种喷嘴一般用于塑料黏度高的情况。图 10－14(b)所示为延伸型喷嘴,它是在直通型的基础上增长了喷嘴体的长度,使其外部可以设电热圈,从而解决冷料问题,补缩作用大,射程比较远,但流涎现象仍未克服,主要用于成型厚壁制品及高黏度塑料。图 10－14(c)所示为小孔型开式喷嘴,此种喷嘴储料多和外部安置加热器的加热作用,不易形成冷料,同时因口径较小,"流涎"现象略有克服,射程远。

总之,开式喷嘴结构简单、压力损耗小、补缩作用大,不易产生滞料分解现象,因此应用较普遍,特别适于成型高黏度塑料,如聚碳酸酯、硬聚氯乙烯、有机玻璃、聚砜、聚苯醚以及一些增强塑料等。因这种喷嘴易产生流涎现象,故不适宜于低黏度的塑料成型。

② 关式喷嘴　关式喷嘴是专为杜绝流涎现象而设计的,这种喷嘴的通道只有在注射和保压阶段才是开放的,其余时间为关闭状态。关式喷嘴的种类较多,在此仅介绍用得较多的两种型式,如图 10－15 所示。图 10－15(a)所示为外弹簧针阀自锁式喷嘴,其工作原理是:注射前,喷嘴内熔料的压力较低,针形阀芯 1 在弹簧 4 的张力(通过垫圈 3、导杆 2)作用下,将喷孔封闭;注射时,熔料具有很高的压力,强制针形阀芯压缩弹簧打开喷孔,熔料经喷孔注入模腔。

图 10－15(b)所示为液控式喷嘴,它是靠液压控制的小油缸通过杠杆联动机构来控制阀芯启闭的。这种喷嘴具有使用方便、锁闭可靠、压力损耗小、计量准确等优点,但在液压系统中

需要增设控制小油缸的液压回路。

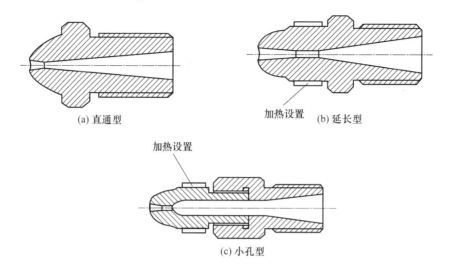

(a) 直通型

(b) 延长型

(c) 小孔型

图 10 - 14   开式喷嘴的几种形式

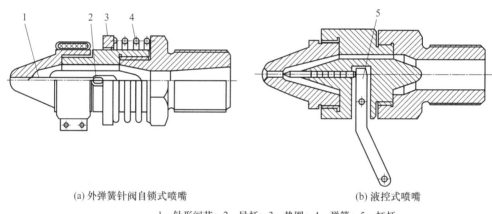

(a) 外弹簧针阀自锁式喷嘴   (b) 液控式喷嘴

1—针形阀芯；2—导杆；3—垫圈；4—弹簧；5—杠杆

图 10 - 15   关式喷嘴

(5) 螺杆的传动装置

螺杆的传动装置是为螺杆在加料预塑时提供所需要的扭矩和转速的工作部件。根据螺杆式注射装置的工作原理,螺杆加料预塑是间歇式进行,启动频繁并带有负荷,故传动装置必须首先满足此要求。而螺杆塑化塑料的状况可以通过调节背压来控制,因此,对螺杆转速调整的要求并不十分严格。

按照螺杆变速的方式分类,有无级调速和有级调速两大类传动装置。

无级调速是用液压马达作为原动机来驱动螺杆。无级调速有两种形式,一种是用高速液压马达,经齿轮减速箱驱动螺杆(见图 10 - 16),另一种是用低速大扭矩液压马达直接驱动螺杆(见图 10 - 17)。

从注射螺杆传动的要求出发,使用液压马达比较理想。因为液压马达可以无级变速,它的传动特性软、启动惯性小,可以对螺杆起保护作用。

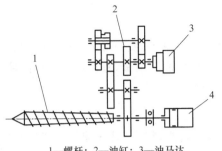

1—螺杆；2—油缸；3—油马达

图 10-16　高速液压马达经齿轮箱驱动螺杆

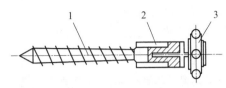

1—螺杆；2—齿轮；3—油马达；4—油缸

图 10-17　低速大扭矩液压马达经齿轮箱驱动螺杆

大部分注塑机采用液压传动的理由还有,当螺杆预塑时,机器正处冷却定型阶段,油泵此时为无负荷状态,用液压马达可方便地取得动力来源。另外,由于传动装置放在注射座上,工作时随着注射座做往复移动,采用液压马达(尤其是低速大扭矩马达)直接驱动螺杆的传动方式,结构简单紧凑,因此越来越多地被采用。

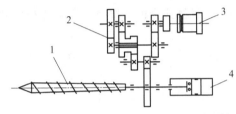

1—螺杆；2—齿轮；3—电动机；4—油缸

图 10-18　电动机—变速齿轮箱传动

图 10-18 所示是由电动机和变速齿轮箱组成的有级调速传动装置,它是通过齿轮换挡或调换齿轮进行变速的,调速范围窄。这种传动方式传动特性比较硬,必须设置螺杆保护装置(用液压离合器),启动力矩大、功耗大、噪声大,还要克服电动机频繁启动影响电动机使用寿命这一缺点。但传动装置制造与维修容易、成本低。这种传动装置在早期应用得较多,现代新型注塑机出现后已很少采用。

（6）注射座

注射座是注射装置的安装基准,注射座的结构如图 10-19 所示。生产时,注射座下方的注射座移动油缸驱使注射座前进、后退,使喷嘴接触模具(需要施加一定的压紧力)或离开模具。注射座上设有转动装置,当需要更换螺杆、料筒时,就将注射料筒向操作侧偏转一定角度,如图 10-20 所示。

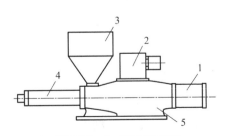

1—注射油缸；2—螺杆传动装置；
3—料斗；4—料筒；5—注射座

图 10-19　注射座结构示意图

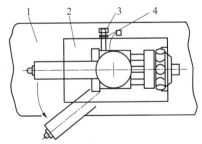

1—机身；2—注射座；3—注射座旁移专用油缸；
4—旁移操纵阀

图 10-20　注射料筒偏转

10.2.2　合模装置

合模装置的作用是实现模具的开合动作和开合行程,在模具成型时确保模具的锁紧,并为制品脱模提供足够的顶出力和顶出距离。合模装置主要由固定模板、移动模板、拉杆、液压缸、连杆以及调模装置、顶出装置等组成。

1. 合模装置的类型和结构

合模装置的类型较多,若按实现锁模力的方式分,有机械式、液压-机械式和液压式三大类。

机械式为早期注塑机采用,因其锁模力及模板移动行程有限、工作噪声大,现已基本淘汰。目前广泛应用的是液压-机械式和液压式合模装置。

(1) 液压-机械式合模装置

液压-机械式合模装置由液压系统和机械系统两部分组成。液压力驱动肘杆机构伸直或曲屈,实现开、合(锁)模具动作,肘杆机构对锁模具有增力与自锁效应。

① 液压-单曲肘合模装置。图 10-21 所示为液压单曲肘合模装置的一种形式。合模时,压力油进入合模油缸 1 上部,活塞下移,迫使两根连杆伸展成一线排列($\alpha = \beta = 0°$),整个合模机构发生弹性变形,使拉杆被拉长,肘杆、模板和模具被压缩,从而产生预紧力,使模具可靠地闭锁。此时,如果油缸卸载,锁模力不会随之改变,整个系统处于自锁状态。开模时,压力油从液压缸下部进入,使连杆屈曲打开模具。液压缸与机架为铰链连接,开、合模过程中,液压缸做摆动运动。这种合模装置的液压缸小,呈立式装于机身内,故机身长度较短。因为单曲肘易使模板受力不均,所以它只适于模板较小的小型注塑机。

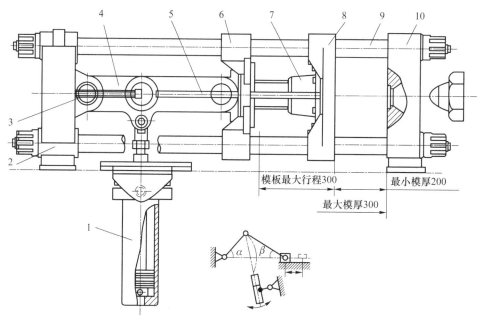

1—合模油缸;　2—后模板;　3—调节螺钉;　4—肘杆;　5—顶杆;　6—支架
7—调距螺母;　8—移动模板;　9—拉杆;　10—前模板

图 10-21　液压-单曲肘合模装置示意图

② 液压-双曲肘合模装置。图 10-22 所示为液压—双曲肘合模装置。其工作原理与液压—单曲肘装置的相同,即液压力推动活塞前进,肘杆伸直,模具便被锁紧。由于是双曲肘作用,可使面积较大的模板受力均匀,因此中、小型注塑机都有采用。

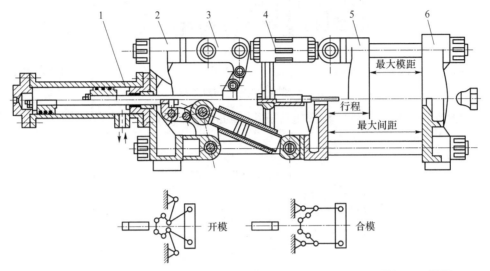

1—合模油缸;2—后模板;3—肘杆调节螺钉;4—调距螺母;5—移动模板;6—前模板

图 10-22　液压-双曲肘合模装置示意图

液压-肘杆式合模装置有以下特点:

① 增力作用　用较小的合模油缸,通过肘杆机构增力,从而减少能耗。例如 XS-ZY-125 注塑机,其驱动肘杆的油缸产生的推力为 7.2 t,但却能产生 90 t 的锁模力,增力倍数为 12.5。

② 自锁作用　撤去油缸推力,合模机构仍处于锁紧状态,锁模安全。模板合模与开模时的运动速度是变化的。从合模开始,速度由零很快到最高速度,以后又逐渐减慢,终止时速度为零,合模力则迅速上升到锁模吨位。这正好符合模具操作安全要求。同样,开模过程中模板的运动速度也是变化的,但与上述相反。另外,调节模板间距、锁模力和合模速度较为困难,必须设置专门的调模机构,因此不如液压合模装置的适应性大。此外,曲肘的加工精度要求较高,机构易于磨损。

(2) 液压式合模装置

液压式合模装置是依靠液压力实现模具开、合和锁紧作用的。目前注塑机常用的液压式合模装置有:增压式、充液式、液压-闸板式和液压抱合螺母式。

① 增压式合模装置　如图 10-23 所示。压力油先进入合模油缸 2 的左腔,因为油缸直径较小,其推力虽小,却能增大移模速度。当模具合拢后,压力油换向进入增压油缸 1 左腔。由于增压活塞两端的直径不一样(即所谓差动活塞),利用增压活塞面积差的作用,提高合模油缸内的油液压力,以此满足锁模力的要求。

② 充液式合模装置　如图 10-24 所示。充液式合模装置是将合模油缸的活塞做成快速移模油缸,也就有了两个不同直径的液压缸。合模时,压力油先进入小直径的移模油缸,实现快速闭模。同时,合模油缸左腔形成负压,使充液阀 3(液控单向阀)打开,从油箱吸油。当模具闭合,压力油通入已充满油液的合模油缸内时,油压便快速上升,达到锁模力,实现锁模。

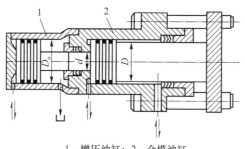

1—增压油缸；2—合模油缸

图 10 – 23　增压式合模装置示意图

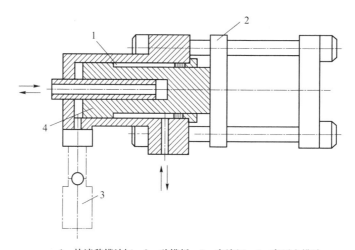

1—快速移模油缸；2—动模板；3—充液阀；4—高压合模油

图 10 – 24　充液式合模装置示意图

③ 充液增压式合模装置　充液增压式合模装置是将充液式与增压式混合使用的液压合模装置，如图 10 – 25 所示。合模时，压力油先进入两旁的小直径、长行程的移模油缸 6 内，使移动模板 5 和合模油缸 3 的活塞快速前移。同时，合模油缸内形成负压，充液阀 2 打开充油。当模具闭合后，增压油缸 1 的左腔流入压力油，由于增压油缸差动活塞的作用，合模油缸的油压升高。而合模油缸的直径大，经过增压的高压油作用后，能达到很大的锁模力。

④ 液压-闸板式合模装置　如图 10 – 26 所示。合模时，压力油首先进入移模油缸 7 右腔，因活塞杆固定在后支承座 1 上，所以移模油缸和稳压油缸 11（设置在移动模板上）一起快速前移。当模具分型面接触时，移模油缸上的闸槽外露并行至闸板 5 的位置，闸板在扇形传动器 4 的作用下向下翻转，卡住缸体闸槽（图中左下角示出闸板开闭状态）。此时，停止向移模油缸供油，高压油进入稳压油缸。由于稳压油缸直径大，容积小，因此迅速达到锁模力。开模时，稳压油缸首先卸压，锁模力消失，闸板张开，压力油进入移模油缸左腔，使模板后退完成开模动作。

与充液式合模装置的大直径、长行程的合模油缸相比，稳压式合模装置是采用大直径、短行程的稳压油缸，机器重量较轻，用油量少，耗能低，速度快，升压时间短，合模系统刚性大。

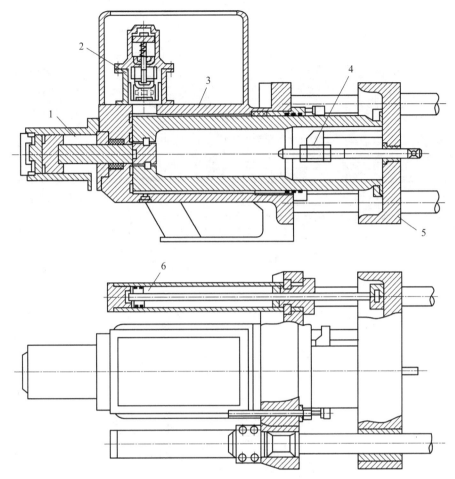

1—增压油缸；2—充液阀；3—合模油缸；4—顶出装置；5—动模板；6—移模油缸

图 10－25　充液增压式合模装置示意图

　　⑤ 液压-抱合螺母式合模装置　液压-闸板式合模装置为增大锁模力而采用增大稳压缸直径的方法，不但受到模板尺寸的限制，而且过大直径的油缸给制造和维修带来不便。锁模力在 1 000 t 以上的大型注塑机常采用液压-抱合螺母式合模装置，如图 10－27 所示（示意），该合模装置的四根拉杆上加工有螺纹，移动模板上有四个抱合螺母 2，四个串接的小直径锁模油缸 5 分别设置在前固定板的拉杆螺母处，拉杆凸部作为活塞。合模时，移动模板行至锁模位置，抱合油缸驱动抱合螺母分别抱住四根拉杆的螺纹部分，使之定位。压力油进入锁模油缸，将前固定板推向移动模板，使模具锁紧。这里的前固定板要少量移动，不像通常前固定板那样根本不可移动。开模时，串接锁模油缸首先卸压，抱合螺母松开，然后移模油缸动作。

　　前面讲的几种液压合模装置的锁模力都是由高压油和大直径油缸提供的。但是，液压系统的阀件、管路及密封条件不允许无限制地增加油压。油缸直径越大，制造和维修越困难，越容易发生漏油和回流。因此，这种合模装置采用四个直径较小的锁模油缸，比制造一个特大油缸容易些，密封问题也较易解决，而且拉杆承受锁模力的长度大为缩短，提高了合模机构的刚性。

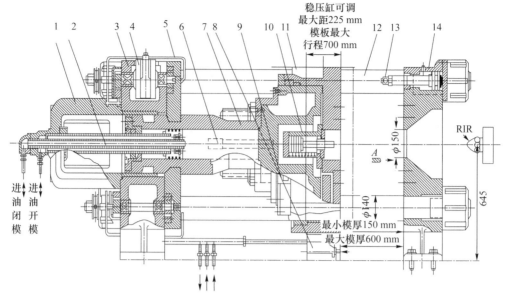

1—后支承座；2—进出油管；3—移模油缸支架；4—扇形传动器；5—闸板；6—顶杆；7—移模油缸；
8—滑动托架；9—安全装置；10—顶出缸；11—稳压油缸；12—连杆；13—辅助启模装置；14—固定模板

图 10-26　液压-闸板式合模装置示意图

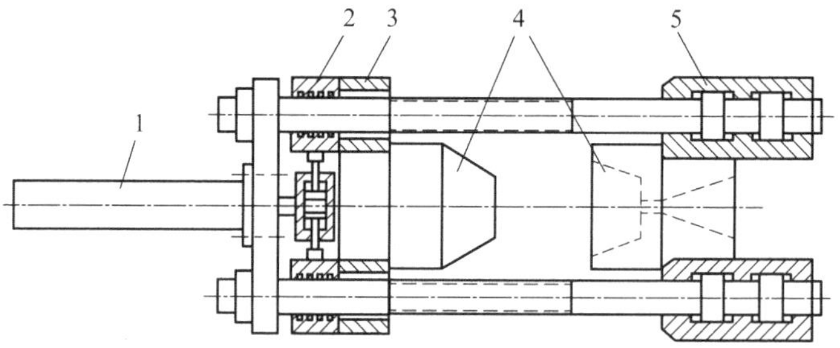

1—移模油缸；2—抱合螺母；3—移动模板；4—模具；5—锁模油缸

图 10-27　液压-抱合螺母式合模装置示意图

　　总体来说,液压合模装置的优点是:可以实现较大的模板开距,加工制品的高度范围较大;移动模板可以在行程范围内的任意位置停留和改变力与速度的大小,且调节模板间的距离简便;调节油压即能调节锁模力的大小,锁模力的大小可以直接读出,操作方便,故液压合模装置对各种加工工艺要求适应性较强。

2. 模板距离调节装置

　　模板距离调节装置简称调模装置。模板距离是指移动模板台面与前固定模板台面之间的距离。液压-机械式合模装置中模板距离均设有一定的调节范围,当安装不同厚度的模具时,必须调节模板距离,以使模具闭合锁紧。由于调模装置可以精确调整肘杆伸直时所产生的弹性变形量的大小,来改变锁模力的大小,因此,调模装置也是调整锁模力的装置。下面介绍几种常用的调距方法。

（1）螺纹肘杆调距

如图 10 - 28 所示,该合模装置的肘杆是用螺套与两段肘杆组成的,螺套内螺纹一端为左旋,另一端为右旋。调距时,松开螺套端头的锁紧螺母,旋转螺套,使两段肘杆相向或相反轴向位移,肘杆长度改变,从而达到调距目的。它只用于小型注塑机。

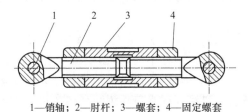

1—销轴；2—肘杆；3—螺套；4—固定螺套

图 10 - 28　螺纹肘杆调距

（2）移动合模油缸位置调距

如图 10 - 29 所示,合模油缸的外径制作有螺纹,与后固定模板为螺纹连接。调距时,旋动调节螺栓 2,通过齿轮带动大螺母 4 转动,合模油缸 1 即产生轴向位移,从而使合模装置相对拉杆移动,达到调距的目的。这种调距装置适用于中小型注塑机。

（3）动模板间连接大螺母调距

如图 10 - 21 所示,合模装置设有两块移动模板 6、8,并用螺纹方式连接起来。旋动调距螺母 7 可改变移动模板 8 与前固定模板 10 间的距离。该种调模装置调距较方便,但使得机身长度及重量增加。

（4）拉杆螺母调距

如图 10 - 30 所示,合模油缸装在后模板上,开动调模油马达,油马达上的小齿轮 4 正转或反转带动大齿轮 1,大齿轮再带动四个拉杆螺母齿轮 2 同步旋转,合模油缸的位置即前移或后撤,模距得到改变。该装置还设有手动调节机构（齿轮 3）以方便调距。此种调节法可达到四个螺母的调节量一致,模板不会发生歪斜。与此法相似的还有,采用一根大链条同时带动四个拉杆螺母链轮实现调距。

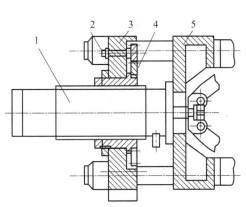

1—带外螺纹的移动油缸；2—调节螺栓；3—后模板；
4—调节螺母；5—动模板图

图 10 - 29　移动合模油缸位置调距

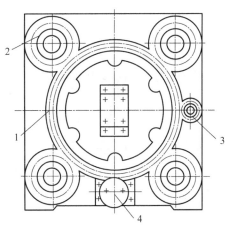

1—大齿轮；2—拉杆螺母齿轮；3—手动调模齿轮；
4—油马达齿轮

图 10 - 30　拉杆螺母调距

对液压式合模装置而言,调整合模油缸活塞的行程,使锁模力达到规定值,调距即完成。故液压式合模装置的调距工作简单、方便。

3. 顶出装置

顶出装置的形式有机械顶出式、液压顶出式和气吹式。机械和液压顶出装置安置于合模装置中。

机械顶出装置结构简单(见图 10-25)。顶杆以螺纹形式安装在机架的螺母座内,转动顶杆可调节顶杆外伸的长度。顶出时,顶杆不动,移动模板带着模具退到一定位置时,顶杆穿过移动模板上的顶杆孔而顶住模具的推板,使模具推出机构受阻停止运行,模具其余部分继续随移动模板后退,制品便被顶出。机械顶杆常设在模板的两侧或距离模板中心一定距离,呈四周或周向对称分布位置。

因为机械顶出方式容易对制品造成较大的冲击力,且不能进行多次顶出,故仅设机械顶出装置的注塑机不多(主要用于小型机),而一般同时设有液压顶出装置。

液压顶出装置通常安置在移动模板的中心部位,如图 10-26 所示。用液压顶出毋需动模后退,顶出的力、行程、速度以及顶出时刻、顶出次数等,均由液压系统和控制系统控制调节。液压顶出装置可以提供一次或者多次顶出动作。自动化操作时,模具经常采用多次顶出的方式。多次顶出又叫震动顶出,指在极短的时间内,液压顶出装置使模具推出机构来回推出几次,确保制品及飞边被推至模外。震动顶出的机理是:每次的顶出靠顶出油缸活塞的推力使模具推出机构实现推出动作,在电液控制系统控制下,顶出高度在达到设定值时活塞便自动回撤。由于顶力消除,在模具推出机构中设置的复位弹簧作用下,推出机构迅速地复位。为了避免损伤制品,要求控制震动顶出的首次动作为先高压慢速,推出一小段距离后切换为快速,而后几次均快速顶出。

图 10-31 所示为注塑机液压顶出装置中的一种,其顶出油缸活塞驱动一个顶出导板,顶出导板上除了有主顶杆外,还可以安装多个副顶杆,故能够较好地满足模具推出力均衡的要求。多数注塑机设有气吹(气动顶出)控制回路,以便操作者使用。采用气吹方式时,只须将高压空气气源与气动顶出控制回路的接口接上,并与模具的气动顶出系统连接即可。

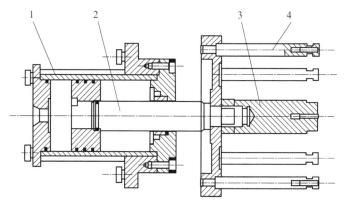

1—顶出油缸;2—顶出油缸活塞;3—主顶杆;4—副顶杆

图 10-31　液压顶出装置示意图

10.2.3　辅助装置

1. 加料系统

加料系统由料斗和上料装置组成。

（1）料　斗

料斗的形式有圆锥形、圆柱-圆锥形、矩形及正方形。料斗的侧面有视镜孔，用以观察存料及上料的情况，料斗的底部设有开合门，用于调节和截断进料。料斗内通常设有磁隔，它是用强力永久磁环组成的许多磁力棒，可形成磁场，防止原料中的金属异物进入机筒，保证机器安全工作。普通加料斗形式如图 10-32 所示。

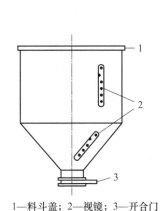

1—料斗盖；2—视镜；3—开合门

图 10-32　普通加料斗形式

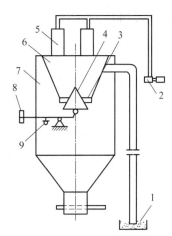

1—储料槽；2—真空泵；3—小料斗底板；
4—密封锥体；5—过滤池；6—小料斗；
7—大料斗；8—重锤；9—微动开关

图 10-33　负压式上料系统

（2）上料装置

上料方式通常有负压上料、鼓风上料、螺旋管上料等。

① 负压上料　图 10-33 所示上料系统，利用负压将塑料吸入输送管道，空气经过滤池 5 从顶部排出，而物料靠重力落入小料斗底板 3 上，当小料斗中的物料达到重锤 8 设定的重量时，密封锥体 4 打开，物料从底板落入大料斗 7 中，同时微动开关关闭真空泵。当物料下落完毕，重锤 8 下降，密封锥体 4 使小料斗密闭，微动开关 9 重新打开真空泵 2。输送过程中，由于管路内的压力低于大气压力，因此物料和空气不会向外泄漏。此上料方式的缺点是：若密封不好会影响物料输送。

② 鼓风上料　图 10-34 所示鼓风上料装置，利用鼓风机 4 的风力将加料器 3 中的物料吹入输送管道，再经设在料斗上的旋风分离器 1 把空气和物料分开，空气从顶部排出，物料落入加料斗 2 内。这种上料方式只适用于颗粒物料的输送。

③ 螺旋管上料　图 10-35 所示螺旋管式上料装置是一种无过滤器堵塞也无排风粉尘的输送装置，它是将钢丝制成的螺旋弹簧 6 置于软管 5 中，用电机驱动弹簧高速旋转产生轴向力和离心力，物料在这些力的作用下被提升。

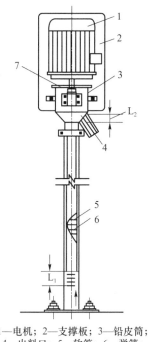

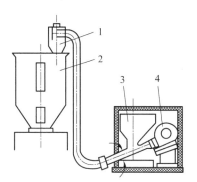

1—旋风分离器；2—料斗；3—加料器；4—鼓风机

图 10-34　鼓风上料装置

1—电机；2—支撑板；3—铅皮筒；
4—出料口；5—软管；6—弹簧；
7—联轴器

图 10-35　螺旋管式上料装置

2. 预热干燥装置

原料预先干燥对注塑制品质量影响甚为显著,尤其对工程塑料,可以增进表面光泽,提高抗弯曲强度、拉伸强度,避免内部裂纹和气泡,提高塑化效果,缩短成型周期。因此,通常采用在料斗上设置干燥装置的办法除去原料中的水分。

（1）热风式干燥料斗

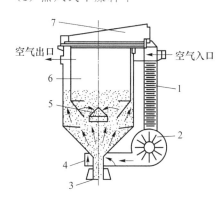

1—电热器；2—鼓风机；3—阀门；
4—空气过滤器；5—物料分流锥；
6—内层料斗；7—盖子

图 10-36　热风干燥料斗

热风式干燥料斗是利用普通热风除去原料的附着水分和湿气,向塑化料筒内连续上料的,如图10-36所示。这种干燥料斗是通过鼓风机 2 将外部的空气从空气入口吸入,经过电热器 1 将空气加热,从料斗底部的空气过滤器 4 向上鼓热风,内层料斗 6 上边的物料向下流动落到物料分流锥上,物料被均匀地分散,向上流动的热风与分流锥上向下流动的物料相遇,热风将物料加热并除去其中的水分和湿气。空气最后从外层料斗上部的空气出口排出。对 PE、PP、PS 等非吸湿性材料可用热风干燥料斗进行干燥。

（2）除湿干燥设备

对有极高吸湿性的 PC、PA、纤维素等物料,单靠热气不足以使之干燥。为了更有效地干燥原料,可先将空气进行干燥,从而达到强化干燥的目的。

图 10 - 37 所示为除湿干燥器,它连续不断地把干燥空气 1 送入加压通风干燥料斗 16 内。当湿空气 2 从加压通风干燥料斗 16 排出后,先流经空气过器滤 11,由风机 9 将湿空气通过控制阀 14 送向除湿装置 3;除湿装置 3、4 中装有吸湿分子筛材料,空气经过时其中的水分被分子筛干燥剂所吸收;除湿后的空气经上面的控制阀 13 流入空气加热器 6,在进入加压通风干燥料斗 16 之前进行恒温控制下的再加热。

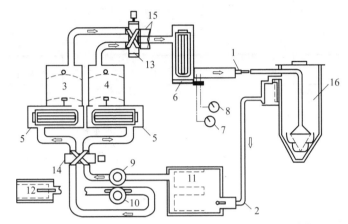

1—干燥空气;2—湿空气;3、4—除湿装置;5、6—加热器;7—空气恒温器;
8—安全恒温器;9、10—风机;11、12—过滤器;13、14—控制阀;
15—排放口;16—加压通风干燥料斗

图 10 - 37　除湿干燥设备

当一个除湿装置正在吸收水分时,另一个则通过再生来除去前次循环期间吸收的水分。再生所用空气经由过滤器 12 由风机 10 吸进,经过控制阀 14 进入加热器 5,空气被加热到 288 ℃左右之后,进入吸湿装置 4,热空气将吸湿装置 4 中的水分带走,这些空气通过控制阀 13 以大约 177℃的温度经排放口 15 排到大气中。

两个除湿装置的工作转换是通过再生除湿装置定时系统或温度传感器来控制的。当除湿装置过于干燥时,热空气在除湿装置中的热量损失减少,因而排放温度便会上升。恒温器检测出这一上升温度时将断开再生加热器,并保持一段短的冷却周期。另一方面,当除湿装置的温度降低到规定的数值时,控制阀便立即改换气流通路,使已干燥的除湿装置进入工作状态。

3. 模具恒温控制机

模具温度是指与制品接触的模具表面的温度,因为它直接影响到制品在模腔中的冷却速度,选择适合的模具温度对保证制品的质量十分重要。为满足模具温度控制精度的要求,可以采用模具恒温控制机。模具恒温控制机是利用热交换原理对模具输入水或油,通过控制仪器对温度与介质流量实现闭环系统控制,快速达到热交换效果的。模具温度控制精度高于简单的热电偶控制方式。

10.3 注塑机的传动与控制系统

10.3.1 液压及电气控制系统

注塑机是典型的机-电-液一体化设备。在一个注塑成型周期内,注塑机的机械、电气或液压等部件,围绕各个工艺动作要求进行协调地工作,并互相牵制,互相制约,因此它们对注塑制品质量的影响都很大,它们之间的关系如图 10-38 所示。

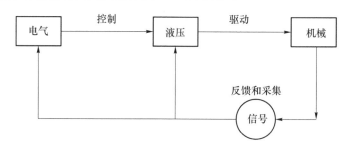

图 10-38 注塑机控制方框图

1. 液压系统及其控制

液压系统是注塑机的“血液”循环系统,是为注塑机的各种执行机构(工作油缸)提供压力和速度的回路。液压回路一般由控制系统压力与流量的主回路和各执行机构的分回路组成。液压回路包括油泵、油马达、油缸、油管以及各种控制阀。

比起其他液压机械来,注塑机的液压控制系统要求有较严格的液控程序。按照注塑工艺要求,液压系统与电气部分组成较完善的工作程序和循环周期。每一个注塑周期中,液压系统的压力和流量都按照工艺的要求进行变化,以适应每一个具体程序对执行组件的力和速度的要求。

注塑机对液压系统各执行机构的基本控制如下:

① 合模机构 要求合模油缸能够提供足够的锁模力,避免注射过程发生胀模,制品出现飞边缺陷。同时,液控系统应当满足对开合模的速度变化要求,合模按照高压快速→低压快速→高压慢速执行。低压快速设在模具可能会有异物的位置之前,低压转高压应设在模具分型面刚好接触时。一般采用行程位置切换模式切换。开模按照高压慢速→低压快速→低压慢速执行。开模结束之前做减速,以确保合模装置停止在开模终点位置上。

表 10-3 所列为 HTF250/1 型注塑机操作面板荧屏上显示的某生产模具开合模执行参数情况。其他注塑机的操作面板显示的参数内容与设定形式会有所不同。

表 10-3 注塑机操作面板显示开合模参数

开合模阶段	压 力	速 度	压力、流量转换位置
开模行程			400.0
关模一段	50	50	150.0
二 段			
三 段			

开合模阶段	压　力	速　度	压力、流量转换位置
低压	15	25	50.0
高压	140	40	
开模慢速	70	35	50.0
二段	70	50	100.0
三段			
四段			
减速	50	30	400.0

② 顶出机构　要求顶出机构提供足够的顶出力,并且能够调节顶出速度。顶出杆最初用高压低速使制品缓慢脱离模具,然后换成低压快速将制品顶出模具。顶出机构应具有多种顶出方式,可选择用一次顶出或振动(多次)顶出。

③ 注射机构　要求注射过程中,能够依据塑料品种、制品几何形状和模具的浇注系统,灵活地调节注射压力和注射速度,并进行多级保压压力控制。

④ 储料(预塑)机构　要求塑化时能够调节螺杆转速和背压,以适应加工热敏性及不同流动性的塑料的要求。为表观黏度低的塑料提供预塑之后将螺杆向后移动一定距离的"防涎"处理。

⑤ 注射座移动机构　要求注射座移动油缸提供足够的推力使注射座移动,并使喷嘴与模具的流道入口紧密接触;要求注射座也要能够调速。注射座向模具靠拢时,先是快速,将近终止位置前一小段距离时转换成慢速。最后用慢速是防止因终止位置设定不良,注射座运行速度过快而产生模具与喷嘴相撞损坏现象。

2. 电气系统及其控制

注塑机电气控制的内容包括:主电机控制、电加热控制、电源控制和工作控制。工作控制是指对注塑机的各种动作程序以及工艺参数的控制,它是整个电气系统控制中的关键和难点。

注塑机发展的重要特点是向精密、高效、节能、低噪声和高自动化方向发展,为此,要求电控系统必须保证对被控制量(又称被调节量)进行具有一定重复精度和灵敏度的可靠控制与调节。

(1) 注塑机控制和调节的基本概念

提及注塑机的自动控制时,必须区分控制和调节这两个概念。

自动控制是指不需要人参与,自动地使被控对象保持在规定值或按预定规律变化。实现自动控制的方法分为顺序控制和自适应控制两大类。

顺序控制系统有时间顺序控制、逻辑顺序控制和条件顺序控制三种类型。时间顺序控制指令是按时间程序排列,且每段控制指令的执行时间是不变的。例如对注射时间、保压时间、冷却时间等的控制。逻辑顺序控制的各控制指令是按程序排列的,即机器动作过程严格不变,而每段控制指令的执行时间可变。条件顺序控制不是按固定程序来执行指令,而是按一定条件选择执行控制指令。例如注塑机合模装置的低压保护发送信号,料筒温度未到而启动注射或预塑动作时的发送信号等。

调节的任务就是用调节器来控制某些变量,调节过程就是要使某些变量的测量与给定值相符。调节系统的最大特点是:即便有干扰的影响也会使系统稳定。

从调节技术来讲,顺序控制系统属于开环控制状态,如图 10 - 39(a)所示,当被控制对象得到设定值后,控制系统就会使控制量(压力、速度、位移、时间)得到实际值,并由仪表或屏幕显示出来。但是由于各种环境因素的干扰,会使系统的给定值与实际值之间产生偏差。如果这种偏差无法消除,这种控制系统就是开环控制系统。反之,如果能将每次测得的实际值反馈到始端并与给定值进行比较,将所得的偏差信号经调节器加以处理和放大再重新发出控制信号给控制对象,这样不断地循环直到实际值与给定值达到允许偏差为止,这种具有反馈调节的控制技术为闭环控制系统,如图 10 - 39(b)所示。

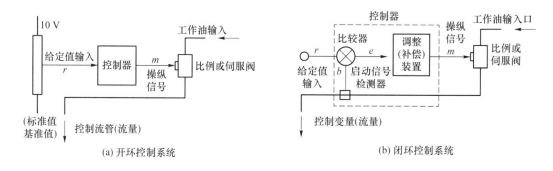

图 10 - 39　控制系统流程示意图

自适应控制系统属闭环系统。自适应控制系统也有三种类型,它们是定值调节系统、过程控制系统和随动系统。常见的是定值调节系统,即给定值是常数,控制系统自动保持控制量为所给定的常数,如给定温度的调节系统。

(2) 注塑机电气控制的类型

① 继电器、接触器控制　20 世纪 60 年代注塑机电气控制采用继电器、接触器控制,大多数为开环方式,由行程开关和挡块进行动作程序的切换控制。这种控制方式由于采用导线连接,且仅适用于某一个固定的工艺过程,一旦过程有变化就得重新连接、安装,存在研制和调试时间长、修改不方便、寿命短、可靠性差、故障检查困难和控制精度低等不足,注塑机水平难以提高,也缺乏市场竞争力。

② 电子电路顺序控制　电子电路顺序控制采用分立组件或部分采用集成电路,以门电路代替继电器,用直流电磁阀代替交流电磁阀,用无触点行程开关及挡块实现动作程序的切换。由于电气线路简化,故障点减少,响应加快,注塑机的工作效率有所提高。电子电路顺序控制还具有调校和预置参数方便的优点。

③ 微机可编程控制器控制　微机可编程控制器由输入、输出装置、编程器和中央处理单元(CPU)组成。编程器的主要作用是把编好的用户程序通过键盘输入主机,由主机把用户程序解读为主机的目的码,反过来又可把主机的目的码译成用户程序,即梯形图或语言表,通过发光二极管(LED)或液晶显示器(LCD)显示出来,以便用户操作、维修编排好的程序。CPU的主要功能是以扫描的形式将现场的所有输入信号输入存储器,把用户程序变成逻辑关系,得到所需要的输出状态,通过输出装置来控制现场设备。微机可编程控制器具有修改程序方便、结构小巧、可靠,反应灵敏,运行速度快等特点,可以进行开关量逻辑控制,也可以兼有模拟量

(如温度、压力、流量转速等)闭环控制,大大提高了整机控制的水平,适合加工高品质注塑制品。

④ 电脑过程控制器控制　注塑机电脑过程控制器种类较多,有的用单片微型机作电脑 CPU,有的用单片机作电脑 CPU,可以进行开环及闭环控制。除了具备微机可编程控制器的一切功能外,它还通过两个高精度控制的光电解码器准确监视调校锁模和注射部分的操作,实现对注塑机的实时控制,有较高的抗干扰能力,并具有多级注射速度和多级注射压力控制与自动修正功能和自动锁模调整功能等,不但使注塑机容易调整,而且提高了制品的精度、质量和生产稳定性。控制器用阴极射线管(CRT)或液晶(LCD)来显示设定参数和过程参数以及过程变化曲线,通过图形动画及菜单使得成型过程可视化,信息容量大、操作直观方便。电脑过程控制器还具有自我故障诊断能力,可以用声音报警或液晶显示故障内容。另外,电脑过程控制器具有庞大的内置记忆功能,可以储存模具的注塑加工工艺资料,如时间、速度、压力、计数次数以及行程位置等。这些参数可以预先设置在预定的模号中,使用时只要输入预定模号,便能开始注塑操作,操作参数均按预置的参数进行,方便简捷。电脑过程控制器还具备中文提示及多种文字转换、打印输出等功能。

此外还有多处理机控制系统,它将多个任务进行分配,由若干个 CPU 来完成独立的工作。例如,温度控制由一个 CPU 完成,其他 CPU 则做程控和过程参数控制。多机系统便于实现联机群控,其采用成组技术,改变常规机群制,使注塑机和辅机按成组单元排列,再结合机械手和工业机器人等辅助设备,实施注塑成型加工过程群控,确保对生产组织、成型加工、检验和运输等统一管理和控制,为真正建立自动化注塑车间、自动化注塑工厂创造条件。

微处理机的迅速发展和在注塑机上的应用日益普及,把注塑机控制水平提高到一个崭新的阶段。我国注塑机行业中,如震德塑料机械有限公司、海天机械有限公司、东华机械有限公司等,已全面采用了微机控制技术,积极推动国产塑料成型技术朝着自动化、精密化、高效化和节能化方向的发展。

目前,国产机用的控制器大都是从美国、日本等国家进口的。下面以美国 MACO 系列电脑控制系统为例,对此类技术现状做简单的介绍。

自动调节的图形显示 MACO 系列控制系统采用的是多总线、多 CPU 结构,它的每一块功能板上都有独立的 CPU,由多个 CPU 同时处理不同的数据,可准确地综合控制过程变量。如在注射系统过程控制中加入自动调节、跟踪适应功能,不需要操作者调校参数,系统在跟踪比较当前设定值与实际值之间的差异后会自动调整下一周期参数(此系统叫定值调节系统)。

定值调节系统的过程控制功能和特点如下:

① 有 10 段注射速度且闭环控制,自动调节参数,适用于成型形状复杂的精密制品;

② 保压两段压力闭环控制,自动调节参数,能实现无级切换,使制品有一致的收缩率,保证制品的尺寸精度;

③ 塑化 10 段背压闭环控制,自动调节参数,能增加熔体在料筒内的均匀程度;

④ 塑化螺杆转速闭环控制;

⑤ 垫料闭环控制,使制品重量得到更精确的控制;

⑥ 注射转保压除了时间切换外,还可用压力或位置条件切换,可根据制品选择合适的切换模式;闭环控制扫描速度为 2.5m/s,确保注塑周期的高重复性和高稳定性。

（3）电器组件

注塑机各部位布置有各种各样的电器组件，如各种传感器（压力、位移、速度、转速传感器等）、限位开关、时序装置（时间继电器、计数器、计时器）、检测装置（光电监测器、重量检测器等），这些电器组件与液压系统、控制系统连接组成了注塑机各动作程序中相互的逻辑控制。例如，调模装置可根据压力传感器来控制锁模力的大小，多级注射与多级保压的切换可以通过光栅电子尺监测螺杆的行程位置进行切换。

图 10 - 40 为 HTF250X - 1 型注塑机电器组件分布图。

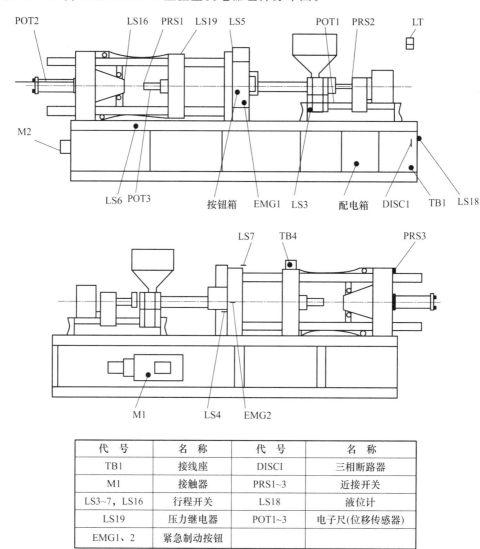

代　号	名　称	代　号	名　称
TB1	接线座	DISCI	三相断路器
M1	接触器	PRS1~3	近接开关
LS3~7，LS16	行程开关	LS18	液位计
LS19	压力继电器	POT1~3	电子尺(位移传感器)
EMG1、2	紧急制动按钮		

图 10 - 40　HTF250X - 1 型注塑机电器组件分布图

10.3.2　料筒温度控制

注塑机料筒温度是注塑工艺的重要参数，料筒的温控技术将直接影响制品的质量。常用塑料的料筒温度的设定见表 10 - 4。

目前,料筒多采用电阻式加热圈加热。沿料筒方向上电热圈分为若干段,每段具有各自的电功率和热电偶,可以单独进行温度监控。料筒分段控温是为了获得符合工艺要求的温度分布以及足够快的升温速度和温控精度,并满足节能要求。控温时,靠料斗一侧的温度控制得低些,防止落料口的塑料过热后黏结,影响料的正常下落;料筒前端的温度较高,与熔料温度要求对应,整个料筒呈由低到高逐渐加温的态势。为了确保料斗处的温度不致升得过高,料斗的附近还设置了冷却水回路。

料筒的温控段数通常为 3～6 段。精密和大型注塑机采用较多的温控段数,有的多达 10 段以上。图 10-41 为某注塑机料筒加热圈的分布图。

表 10-4　常用塑料的料筒温度设定表

塑料名称	密度/ (g·cm^{-3})	熔点/℃	收缩率/%	模温/℃	料筒温度/℃		
					喷嘴及料筒前段	料筒中段	料筒后段
PS	1.05	130～165	0.4	10～75	180～260	200～260	160～250
HIPS	1.04～1.06	130～165	0.4	5～75	220～270	10～260	160～250
ABS	1.06～1.1	130～160	0.6	50～80	190～250	180～240	170～240
LDPE	0.91～0.93	108～126	1.5～5	35～60	230～310	220～300	170～220
HDPE	0.94～0.97	126～137	2.0～5	35～60	230～310	220～300	170～220
PP	0.95	160～176	1～2.5	50～80	210～300	180～260	160～240
PVC	1.35	160～212	0.1～0.5	10～60	170～220	160～195	150～195
PMMA	1.18	160～210	0.5	50～90	180～230	160～240	140～220
PA6	1.13	210～215	0.8～1.5	50～80	210～230	210～230	200～210
PA66	1.14	250～265	2.25	50～80	250～280	240～280	220～280
CA	1.3	69～105	0.5	40～75	180～200	170～190	150～180
PC	1.2	215～265	0.8	80～99	250～320	260～340	280～350
POM	1.41～1.42	165～175	2.0	50～90	190～210	175～220	160～210

10.3.3　水路及润滑系统

1. 水路系统

注塑机的冷却水系统共有三条回路,分别是:液压油冷却回路、螺杆料筒冷却回路、模具冷却回路。冷却水系统的水压一般为 0.2～0.6 MPa,供水源一路通向油冷却器,另一路通向冷却分水器。分水器上有多个进排水路,其中一个进排水路用于冷却螺杆料筒,其余的用于冷却模具。

冷却水的流动速率对冷却效率的影响极大,湍流态水比稳流态水的冷却效率高得多。因此,各进排水路都设有流率控制装置。有的注塑机还配备了冷却水流量计,便于观察控制每个冷却回路中的水流率。

2. 润滑系统

为了保证机器正常运行,运动部件都设置了润滑装置和润滑点,如图 10-42 所示。润滑系统由润滑油泵、润滑油路及润滑油分配器组成。润滑油经油泵至各油路分配器,再由分配器至各润滑点,以达到润滑注塑机各运动部件的目的。

微机控制式注塑机其润滑系统也由电脑控制,通过电脑监测压力继电器。当油箱缺油、油路漏油、油泵过滤网阻塞及油压不足时,控制电脑就会报警。这时应立即检查原因,及时修复或加入润滑油。

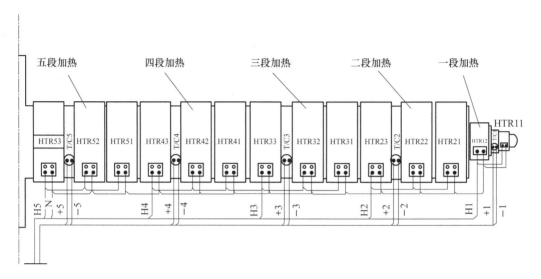

代号	名称	规格
HTR11	电热圈	$\phi42\times35$ 150 W
HTR12	电热圈	$\phi70\times48$ 300 W
HTR21	电热圈	$\phi130\times75$ 1 200 W
HTR22	电热圈	$\phi130\times75$ 1 200 W
HTR23－HTR53	电热圈	$\phi130\times75$ 1 200 W
T/C1	小型热电偶	M8×2.0 m
T/C2	热电偶	2.0 m
T/C3	热电偶	1.5 m
T/C4	热电偶	1.1 m
T/C5	热电偶	1.1 m
T/C0	热电偶	5.0 m

图 10－41 某注塑机料筒加热圈的分布图

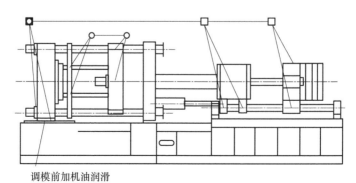

调模前加机油润滑

图 10－42 润滑示意图

10.4　注塑机的选择、使用及维护

10.4.1　注塑机的选择

选择使用哪种型号规格的注塑机时,应当从满足塑料制品质量与成型要求出发,必须做到如下四个方面的工作:①确定注塑机的功能类型;②校核注塑机的工艺参数;③校核与模具安装相关尺寸;④校核注塑机的动作。

1. 确定注塑机的功能类型

① 要适合制品成型工艺要求　如根据原料的成型工艺,选择热塑性塑料注塑机或者热固性塑料注塑机;根据制品加工工艺特点,选择注射-吹塑注塑机、注射发泡注塑机等;

② 要适应被加工塑料的特性　对于磨损性或磨蚀性塑料相应开发的塑化装置有:PVC专用装置、PC专用装置、双金属螺杆及料筒等;

③ 要满足制品精度及生产要求　基于制品精度要求,选择用精密注塑机或者普通注塑机,主要是选择控制器的速度和功能。例如,微处理机的工作速度快,监察和纠正得愈频繁,注塑机各装置的重复精度就愈高,加工制品的品质就愈稳定。从生产角度考虑,带嵌件制品采用立式或角式机型较易操作;自动化操作卧式机型更易实现;批量大而且要求也特殊的制品可用专用注塑机来生产。

2. 校核注塑机的工艺参数

所选注塑机的工艺参数大小,必须满足所用模具对模塑工艺条件的要求。

(1) 注塑量校核

选用注塑机的注射量必须大于模具每一模需要注入的塑料量。校核公式为

$$kV_j \geqslant V_s \tag{10-4}$$

式中:V_j——注塑机的理论注射容量,cm^3;

　　V_s——每模注入的塑料量(制品和浇注系统用量总和),cm^3;

　　k——安全系数。在注射过程中,塑料的密度会发生变化并有回流损耗等,故 k 值通常在 $0.7 \sim 0.85$ 范围内选取。无定型塑料的 k 可取大些,但一般不超过 0.85,结晶型塑料的 k 值取 0.8 或更低;

(2) 注射压力校核

选用注塑机的注射压力必须大于或等于制品成型所需要的注射压力。校核公式为

$$p_j \geqslant p_s \tag{10-5}$$

式中:p_j——注塑机的注射压力,MPa;

　　p_s——制品成型需要的注射压力,MPa。

选择注射压力大小应结合成型塑料、制品及模具三个方面的情况综合考虑。如塑料方面的流动性和内应力,制品的形状、尺寸、壁厚及精度要求,模具的结构及浇注系统等。

(3) 锁模力校核

选用注塑机的锁模力必须大于模具成型时产生的胀模力,以免模具发生溢料并使制品形成飞边。按式(10-1)校核,即 $F \geqslant 0.1 k p_c A$。

在此,对模具型腔及流道内塑料熔料的平均压力 p_c 做一说明,p_c 可用下式求得

$$p_c = k p_j \tag{10-6}$$

式中:p_c——模具型腔及流道内塑料熔料平均压力,MPa;

p_j——注射压力,MPa;

k——压力损耗系数。随塑料品种、注塑机形式、喷嘴阻力、模具流道阻力而不同,一般在 1.3～2.3 范围内选取。螺杆式注塑机的 k 值较柱塞式大,直通喷嘴比阀式喷嘴的 k 值大。

由于影响注射压力 p_j 与损耗系数 k 的因素较复杂,因此在生产中小型普通塑料制品时,模腔内塑料压力常取 20～40 MPa。在较详细计算时,应根据具体情况由经验决定。流程愈长,壁愈薄的制品需要的注射压力愈大。

为了保证制品质量,对注射速率常有一定的要求。影响注射速率较为直接的因素是注射压力。每一种制品成型时都有一个最佳注射速率,常通过试模确定。注射速率需求高低与制品壁厚大小有重要联系。厚壁制品需用较低注射压力,薄壁制品则反之。

3. 校核与模具安装相关的尺寸

(1) 模板规格与拉杆间距

模板规格应当大于模具模板的规格,即模具长、宽方向不得伸出工作台面。拉杆间距(内距)对于模具尺寸以及模具送入机内安装的方式有限制。图 10-43 所示为模具的几种装机方式,实线表示注塑机的模板及其四根拉杆,双点画线表示模具模板轮廓,图 10-43(a)所示为从上方将模具吊入机内,此种装机方式因操作简单用得最多;图 10-43(b)所示为由侧面将模具送入机内;图 10-43(c)为前面两种装机方式不能实现时,利用模具厚度小于拉杆内距,先使模具通过拉杆间距进入机内,然后将模具旋转 90°摆放固定。图 10-43(a)、(b)模具送入机内后直接进行固定。

(2) 与模具定位圈、主流道始端相关的尺寸

模具的定位圈要与注塑机定模板上的定位孔呈较松的间隙配合,配合间隙常在 0.3～0.5 mm 范围内,确保模具主流道的中心线与注塑机喷嘴的中心线同轴。模具定位圈的厚度不应超过注塑机定位孔的长度。

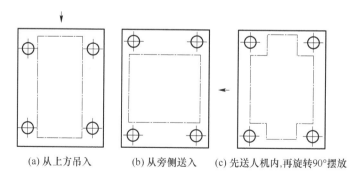

(a) 从上方吊入　　　　(b) 从旁侧送入　　　(c) 先送入机内,再旋转90°摆放

图 10-43　模具的装机方式

注射模主流道始端凹坑的球面半径 R_2 应大于注塑机喷嘴球头半径 R_1,以利于同心和精密接触,否则主流道内凝料无法脱出,如图 10-44 所示。主流道孔始端直径 d_2 应大于注塑机喷嘴孔直径 d_1,以利于熔料流动。通常取

$$R_2 = R_1 + (0.5 \sim 1) \text{mm} \tag{10-7}$$

$$d_2 = d_1 + (0.5 \sim 1)\text{mm} \tag{10-8}$$

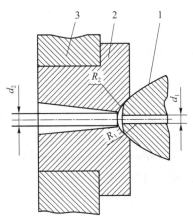

1—注塑机喷嘴；2—主流道衬套；3—动模板

图 10-44 主流道始端与喷嘴的不正确配合

（3）模具的固定

注塑机移动、固定模板台面上有许多不同间距的螺钉孔或 T 型槽，用来装固模具。模具装固方法有两种：采用螺钉直接固定和用压板固定。用螺钉直接固定时，模具上的螺钉过孔及其间距，必须与注塑机模板台面上的螺孔相匹配；用压板固定时，须核对模具的附近是否有上压板的螺孔，压板固定具有较大的灵活性。

4. 校核注塑机的动作

（1）模具厚度与开（移）模行程

规格不同的注塑机其合模装置能够夹紧的模具厚度不等，而肘杆式合模装置与液压式合模装置在计算允许装纳模具厚度的方法上又不一样。

肘杆式合模装置有最大模具厚度（H_{max}）和最小模具厚度（H_{min}）参数，若所装模具的厚度（H_m）满足下面关系式时，即可被夹紧。

$$H_{min} \leqslant H_m \leqslant H_{max} \tag{10-9}$$

肘杆式合模装置装纳模具的厚度和薄度与注塑机的开模行程无关。因此，衡量注塑机的开模行程是否足够，就是直接与模具所需要的分型距离（便于取出制品及流道凝料的开模距离）进行比较，前者应当大于后者。

液压式合模装置允许安装的模厚与注塑机的开模行程以及模具的分型距离有关，校核公式为

$$L - S \leqslant H_m \leqslant L - S_m \tag{10-10}$$

式中：L——注塑机模板最大距离，mm；

S——注塑机开模行程，mm；

S_m——模具要求的分型距离，mm。

液压式合模装置的最大开模行程也与所安模具的厚度有关，当模具厚度大于（$L-S$）（合模装置允许模厚的最小极限）时，开模行程用校核公式为

$$L - H_m \geqslant S_m \tag{10-11}$$

式中：$L-H_m$——注塑机对所装模具能够实现的最大开模距离，mm。

当模具厚度小于$(L-S)$时，应对模具采取增高措施，以保证模具被夹紧。此法同样适用于肘杆式合模装置。

有关模具分型距离S_m的确定，可参见图10-45，单分型面模具分型距离的计算公式为

$$S_m = H_1 + H_2 + (5\sim10) \tag{10-12}$$

式中：H_1、H_2——制品脱模高度和包括流道凝料在内的制品高度，mm；

（5～10）——安全系数，mm。

双分型面模具的分型距离等于两个分型面的分型距离之和，如图10-46所示，有

$$S_m = a + H_1 + H_2 + (5\sim10) \tag{10-13}$$

式中：a——定模座板与定模型腔板之间分型距离（mm），应足以取出流道凝料。

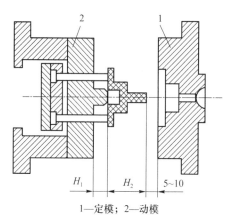

1—定模；2—动模

图10-45　单分型面模具的分型距离

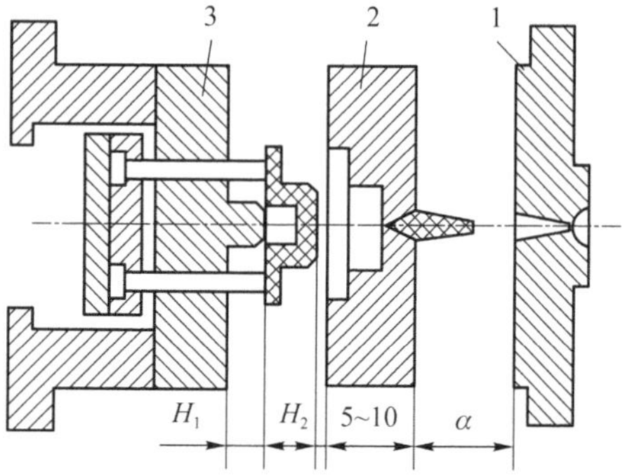

1—定模座板；2—定模型腔板；3—动模板

图10-46　双分型面模具的分型距离

（2）顶出行程、顶出力、顶出位置

各种规格注塑机的顶出行程、顶出力和顶出位置等各不相同，模具应当与之相适应。

10.4.2　注塑机的使用

1. 注塑机的操作面板（操作控制器）

目前，注塑机的操作面板都用计算机控制的。控制面板既有各种功能键，以提供选用和设定参数；又可屏幕显示机器的实时运行参数，随时进行参数修改；还可以进行存储、删除模具资料等操作。注塑机操作面板的形式和内容因机型或生产厂家不同而异，但大致都有以下几部分组成：显示屏幕、状态画面选择按键、资料设定按键、操纵方式按键和电源键。当选择相应内容后，立即弹出一个下拉菜单，上有"注射""预塑"等选项。若单击"预塑"，又将弹出一子菜单，上面有"温度""背压""螺杆转速"等。

2. 选用操纵方式

注塑机一般都具有点动、手动、半自动和全自动四种操纵方式，供操作者按实际需要使用。

（1）点动操纵式

点动操纵又称调整操纵，指机器的所有动作皆需要在按下相应开关按钮的情况下，才慢速进行；放开按钮，动作停止。点动操纵方式在装卸模具或螺杆、调整试车或检修机器时使用。

（2）手动操纵式

手动操纵指机器的各个动作，只需要单击相应按钮，该动作就会一直进行到这一程序结束。手动操纵一般用在试模和生产开始阶段，或难以用自动化生产的场合。

（3）半自动操纵式

半自动操纵指将安全门关闭之后，机器即按照编制的生产工艺程序自动执行各种动作，一直到完成"制品顶出"程序后，才结束。从打开安全门到取制件，这段时间不受"循环计时"控制。半自动操纵实际上是一个工作循环的自动化。它主要用于组织全自动化生产尚不具备条件的情况，例如生产过程中必须由人工取出制品或安放嵌件。注塑机经常采用这种操纵方式。

（4）全自动操纵式

全自动操纵指注塑机的生产完全由电器控制，成型周期自动地循环进行。用这种操纵方式能够使制品成型质量稳定、生产周期短、生产效率高，并实现无人或远距离操作。它要求配备自动化、高寿命的模具，适用于大批量、精密制品的生产。

手动操纵全部动作正常后，才启动半自动操纵。在半自动操纵正常工作三至五个循环后，关模结束时，按全自动键，机器进入全自动工作状态。

3. 选用预塑方式

注塑机设有三种预塑方式，分别为固定加料、前加料和后加料，它们主要根据塑料性能、模具和注塑工艺的要求来选用。

（1）固定加料

在整个成型周期中，喷嘴始终同模具贴合，注射座固定不动。此加料方式的好处是减少不必要的移动，加速操作循环，降低功耗，提高生产效率。它适用于成型温度范围较宽的一般塑料，如聚乙烯、软聚氯乙烯、聚苯乙烯、ABS 等，并在制品成型周期较短时采用。

（2）前加料

每模注射保压完毕，并在螺杆预塑计量之后，注射座即行后撤，直至要注射下一模时，注射座才又前移，使喷嘴与模具贴合。这种加料方式主要用于直通式喷嘴，喷嘴温度不易控制或需用较高背压预塑的场合，以减少喷嘴的"流涎"。

（3）后加料

一旦注射保压完毕，注射座即行后撤，塑化计量是在之后进行的。需要注射下一模时，注射座再复位。此种方式下注射座离开喷嘴的时间最长，喷嘴与冷模具接触的时间最短，所以适用于成型温度范围较窄的结晶型塑料。

4. 调整注射装置

（1）清洗料筒

若需要更换原料、调换颜色，或发现注射塑料有分解现象时，均需要对注射机料筒进行清洗。螺杆式注射机通常采用直接换料的方法进行清洗。如果欲换塑料的成型温度远比料筒内存留塑料的成型温度高，则应当先将料筒和喷嘴的温度升高到欲换塑料的最低加工温度，然后加入欲换塑料（可用欲换塑料的回头料），并连续进行对空注射，直至全部存料被清洗完毕才调整温度进行正常生产。如果欲换塑料的成型温度远比料筒内塑料的成型温度低，则应当将料筒和喷嘴的温度升高至料筒内塑料的最好流动温度，然后切断电源，用欲换塑料在降温下进行清洗。如欲换塑料的成型温度高，熔融黏度大，而料筒内的存留料是热敏性塑料（如聚氯乙烯、聚甲醛),为了防止塑料分解,应选用流动性好、非热敏性的塑料(如聚苯乙烯、高压聚乙烯)作清洗材料。

(2) 调整塑化螺杆和喷嘴的类型

塑化螺杆有渐变型、突变型和通用型三种,前两种属专用型。应从加工塑料的特性出发,合理地选用螺杆和配装止回环和混炼环。

喷嘴以采用开式为主,采用开式喷嘴时可以使注射压力的需求相对降低。当需要防涎时,可以通过设置防涎程序,也可以采用关式喷嘴。垂直地面安装料筒的立式注塑机用开式喷嘴很容易发生流涎,流涎塑料正好覆盖模具的入料口,影响了生产的正常进行,所以精密立式注塑机常常使用关式喷嘴。

(3) 调整加料方式及加料量

选定预塑方式并调整相应动作外,还应对加料装置做定量加料调整。此调整根据每模所需注射量进行,要求螺杆完成注射之后,螺杆头前端仍存留 $10 \sim 20\text{mm}$ 厚度的余料(称"垫料"),以供保压补缩之用。垫料若留得过厚,熔料在料筒里停留时间过长,易发生变质,热敏性塑料尤其应当注意。

(4) 调节注射工艺参数

① 塑化参数 塑化参数包括料筒温度、螺杆转速、螺杆背压三个参数。

料筒温度根据制品成型要求,分区域地调节设定。例如,将五段温控注塑机按照喷嘴、料筒前段、中段、后段的顺序,设定温度为 180℃、180℃、180℃、160℃、140℃。正常情况下,从开始加热到设定温度需要 30 min,温度未达到设定值时,严禁操作注射部分的动作。

螺杆转速改变,物料在料筒里停留的时间和受剪切的程度也随之改变。调节时,要由较低向较高转速逐渐调节。对热敏性或高黏度塑料,螺杆转速应调低些。有时,为了在规定的冷却时间内塑化足够的塑料,以平衡生产周期,也采用调节螺杆转速的办法。

螺杆背压大小一般由背压阀调定。背压提高有助于螺槽中物料的密实,排除物料中的气体。但过大背压会增加计量段螺槽熔体的反流,使熔体输送能力降低,减少塑化量,而且增大预塑能耗。过高背压还会使切应力过大,剪切热过高,导致塑料发生分解而严重影响制品质量。背压的调节常和螺杆转速相匹配。

② 注射参数 注射参数包括注射压力、注射速度、注射时间三个参数。近代注塑机拥有多段注射压力、保压压力和多段注射速度的控制功能,根据塑料特性及制品尺寸精度和表观质量,采取合理的工艺条件(具体参数大小设定参见有关教材及书籍)。

③ 工作循环时间 注塑机每成型一模制品所经历的时间为一个工作循环,又称成型周期。一个成型周期由许多工作时间段组成,有开、合模时间,注射时间,保压时间,冷却时间,取件时间(有机械手取件、模具自动脱件和半自动操纵时的人工取件、清理模具、安装嵌件等用时),还包括注射座移动时间。总之,都应在满足制品质量前提下,尽量缩短时间,以提高生产效率,降低产品成本。通过试模,可以将各程序合理时间值设置在计时器中。

5. 调整合模装置

(1) 调节锁模力及模板运动

液压式合模装置可以根据模具锁模力计算值,通过调节合模油缸的油压来直接控制锁模力。而液压-肘杆式合模装置的锁模力大小是靠对合模系统的弹性变形量的调节获得的。调节锁模力应由小到大地进行,使曲肘在最终伸直时,动作既不过快,也不过慢。若伸直太快,锁模力过小;伸直太慢,则合模系统的弹性变形量过大,会产生许多不利。一般以正常工艺条件下不产生溢料为度。

液压式合模装置还需要根据制品的具体情况,对模板开合的速度以及速度变化的位置,进行专门调节。调节模板变速移动时,必须注意模具最小厚度限定,严禁在无模状态下进行合模操作,防止合模油缸超程工作。调节模板的行程量应当按照模具动作的需要进行,不必要的模板行程将增加能耗和延长成型周期。

(2)调整顶出装置

根据模具的需要,调整顶出装置中各顶杆的位置。机械顶出装置调整顶杆的固定长短;液压顶出装置需要调整顶出力、顶出行程、顶出时刻,顶出次数。

6. 注塑工作步骤

首先进行试模,之后转入正常生产。

步骤 1:将料筒温度设定为当前使用料的合适温度,待料温达到设定温度约 15 min 后进行下一步工作;

步骤 2:打开料斗盖,放入塑料原料后盖好盖子,或者用自动上料装置上料;

步骤 3:根据制品的重量、原料的比重、机器的总注量大致设定储料结束的位置、储料压力、速度并调节好储料背压阀的压力,同时设定好注射和保压的相关参数;

步骤 4:按电动机启动键,启动电动机;

步骤 5:按下关模键,进行关模动作直到关模结束;

步骤 6:按下注射座前进键,使注射座前进,使喷嘴口与模具浇口紧贴;

步骤 7:按下储料键,完成储料动作;

步骤 8:按下注射键,开始注射与保压动作;

步骤 9:当保压结束后,松开注射键,按储料键开始下一模的储料;

步骤 10:储料结束后,估计冷却时间足够后,按下开模键做开模动作;

步骤 11:开模结束后做顶出动作,打开安全门,取出制品;

步骤 12:观察制品的程序情况,相应调整各个有关参数;

步骤 13:重复做步骤 4 至步骤 12,直至成型出合格制品;

步骤 14:制品合格后试模结束,按半自动或全自动键,进入生产阶段。

10.4.3　注塑机的维护

1. 注塑机的安全措施

操作者在操作注塑机时,必须牢固树立安全意识,要安全作业。在装模、试模、取出制件、安放嵌件时,注意不要被模具压伤;不要被注射料烧伤(特别在对空注射时);不要被料筒烫伤;不要被合模装置挤伤等。压伤和挤伤事故是非常严重的。为此,注塑机设置了许多安全防范装置。例如,在合模装置处设置了前、后安全门,安全门受电路或电-液系统联锁保护,只有关闭前、后安全门(压下保险开关)后,合模装置才能动作,否则,合模装置处于静止状态。机器的前后操作部位均设有紧急制动按钮,以备紧急情况时使用。合模装置和注射料筒、喷嘴的外围也都采用防护罩防范措施。有的防护罩上安装了带有观察窗的活动门罩,活动门罩上安装了安全行程开关。打开喷嘴防护罩时,"注射座前进""注射""预塑"全部停止。

考虑到注塑机有可能在非正常情况下执行工作而导致损坏,故在电器和液压系统中设置了必要的保护措施,如有防止液压式合模装置超行程措施,螺杆防过载保护,防止冷启动保护,液压或摩擦离合器以及润滑系统的指示与报警,电路中的过电继电器和过热继电器,液压系统中的安全阀等。

现代模具的造价经常比较高昂,有些自动化精密模具的价格甚至超过了机床价格。倘若不慎,使模具在非正常工作状态下进行工作而损坏,将带来经济上的较大损失。所以,模具的安全保护问题随着生产的发展与进步,越来越受到重视。目前,注塑机普遍采用低压试合模保护法和光电保护法,旨在防止模内滞留制品或毛刺时,机器强行闭紧模具而压坏模具的现象。低压试合模保护法在前面合模装置部分已做介绍,此处不再赘述,光电保护法是在模具分型面或者制品、流道凝料掉落的路径上,安装光电组件,如模内或分型面上有异物,光电管就发出信号使合模装置停止动作。

2. 注塑机的故障排除及维护

注塑制品产生缺陷与塑料原料、成型工艺、模具以及成型设备等四个方面都可能有关系,其中有许多缺陷是因为注塑机的调整使用不当,或者注塑机在非正常状态下运行所造成的。表 10 - 5 所列为注塑机的故障分析及排除方法,表 10 - 6 所列为注塑机调整与制品缺陷的关系。

表 10 - 5　注塑机的故障分析及排除方法

故　障	引起原因	排除方法
液压泵电动机不起动	电源供应断开	检查电源三相供应是否正确,自动断路是否跳闸。电源箱内控制电动机启动的磁力开关是否吸合
	电动机烧坏,发出烧焦味或出烟	按照规格修理或更换
	液压泵卡死	清洗或更换液压泵
液压泵电动机及液压泵起动,但不起压力	压力阀的接线松脱或线圈烧毁	检查压力阀是否通电
	杂质堵塞压力阀控制油口	拆下压力阀清除杂质
	压力油不洁,杂物积聚于液压过滤器表面,阻止压力油进入泵	清洗液压过滤器,更换压力油
	液压泵内部漏油,原因是使用过久而内产损耗或压力油不洁而造成损坏	修理或更换液压泵
	液压缸、接头漏油	清除泄漏地方
	液压阀卡死	检查液压阀阀芯是否活动正常
不锁模	安全门微动开关接线松脱或损坏	接好线头或更换微动开关
	锁模电磁阀的线圈可能进入阀芯缝隙内,使阀芯无法移动	清洗或更换锁模、开模控制阀
	方向阀可能不复位	清洗方向阀
	顶杆不能退回原位	检查顶杆动作是否正常
螺杆不注射	注射电磁阀的线圈可能已烧,或有异物进入方向阀内,卡死阀芯	清洗或更换注射电磁阀
	压力过低	调高注射压力
	注塑时的温度过低	调整温度表使温度升高至要求点。若温度不能长高,检查电加热圈或保险丝是否烧毁或松脱
	注射组合开关接线松脱或接触不良	将组合开关接线接好

续表 10 - 5

故　障	引起原因	排除方法
螺杆不预塑,预塑太慢	行程开关失灵或位置不当	调整行程开关位置
	节流阀调整不当	调整到适当的流量
	预塑电磁阀的线圈可能烧坏,或有异物进入方向阀卡死阀芯	清洗或更换预塑控制阀
	温度不足,引起电动机过载	检查加热圈是否烧毁(此时禁止开动预塑电动机,否则会损坏螺杆)
注射装置不移动	注射装置限位行程开关被调整撞块压合	调整
	注射装置移动电磁阀的线圈烧坏或有异物进入方向阀内卡死阀芯	清洗或更换电磁阀
不能调模	调模机构锁紧装置未松开	松开锁紧装置
	调模机构不清洁或无润滑油而黏结	清洗调模机构,修复黏结部位,加二硫化钼润滑脂润滑
	调模电磁阀的线圈损坏,或有异物进入方向阀内卡死阀芯	清洗或更换电磁阀
开模发出声响	开模行程开关没有固定牢,或行程开关失灵	调整或更换行程开关
	慢速电磁阀固定不牢或阀芯卡死	调整至有明显慢速
	开模停止行程开撞块调整位置太前,使开模停止时活塞撞击液压缸盖	调整开模停止行程开关撞块到适当的位置
	脱螺纹机构、抽芯机构磨损,某一部位固定螺钉松脱	调整或更换
压力油温度过高	液压泵压力过高	应调至塑料所需压力
	液压泵损坏及压力油浓度过低	检查液压泵及油质
	压力油量不足	增加压力油量
	冷却系统有故障使冷却水量不足	修复冷却系统
半自动失灵	若手动状态下,每一个动作都正常,而半自动失灵,则大部分是由于电器行程开关及时间继电器故障未发出信号	首先观察半自动动作是在哪一阶段失灵,对照动作循环图找出相应的控制元件,进行检查加以解决
全自动动作失灵	红外检测装置失灵,固定螺钉松动或聚光不好引起	使红外检测装置恢复正常
	时间继电器失灵或损坏	调整或更换时间继电器
料筒加热失灵	加热圈损坏	更换
	热电偶接线不良	固紧
	热电偶损坏	更换
	温度表损坏	更换

表 10 - 6　注塑机调整与制品缺陷的关系

解决办法		成品不完整	收缩过大	毛边	成品变形	气泡	烧伤痕迹	擦伤	成品表面不光洁	色调不匀	脱模刮痕	难于脱模	速度慢	熔接痕	流纹	黑纹
															制品缺陷	
压力	锁模压力			↗									↗			
	注射压力	↗	↗	↘	↗	↗	↘		↗		↘	↘	↗			
	保压压力			↗		↗	↘									
	背压压力	↗				↗				↗				↗	↗	
速度	预塑速度									↗		↗	↗			↘
	注射速度	↗	↗	↘	•	↘		↗				↗	↗			↘
温度	喷嘴温度	↗	↘	↘	↘	↘					↘					↗
	料筒中段温度	↗	↘	↘	↘	↘			↘							↗
	料筒末段温度				↗	↗				↗						↘
时间模具	注射时间			↘												
	保压时间	↗	↗	↗		↗		↗				↘				
	冷却时间		↗	↗							↘	↘				
	水道间距	↗	↗			↗	↗	↗						↗	↗	
	模　温	↗			↘	*	*								*	
冷却水量		↘	↘		↗	↗		↘				↘	↗		*	
喷嘴口径		↗	↗			↗	↗	↗								↗

注：↗表示增加，↘表示减少，＊表示调整。

为了确保注塑机在良好的状态下工作,必须对注塑机进行经常性的检查和维护。如检查维护机械部件连接的牢固或松紧程度、相对运动部件的润滑程度、温控装置及液压、电器部件的运行状态等。

(1) 每天检查的内容

① 电热圈是否工作正常,热电偶是否接触良好,温度仪表是否指在零位;

② 各电器开关,特别是安全门和紧急制动开关的情况;

③ 模具安装固定螺丝的情况;

④ 冷却水循环供应情况;

⑤ 检查仪表,如压力表、功率表、转速表等;

⑥ 油箱内的油量、油温;

⑦ 运动部件的润滑情况。

(2) 定期检查的内容

① 工作油液的质量,若不合格应立即更换;

② 螺杆、料筒的磨损情况;

③ 电器组件的工作情况;

④ 油的质量及吸油、滤油装置的情况；

⑤ 油冷却器的工作情况；

⑥ 液压泵、电动机、液压马达等的工作情况。

10.5　其他注塑机简介

注塑机能加工的物料十分广泛，新型工程塑料对注塑机的机械结构、技术参数、设备性能等提出了更高的要求，同时也促进了专用注塑机和特种注塑机的迅速发展。下面对这类注塑机的主要特点及控制要求做简单介绍。

1. 热固性塑料注塑机

热固性塑料与热塑性塑料的成型工艺条件差别很大，因此热固性塑料注塑制品要用热固性塑料注塑机才能成型，目前主要用来成型酚醛塑料、尿醛塑料、三聚氰胺树脂、不饱和聚酯等热固性塑料。

塑料在温度较低的料筒内预塑到半熔融状态后，便进行注射充模，由于快速通过喷嘴和流道，物料受到剪切摩擦生热而进一步塑化并达到最佳流动状态，注入高温模具后，经一定时间的交联固化反应而成为制品。

热固性塑料注塑机多采用螺杆式注射装置。为了减少剪切作用，注射螺杆的长径比及压缩比设计得较小，分别为 10～15 和 1.04～1.2，而热塑性塑料注塑机的分别是 20～30 和 2～3.5。

不采用带止回环及混炼环的螺杆头以及关式喷嘴。垫料厚度留得较小，以防塑料在料筒内停留时间过长而固化。

对热固性塑料注塑机的料筒温度必须严格控制。如果温度过高塑料提前固化在料筒里，不仅生产无法进行，而且清除固化料十分困难。热固性塑料注塑机的料筒广泛采用水或油加热方式，其控温精度可达 ±2 ℃，因此，需要提供可控制温度的热水装置。料筒及喷嘴都有通水夹套，应用各自独立的装置来调节料筒与喷嘴的温度，如喷嘴处平均温度 100 ℃，料筒前方为 71 ℃，料筒后方为 43 ℃。为了避免螺杆表面过热，直径较大的螺杆中心也加工有水孔，以便通冷水冷却。螺杆采用液压马达驱动，若塑料在料筒内固化，不致强行扭断螺杆。

热固性塑料在固化时有气体产生，因而合模装置增加了排气动作。一般采用液压式合模装置，这样容易实现在排气时，将锁模力瞬间卸除。热固性注射成型模具的温度远比注塑机的料筒温度高，故注射保压之后，注射座应立即后移，使喷嘴离开模具。

2. 结构发泡注塑机

结构发泡注塑机主要用来成型聚苯乙烯、聚氯乙烯、尼龙，以及加添料的聚氨酯、聚酰亚胺等结构发泡的大型塑料制品。这些塑料制品的芯部为低发泡层，外层结皮，要求制品表面平整光滑，不存在旋涡和凹陷，发泡的晶囊要细化和均布，成型周期短。结构发泡注塑机采用"气体计量"装置，提高模腔内气压到 2.1 MPa，或采用程控方法，实现二级注射压力、5～10 级注射速度；塑化装置将塑化好的物料注入模具中，采用高氮气压和蓄能器，保证注射熔体高速流动。如某公司生产的 15 000 kN 锁模力结构发泡注塑机，注射压力高达 206.9 MPa（比普通注塑机高出 50%），可保证注射过程聚合物的流速。

3. 反应注塑机

反应注塑机主要用来成型环氧树脂、聚氨酯、聚酰胺、聚碳酸酯和聚酯等弹性体及泡沫体塑料制品。反应注射成型是将构成聚合物必需的几种原料通过计量泵按一定比例加入混合头,两种单体在混合头中高速撞击混合,最快地发生化学反应,并在形成固态聚合物之前注入模具,从而获得制品。反应注塑成型设备由原料储存、供给及温度调节设备、计量和混合装置、模具及模具温度调节系统、模具装卸架等部分组成,具有泵输出系统、加热系统、流体输入系统和一个或多个特殊形式的高速混合头。

反应注塑制品的应用领域已从汽车工业发展至农业机械、矿山油田机械、办公用品及家用电器等,从两组分发展至三组甚至四组分,以及增强反应注射。

4. 注射吹塑成型机

注射吹塑成型机主要用来成型中空塑料容器,包括瓶、管和桶等包装用品,以及油箱、油和水的容器等工业用品。注射吹塑成型机要求制品壁厚均匀,重量公差小,后加工量和废边料少。注射吹塑成型机的主要技术参数包括注射压力、注射速度、型坯温度、型坯精度、吹胀压力、吹胀率等。注射吹塑成型机除了设置有塑化、注射装置外,还有回转装置和吹气、冷却、脱模等工位。其中,型坯及机头的温度控制精度要求高。

5. 注射-拉伸-吹塑成型机

注射-拉伸-吹塑成型机主要用来成型强度和透明度要求高的中空制品,例如,聚酯和聚丙烯中空制品。拉伸温度控制精度要求高,旨在确保能够有效地拉伸。在通常吹塑成型的基础上,增加一道工序,即用拉伸棒将型坯预先进行轴向拉伸1~2倍,然后吹气成型。例如某工厂生产的三工位注射—拉伸—吹塑成型机,包括预制瓶坯工位、延伸吹塑工位和产品脱模工位,能够直接精确调节瓶坯温度,简化结构和工艺,适用于生产高质量容器。

6. 气体辅助注射成型机

气体辅助注射成型技术于20世纪90年代才开始进入实用阶段。它克服了传统注塑成型的局限性,通过把高压气体引入制件的厚壁部位,产生中空截面,驱动熔体完成充填过程。气体辅助注射成型机能够成功成型管道状制品、大型扁平状和由不同厚度截面组成的制品,提高制品刚性、去除制品表面缩痕、无收缩凹痕及变形,并具有节省原料和能源、减轻产品重量、缩短成型周期,降低模内压力和锁模力,简化模具设计、降低制造成本、延长模具寿命等优点。气辅成型技术已经广泛地应用于家电、家具、汽车、办公用品、日用品以及玩具等诸多领域。

7. 排气注塑机

排气注塑机主要用来成型有机玻璃、尼龙、聚苯乙烯、聚甲醛等塑料制品。排气注塑机需要设计特殊排气螺杆。

8. 复合注射成型机

复合注射成型机主要用来成型一些特殊要求的制品,包括多种色彩或由多种材料复合而成的塑料制品。例如,表层是耐磨高润滑性能的聚甲醛,内层为热变形小的高强度制品、外层为带有色彩及表面质量好的表观层,内层为电磁屏蔽材料或导电树脂的电磁波屏蔽制品、双层采用不同颜色的制品以及内部带有回收料层的复合注射成型制品。根据注塑机的结构特点,分为共喷嘴式、模具旋转式和联动式三大类。

例如,双色注塑机,它的注射装置是由两个料筒和一个共享喷嘴组成。通过调整两个推料柱塞注射的先后顺序和注射塑料的比率,得到不同混色状态的制品。

9. 精密注塑机

精密注塑机主要用来成型钟表用小齿轮、仪表零件、照相机光学镜头、隐形眼镜镜片、计算机配件和激光盘片(CD、VCD、DVD)等。精密注塑机的特点是,能够提供很高的注射压力和注射速率,这样不仅可以增加流长比,成型复杂形状制品,而且可对提高制品精度起到重要作用;控制系统采用全闭环式,稳定地控制制品的重复精度;同时,注塑机模板平行度及刚性、模具质量的要求更高。

普通注塑机的注射压力为 $147\sim177$ MPa,精密注塑机的注射压力为 $216\sim243$ MPa,精密注塑机超高压力已到 $243\sim392$ MPa。以注塑 PC 为例,普通机用 177 MPa 的注射压力可成型 $0.2\sim0.8$ mm 壁厚的制品,而精密机用 392 MPa 注射压力时,成型制品的壁厚可达 $0.15\sim0.6$ mm。

10. 注射压缩成型机

注射压缩成型机主要用来成型大型家电部件、汽车发动机内部件等,能够成型薄壁制品和流动性差的材料。成型时,注塑机先将模具闭合至仅留下 $3\sim7$ mm 压缩间隙后注入塑料熔体,然后完全闭合模具(压制),将熔体压满整个型腔。此法成型所用的注射压力较低,因而锁模力也仅需要传统注射时的 1/3,既节约能源,又保证制品残余应力小,变形小。注塑机采用四点平行控制锁模方式实现模具的平行压缩。通过控制液压系统的流量来控制模具稍许打开的状态,确保不产生飞边。

11. 超高速注塑机

超高速注塑机主要用来成型以前填充困难的超工程塑料和壁厚极薄制品。采用数字伺服控制技术,由高速 A/D、D/A、速度和压力传感器、高速处理装置等组成。典型超高速注塑机的注射速度范围为 $1\sim1000$ mm/s,注射压力范围为 $3\sim385$ MPa。

12. 金属粉末成型(MIM 成型)

将金属粉末与树脂混匀后注射出性能特殊的制品。与此相类似的还有陶瓷粉末注射成型和玻璃纤维增强注射成型。显然,这些成型方法都要求使用特别耐磨的金属材料来制造螺杆、料筒、喷嘴和模具。同时,也要求具有良好的物料混合性能和较高的注射压力。

13. 特殊材料注塑机

例如橡胶注塑机,超高相对分子质量聚乙烯、聚四氟乙烯等粉度很高的材料的注塑机,低黏度液状树脂的注塑机等。

思考题

1. 注塑机由哪些基本部分组成? 各组成部分的作用是什么?
2. 说明注射成型的工艺特点。
3. 注塑机的型号规格有哪几种表示方法?
4. 哪些情况下可以使用立式、卧式或角式注塑机?

5. 柱塞式注射装置由哪些零件组成？阐述其塑化工作原理。

6. 螺杆式注射装置由哪些零件组成？阐述其塑化工作原理。

7. 比较柱塞式注射装置与螺杆式注射装置的优缺点，说明各自的应用场合。

8. 对注塑机的料筒是如何进行加热与控温的？

9. 螺杆的转数与背压对塑化效果的影响如何？

10. 螺杆头有哪几种结构？如何选用？

11. 喷嘴有哪些类型，如何选用？

12. 对于三种预塑方式，即固定加料、前加料和后加料，如何选用？

13. 说明液压-肘杆式合模装置的工作原理和特点。

14. 液压式合模装置的种类有哪些？与液压—肘杆式合模装置相比，其特点是什么？

15. 移动模板在合模与开模过程中是怎样变速的？为什么？

16. 近代注塑机的控制技术的特点有哪些？

17. 选用注塑机时，需要进行哪几个方面的工作？

18. 注塑机上采取了哪些安全保护措施？

19. 比较热固性塑料注塑机与热塑性塑料注塑机的结构以及提供的工艺条件上的差异。

第 11 章　塑性成型生产系统

11.1　塑性成型生产模式

在塑性成型生产中,形成生产能力、完成塑性成型工艺要求的生产模式大致有单机加工、生产线加工、柔性加工及计算机集成加工四种模式,如图 11-1 所示。

单机加工可分为通用单机加工与专用单机加工,这两种模式又有手动加工、半自动加工、自动加工及数控加工等不同的层次。手动加工是用手工操作的原始加工方式,工件的质量与生产效率靠专用的工艺装备及人的经验与手工技术来保证,工件质量差、精度低、生产率低。如在成型设备上采用现代化控制,再加上机械化或自动化上下料装置等可形成单机半自动或自动加工,则上述缺点将有很大程度地改善。若用数控成型设备代替普通成型设备,则将使单机加工模式产生重大突破。数控设备集自动化机床的高效率、精密机床的高精度和通用机床的高柔性于一身,改变了非大批量生产不能自动化的历史。加工一个新零件只需要向数控设备输入一个新程序,程序的编制和输入耗时极少,因此数控设备可使中小批量甚至单件生产实现自动化。数控设备是物料处理自动化的典型装备,数控加工是单机加工的最高形式。

在大批量生产中,由多台设备组成的单机连线的生产模式早已广泛采用。生产线加工模式中值得重视的还有多任务位压力机。多任务位压力机可实现多任务序制件在设备上的连续加工,特别适合少品种大批量生产。由于模具快换快调装置,三坐标夹钳系统及驱动系统的不断完善,多任务位压力机在金属制品、汽车及电机电器行业投资构成比例呈显著上升趋势。

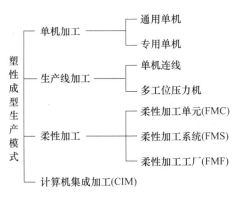

图 11-1　塑性成型生产模式

自 20 世纪 80 年代初期开始,在汽车车身件的冲压生产中,冲压自动线已逐渐向多任务位压力机转变。为适应多品种小批量生产的要求,20 世纪 60 年代末兴起了柔性加工模式。根据生产规模及自动化程度的不同可再细分为柔性加工单元、柔性加工系统及柔性加工工厂。近代高新技术的发展,推动着人们去追寻更高层次的加工模式——计算机集成加工模式;上述加工模式之间并没有严格的界限,而是有复合的加工模式出现。生产线中可能出现柔性加工模式,柔性加工也可能以生产线的模式出现。另外,柔性加工工厂与计算机集成加工系统又有某些相似之处。人们将在实践中逐渐去识别、去创造。

各种生产模式大致适用范围如图 11-2 所示,纵坐标为每批零件数,横坐标为零件种类数。由图 11-2 可见,刚性自动线生产率最高,适于大批量生产。数控单机柔性最好,适于多品种生产。柔性加工系统介于两者之间,适于多品种小批量生产。随着柔性技术的发展,柔性加工系统的适用范围在向外扩展。常用的各类通用单机、专用单机、数控单机等已在前述有关章节中讲述,此处不再赘述。本章着重介绍塑性成型生产线及柔性加工系统,并简单介绍计算机集成加工系统。

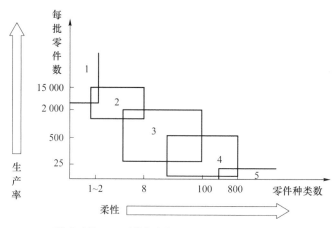

1—刚性自动线；2—柔性自动线；3—柔性加工系统；
4—柔性烟工单元；5—数拉单机

图 11-2　生产模式范围

11.2　塑性成型生产线

通常在一台成型设备上只能完成一道或几道工序。一个需要多道工序完成的塑性成型制品,往往需要多台设备相继完成有关工序。在大批量生产中,为了提高生产率,改善操作者的劳动条件及保证生产安全,可将一些成型设备及辅助设备按照工艺顺序排列,并用传输机构把它们连接起来,使工件能由一台设备移至下一台设备,从而逐步完成部分或全部工序,这就形成了生产线。

11.2.1　塑性成型生产线的分类与组成

1. 塑性成型生产线的分类

图 11-3 所示为塑性成型生产线的基本类别,图 11-4 所示为单轨及输送带连接的模锻生产线,图 11-5 所示为刚性及柔性连接的生产线。通常生产线的命名多为几种分类方式的综合,除图 11-3 所示分类方式外,还有其他的分类方式。

2. 塑性成型生产线的组成

塑性成型生产线由主机、辅机和附设机构及装置组成。主机是完成主要成型工序的设备,一般有一台或多台成型设备。辅机为完成辅助工序的设备,如加热设备、冷却设备、校正设备、剪切设备、切边设备及操作机等。附设机构及装置是完成各种辅助动作及实现检测要求的机械电器装置,如装料机构、传输机构、储料装置、出件机构、检测装置及保护装置等。主机、辅机和附设机构及装置必须密切配合、协调动作。刚性连接的生产线,各台设备和中间传送装置应严格同步运转,即按相同的生产节拍运转。柔性连接的生产线,一般后一台设备的转速应稍大于前一台,避免工件在中间过程产生堆积。

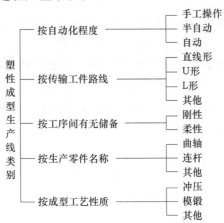

图 11-3　塑性成型生产线的基本类别

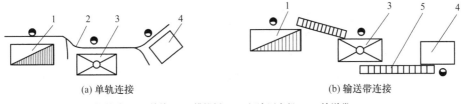

(a) 单轨连接　　　　　　　　　　　　　(b) 输送带连接

1—加热炉；2—单轨；3—模锻锤；4—切边压力机；5—输送带

图 11-4　单轨及输送带连接的模锻生产线

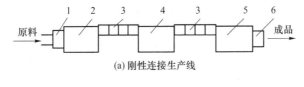

(a) 刚性连接生产线

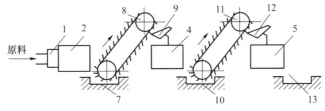

(b) 柔性连接生产线

1—自动送料装置；2、4、5—压力机；3—传送装置；6—出件机构；
7、10、13—储料器；8、11—叶片式提升机；9、12—料斗

图 11-5　刚性及柔性连接的生产线

开动生产线时,一般先开动最后一台设备和装置,再依次开动前面的设备和装置。自动生产线由计算机统一控制、协调和管理。

11.2.2 塑性成型生产线实例

1. 定转子片冲压生产线

以上海跃进电机厂制造的 JO3 型定转子片冲压生产线为例。图 11－6 为定转子片及其冲压工步简图。该生产线的主机为三台普通开式双柱压力机,公称压力分别为 400 kN、600 kN 及 350 kN,滑块行程次数分别为 65 次/分钟、70 次/分钟及 75 次/分钟三台冲床成直线排列。其生产过程如下:首先将条料集中堆放在料架上,通过升料机构(由提升缸驱动)和吸料机构,将最上面的一张条料提升到装料高度,然后再由拨料机构(由拨料缸驱动)将条料拨入第一台冲床的送料轨道上;接着送料机构便带动推爪将条料送至第一台冲床的模具上,冲压转子槽形和轴孔。其后,再由送料机构带动推爪将条料推送到第二台冲床的模具上,由轴孔定位冲出定子槽形及扣片槽。接着由送料机构 A3 带动推爪将条料推送到第三台冲床的模具上,仍以轴孔定位冲落定子片与转子片。由于第三台冲床的台面与地面成倾斜角,因此定子片从模具上滑出后自动落在冲床后的理片棒上,转子片则由模孔内落入装料桶,而废料则由出料机构带动推爪将其推出轨道,这样就完成了全部冲压过程。

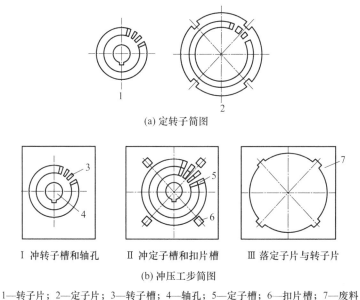

(a) 定转子简图

Ⅰ 冲转子槽和轴孔　　　Ⅱ 冲定子槽和扣片槽　　　Ⅲ 落定子片与转子片

(b) 冲压工步简图

1—转子片;2—定子片;3—转子槽;4—轴孔;5—定子槽;6—扣片槽;7—废料

图 11－6　定转子片及其冲压工步简图

上述生产线除主机外,其主要附设机构及装置有自动装料机构、送料机构、出料机构和联锁保护装置等。自动送料机构设在生产线的始端,由吸料机构、升料机构和拨料机构组成,其功能为从料架自动吸起一张条料,提升到装料高度,并拨入输送轨道上。送料机构为推爪式,每台冲床均有各自的送料机构,分别由各台冲床的曲轴带动,保证推爪和该冲床协调动作,送料机构的功能为将拨入输送轨道的条料自动地相继送到第一台、第二台和第三台冲床的模具上。出料机构也为推爪式,设置在第三台冲床上,其功能为完成废料的清理。转子和定子片利用自重出件,分别落入集件器及接料器中。联锁保护装置为微动开关,当输送线上条料发生叠片或拱曲时,通过微动开关触头的动作,命令冲床停车。

2. 载重汽车曲轴前梁模锻生产线

以德国公司制造的一条主机为 120 000 kN 楔式压力机的大型热模锻自动生产线为例。该线用来生产汽车曲轴与前梁。模锻曲轴的流程是:毛坯于感应加热炉内加热到锻造温度,在辊锻机上预锻成型,在楔式压力机上进行多模腔模锻,在扭转机上扭转,最后在校直机上校直。该线用五台操作机和多个传送机构完成设备间及各模槽间的送料,全线用微处理机控制运行,全线长约 53 m,曲轴锻件重 140 kg,前梁净重 120 kg。生产率大约为 90 件/分钟。

3. 以 160 000 kN(公称压力)为主机的模锻生产线

安装在瑞典公司的以 160 000 kN 热模锻压力机为主机的模锻自动生产线主要用于模锻重型柴油机的曲轴和载重汽车的前梁。160 000 kN 热模锻压力机是该线主机,这是当今世界上最大吨位的热模锻压力机,该机地面以上高度为 10.5 m,重量为 1 625 t。全线分三个主要部分:棒料加热部分、模锻线部分及冷却线部分。加热部分包括棒料库、感应加热装置、棒料传送装置和棒料热剪装置。模锻部分包括辊锻机、16 000 kN 型热模锻压力机、12 000 kN 切边压力机、2 000 kN 曲轴扭转机及 16 000 kN 校直液压机等。全线有八台机器人服役,每台机器人均由单独的微机控制,全线有一台总的微型机对全部设备进行监控并和终端站联系。

11.2.3　机器人及其在生产线中的应用

生产线中的附设机构是生产线中最活跃的。仅就传送机构而言,冲压生产中就有重力及惯性力输送器,带式、链式及梭动输送机;刮板式、斗式、链式提升机;真空吸盘式及板式翻转器等多种机构。随着现代科学技术的发展,生产线的附设机构已从简单的机械结构发展到智能机器人。机器人是具有多种运动构件,能在一定的立体空间自由地抓取制件或进行其他操作的装置。智能机器人是用电脑控制能做人的肢体一样按自身的规律动作并具有感觉和识别机能的机器人。

锻压机器人通常指锻压生产中专用的可重复编程的自动化抓放装置。锻压生产环境恶劣、有高温热辐射、烟气大、振动强烈,有损于工人健康。锻压机械工作速度快,劳动单调重复,易发生人身事故。因此在锻压生产中,特别是在生产线中,机器人具有广阔的应用前程。

1. 锻压机器人的结构形式

锻压机器人按结构和运动方式有四种形式:圆柱坐标型、极坐标型、多关节型及直角坐标型。圆柱坐标、极坐标及多关节型机器人都是模仿工人站在机器前面取送工件的动作而设计的。图 11-7 所示是圆柱坐标锻压机器人的工作形态,机器人具有两支手臂,一支送料,一支卸件。手臂可以伸缩、升降和回转,可在高度等于臂部上升距离、半径等于臂部最大伸长长度的圆柱体空间内取送工件。圆柱坐标型锻压机器人的主要特点是工作范围较大,运动轨迹直观性强。

极坐标型机器人以手臂的俯仰代替手臂的升降,依靠手臂的伸缩、俯仰和回转,可在以手臂最大伸长长度为半径的球体空间范围内取送工件。极坐标型机器人的特点是工作范围大,还能将手臂伸向地面从地上拾起毛坯;其缺点是运动轨迹不直观。

多关节型机器人靠手臂的曲直、俯仰和回转可在以臂部最大伸展长度为半径的球体空间范围内取送工件。其特点是工作范围大、动作灵活而且可方便地绕过障碍取送工件,但结构复杂,运动轨迹不直观,不易达到高运动精度。

上述几种型式机器人多是安放在机器的正前方像工人一样来操作,这就占据了一定空间并影响换模。因此又出现了直角坐标型机器人,它的手臂可前后、左右和上下运动,在一个长方体空间范围内取送工件。其特点是手臂支撑等操作部分安装在压力机工作台的后面,前方完全敞开,有利于换模及观察,另外工作速度也比圆柱坐标型高。

近来内装机器人的压力机越来越多,独立安装的机器人应用也很普遍,该种机器人自动线如图 11-8 所示。

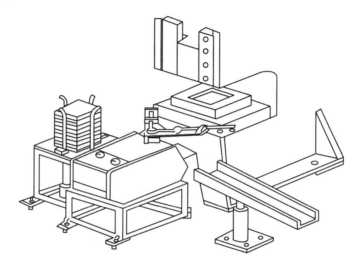

图 11-7   圆柱坐标锻压机器人的工作形态

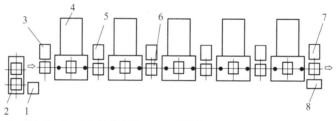

1—操作台;2—毛坯供给装置;3、5—送料机器人;4—压力机(多台);
6—中间工作台(多台);7—取件机器人;8—操作台

图 11-8   独立安装的机器人自动线

2. 机器人在塑性成型生产线中的应用实例

① RY 型机器人   RY 型机器人于 1976 年开发,采用了电子计算机伺服送料方式,DC 伺服电机直接驱动。它是装设在压力机之间的独立设置、单独驱动的直角坐标型机器人。其特点为速度快、精度高、组线灵活、操作性好、安全度高、发生故障时容易排除。RY 型机器人不仅实现了冲压自动化,而且还实现了废屑的无人化处理和制件的自动搬运。

② RSD-20 型机器人   RSD-20 型机器人于 1983 年开发,是采用 AC 伺服电机驱动,微处理机控制的直接装在压力机上的直角坐标型机器人。其具有速度高、动作设定容易、节省空间、维修容易及布置自由等特点。RSD-20 机器人自动线是一条生产底盘的自动线,有两道

弯曲工序、一道切口及折弯工序。该自动线的主要特征为机器人装在压力机内,具有顺次送进及选择作业功能。

③ M－MODEL1 型机器人　M－MODEL1 型机器人采用 NC 控制,同时三轴点位控制。该型机器人与 5 000 kN 油压机、1 500 kN 曲柄压力机组成拉深自动线,该自动线的特点是改变加工工件时不必对辅助装置进行很大调整。机器人是示教再现式,用手动操作示教,通过计算机记忆各种动作,必要时调用程序自动运转。

近些年来,塑性成型生产正广泛地使用锻压操作机(Manipulator)、机械手(Mechanical－hand)及工业机器人代替人进行各种操作。但目前世界上对这些操纵与抓放装置的叫法与定义尚未统一。一般而言,锻压操作机通常指由人操纵抓取锻件进行锻造的装置;锻压机械手通常指附属于主机的夹取毛坯或制件的上下料装置;锻压机器人通常指锻压生产中专用的可重复编程的自动化抓放装置。

11.2.4　塑性成型柔性加工系统(FMS)

科技不断发展,为适应迅速多变的市场需求,达到在竞争中取胜的目的,必须从计划、设计、生产管理到制造的整个系统做出更加灵活的反应。传统的单机加工和刚性流水线加工已不能适应生产发展的新形势,于是适用于多品种小批量生产的柔性加工系统应运而生。

1. 柔性加工系统的含义、组成与分类

柔性加工系统(Flexible Mailufacturing System,FMS)是一种微电子工程与机械工程相结合的系统,是以进行多品种小批量生产为目的,并由中央计算机进行集中管理和控制的一种灵活易变的加工系统。这是 20 世纪 60 年代以来自动化技术、数控技术、机器人技术等多种技术领域发展的综合结果,也是现在机器制造业日益向多品种小批量方向发展的产物。

一般柔性加工系统由以下三部分组成:

① 一台或一组具有一定柔性的数控成型设备(工作站)　如冲模回转头压力机、激光切割—冲压组合压力机、等离子切割—冲压组合压力机、直角剪板机、折弯机、多任务位压力机及锻造设备等,这些设备可独立或成组地构成系统的主机。

② 一条自动及柔性的物流系统　物流是指生产加工过程中,材料、工件和工具的流动。它包括仓库中的存储,从仓库到机床或从一台机床到另一台机床的运送、以及在机床上的上下料等。物流系统由自动仓库、自动运输车、自动装卸料设备和自动换模装置等组成,这些装置又称为柔性加工系统的外围设备。

③ 一条监控与管理的计算机及微机网络　该网络能够执行的任务有:给出作业路线;追踪作业状态;发出加工指令,保障工具供给及监控操作。在计算机的统一管理下,外围设备与成型设备有机地组合为整体系统。

根据生产规模及自动化程度的不同,柔性加工可分为以下三类:

① 柔性加工单元(Flexible Manufacturing Cell)　一般指含一台成型设备的简单柔性加工系统。

② 柔性加工系统　一般指由多台成型设备组成的较为复杂的柔性加工系统。

③ 柔性加工工厂(FlexibleManufacturingFactory)　柔性加工工厂,是含柔性加工车间,由多个不同类型的柔性加工系统、集中统一的自动化仓库、物流系统和分布式多级计算机控制系统组成的规模最大、自动化程度最高的柔性加工系统。

截至目前,国际上对柔性加工系统尚无统一、严格的定义。上述三种类型均又可统称为柔性加工系统(PMs)。

2.柔性加工系统实例

(1)板材柔性加工单元

德国特龙夫(Trumpf)公司推出的板材加工单元由 CNC 激光压力机、五跨的高架自动仓库、自动上下料装置、换模机器人及三个工具塔等组成,用于生产柴油机、发电机组零件。

(2)冲压柔性加工单元

图 11-9 为日本小松和东芝公司合作研制的冲压柔性加工单元示意图,该单元由 1 500 kN 开式双柱宽台面压力机、机器人、模具自动仓库、供料装置、堆垛起重机、成品工件传送带、废料传送带、操纵台等组成。该单元可加工 150 种左右的电器控制零件,最小批量 20 件,最大批量 4 000 件。工件板厚范围为 0.5~8 mm,加工材料可为软钢、不锈钢、铜等;工件长度为 30~200 mm,宽度为 10~200 mm。冲压柔性加工单元可进行各种落料、冲孔、拉深及弯曲等工序,生产率相当于 7 台小型机械压力机。

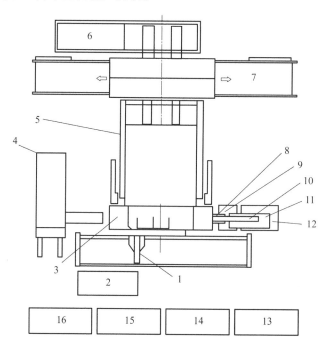

1—机器人;2—操作盘;3—压力机;4—供料装置;5—换模装置;6—模具自动仓库;
7—堆垛起重机;8—成品传送带;9—成品托盘;10—废料传送带;
11—储存器;12—废料托盘;13、14、15—控制盘;16—操作台

图 11-9　冲压柔性加工单元

(3)锻造柔性加工系统

英国伯明翰大学研制的锻造柔性加工系统由两台内燃高速锤、感应加热炉、推料气虹、排料气缸、顶出器、润滑机及机器人等组成。其中,机器人(Unimate 型)属于极坐标型,有手臂伸缩、俯仰和摆动,以及手爪的旋转俯仰及开闭等六种动作,它们分别由液压或气动系统驱动。这种机器人采用点位式控制,有示教与再现两种工作模式。机器人的任务是从炉口夹取加热

好的毛坯,送至右面第一台高速锤的模腔中。此锤锻造后,机器人将其锻件取走送至第二台高速锤模腔中,第二台锤锻造后,机器人将锻件推至锤后部的成品箱。

锻造柔性加工系统具有各种联锁控制,如毛坯温度和位置联锁控制、活塞位移联锁控制等,该系统的实际使用情况表明,它与原有人工系统相比,对于 0.9～22.7 kg 的锻件而言,生产率提高 43%～100%,原材料节省 14%～25%,人力节省 50%～75%,机械加工量减少 67%。

(4) 板材柔性加工系统

日本村田公司和美国 Swasey 公司合作研制的板材柔性加工系统由 CNC 冲模回转头压力机、直角剪板机、弯曲压力机、分组装置、材料自动仓库及中央控制装置等组成。

冲模回转头压力机的自动送料及卸料系统,配备有两台电动供料车。根据控制面板指令,当一台在供料时,另一台可以装料,可保持生产的连续性。在回转头压力机上可一次在整块板材上冲出许多孔、槽或其他形状,然后在直角剪板机上按给定程序剪开成若干个工件。还能够在一块板材中冲出几十个零件的图形,然后在直角剪板机上以最少的行程次数和最短的板材移动距离将板材分剪成几十个零件。剪下的废料首先经分选装置选出并送走,剪下的工件再由工件分组装置将其分开并使其分别落入各个工件箱。

(5) 冲压柔性加工工厂

图 11-10 为日本日立公司建造的冲压柔性加工工厂框图。由图 11-10 可见,除了冲压车间的全部压力机等设备均由微处理机控制外,模具搬运及工具车间中模具的修理、模具图样的管理也由微处理机控制,同时还用一台小型计算机作中央机,负责各微型计算机控制系统间的信息交换和协调,它也可与公司的生产管理用大型计算机相连,组成完整的多级生产管理系统。各部分的工作分工如下:

① 管理办公室的工作　作业指示(单据号、产品号、数量、交付日期和传票单据处理),作业显示(所有压力机的作业情况打印),模具信息的取送(从模具信息文件中取出信息或送入信息),作业停止(在作业改变或完成时停止冲压作业)。

② 作业办公室的工作　作业暂停和终了处理,损坏模具的处理和各种检测装置的处理。

③ 检查室和库房的工作　模具的出入库及损坏模具的处理。

④ 工具车间的工作　模具修理及模具图样(缩微胶卷)的管理。

⑤ 模具搬运系统的工作　根据中央计算机、仓库管理人员或操作人员发出的指令处理模具的搬运。

⑥ 冲压车间的工作　操作数据处理(由中央计算机与控制压力机的微处理机共同处理),作业的信息处理(包括作业完成时冲压件数量信息和故障的中断处理)。

3. 柔性加工系统的组成部分

一般柔性加工系统由以下 7 部分组成。

(1) 数控成型设备

现用于柔性加工系统的主要设备有冲模回转头压力机、激光切割机、等离子切割机及直角剪板机等。

(2) 快速换模装置

快速换模装置的类型很多。一般是按计算机的指令,通过机械手将工作完毕的模具从成型设备上成套取出,同时将所须模具从模具库中取出送至模具空间定位夹紧。模具库有回转型与固定型两种基本形式。回转型又分为转塔式及回转头式;固定型一般为扇形。

（3）自动装卸料装置

传统的一些装卸料装置已难于满足多品种的要求。带真空吸盘的机械手是适于板材上下料的最新装置。

德国特龙夫(numpf)公司的板材上下料装置独具特色,现简要介绍可编程卸料装置。由于上料时送入整块板材,而卸料时板材已冲出许多孔和槽;有的真空吸头可能吸不着板材,或者整块板材已被切开成几种形状尺寸各不相同的零件,因此根据零件形状和重量对吸料盘上大大小小各种真空吸头的动作进行编程,使能一次吸起一块板材上分离下来的各种形状和尺寸的工件。同时,由于在一块吸盘上共布置4种规格72个吸头,吸头的分布已做细致安排,因此废料可从工作空间顺利取出。此外,不同工件还可以按照要求堆叠在不同的料盘上。

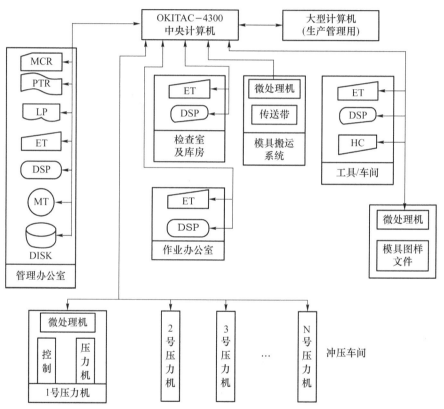

MCR—读卡机；ET—输入终端；DISK—磁盘；PTR—读带机；DSP—显示器；
HC—硬拷贝机；LP—行式打印机；MT—磁带

图 11-10　冲压柔性加工工厂框图

（4）自动化立体仓库

自动化立体仓库由高层货架、堆垛机、货箱及控制装置等组成,如图11-11所示。高层货架根据存储物料的容量不同,由不同跨度、不同层数的货架组成。货架中有许多货格,每个货格均赋予1个特定地址,可存放1个货箱。货架前或两个货架之间设有巷道,巷道内有在轨道上行走的堆垛机。堆垛机上有升降货台、货叉,货台可以升降,货叉可以伸缩,用以取出或放回货格货箱。完成取放任务后,堆垛机驶到巷口待命。

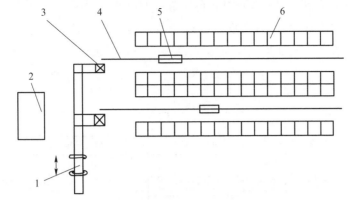

1—自动导引运输车；2—控制室；3—检货台；4—上、下梁轨道；5—堆垛机；6—货架

图 11 - 11　自动化立体仓库组成

（5）自动导引运输车（Automated Guided Vehicle，AGV）

如果说自动化仓库是现代物流系统的枢纽，那么自动导引运输车就是其动脉。AGV 按其导引方式可分为固定路径式及无固定路径式两类。前者在行驶路径上须设置导引用的信息媒介物，如电磁导引、光学导引和磁性导引等；后者是在 AGV 上储存布局上的尺寸坐标，通过识别车体的当前方位，自主地决定路径、后者又称车上软件——编程路径式。

具有双向伸叉功能的是感应式 AGV。在物流系统中，除 AGV 外还有单轨自动车（SKY Rail Automated Vehicle，SKY RAV）及牵引小车（Mini Train）。前者空中悬挂，单轨行驶、路径确定，速度比 AGV 快，适用于较轻的对象；后者常用于出入库系统。

（6）及时生产（Just in Time）作业命令软件包

每个柔性加工系统都有其及时生产作业命令软件包，随系统及工艺的不同而有所变化。这里仅介绍动态编程技术。动态编程技术由德国 Trumpf 公司开发，使用过程包括两个阶段：第一阶段是把某一用户的所有需要在该 FMS 上加工零件的生产数据经过"预编程"后储入程序库内；第二阶段是在需要加工某些零件时临时编程。例如，第二天需要板厚 2 mm 的 4 种零件各若干件（如 A 件 10 个，B 件 6 个，C 件 25 个，D 件 1 个），前一天晚上可以将这些要求和库存板材规格输入计算机，由计算机分析并按最佳方案选定 17 张规格 1 250 mm×2 500 mm×2 mm 的板材。但由于各种零件所须数量不同，每张板材的排样也不一样，甚至 17 张板材就可能有 17 种排样，也就有 17 种不同的程序。将这些程序输入机器进行生产即可迅速得到所需要的各种零件。这种程序用后不再保留。这种随用随编用户不留的处理方法，叫作动态编程技术。

（7）计算机控制系统

柔性加工系统借助计算机的硬件与软件实现各子系统之间的联系。控制系统的任务为制定与评价 FMS 的运行计划，控制、管理与监视 FMS 的运行情况，实现各系统的总体配合。控制系统主要有直接数字控制（DNC，又称群控）和多级计算机控制两类。

直接数字控制（DNC）即对多台机床或生产机械采用一台计算机进行直接数字控制。计算机完成全部运算和控制职能，从而省去各单台机床的大量纸带制备时间和费用。DNC 可采用大、中、小型通用计算机、专用机或可编过程控制器等，用以控制几台、十余台甚至上百台生产机械。这种控制方式对过程控制计算机的可靠性有较高的要求。

随着系统柔性的增加,被控机器设备和过程增多,控制范围增大,为避免 DNC 过于集中控制和对主计算机可靠性要求很高等问题,应用了多级计算机控制系统。图 11 - 12 所示为计算机控制系统。

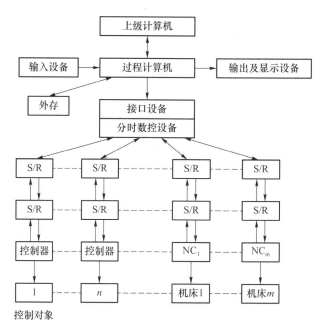

图 11 - 12 计算机控制系统

① 第一级——基层控制 采用各种控制机、小型计算机、微型机、各种控制器等,收集信息,处理检测数据,执行上级计算机来的命令,直接控制生产过程等任务。

② 第二级——协调控制 一般采用小型计算机控制,任务是对局部生产状态进行分析、判断、发出指令、修改基层控制的参数,协调其工作等。

③ 第三级——管理控制 一般采用中大型计算机,负责管理控制,原材料价格分析,生产历史记录,管理报告编制,零件程序储存,经济指标核算等,实现整个系统的综合管理和自动化。图 11 - 13 所示为三级计算机控制系统。

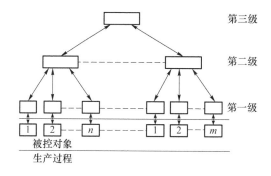

图 11 - 13 三级计算机控制系统

4. 计算机集成加工系统(CIMS)简介

在中小批量生产中,通过建立 FMS,能大幅度提高劳动生产率,促进产品更新换代,提高产品质量和迅速响应市场的需求。若将 CAD、CAPP(Computer - Aided Process)、CAM 以及图形、网络、仿真等高技术应用于 FMS,就形成了高技术集成制造系统——计算机集成制造系统(Computer Integrated Manufacturing System,CIMS)。

人们试图以不同的方式建立 CIMS 模型,图 11 - 14 所示为其中之一。图 11 - 14 中,三个三角形分别代表三个系统:①控制系统:包括车间控制与单元控制,司管理之责(合计划,调度,控制);MRP Ⅱ 是上层软件。②工程系统:包括 CAD,CAPP、CAM,主持技术工作。⑧生产系统,即 FMS,直接生产产品。图 11 - 14 中,五个带阴影线的扁梯形均为仿真器。仿真即利用模型对实际系统进行实验研究。通过系统调研,建立模型、编制程序,运行模型,然后输出分析结果。

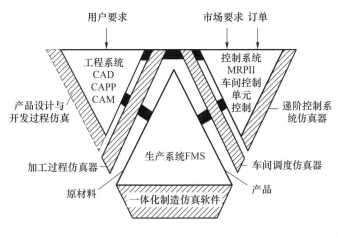

图 11 - 14　CIMS 模型

图 11 - 14 中,介于三角形与扁梯形之间的粗短线代表系统与仿真器之间的信息流,负责传递系统与仿真器之间的信息。

图 11 - 15 所示为我国 CIMS 实验工程结构。MM 分支相当于企业的厂部与科室,NN 分支相当于车间。两个分支用光缆联系起来,形成 CIMS 的整体。图 11 - 16 所示为 CLMS - ERC 单元控制器功能及外部信息关系,它是 CIMS 的指挥中心。

CAD/CAM 集成的研究始于 20 世纪 70 年代,目前国际上成熟的商品化 CAD/CAM 软件大多实现了实体造型—工程分析—NC 自动编程—文档制作的内部集成,如美国 SDRC 公司的 I - DEAS 软件等。在 CIMS 的环境下,这类软件的集成水平远远不能满足要求,因为系统中无 CAPP 这个承上启下的"工艺师"。这些系统大多采用初始图形交换规范 IGES(1nitial Graphics Exchange Specification),对集成有不利影响;大多采用传统的实体造型技术,致使建模所得的产品定义信息不完整,缺乏集成的工程数据管理环境。要想实现高水平的 CAD/CAPP/CAM 集成,必须解决下述三项关键技术:① 实现 STEP 标准(Standard for the Exchange hodud Model Data)统一的产品数据定义模型及数据交换技术。②开发良好的工程数据管理环境。③应用新一代的以特征为基础的(Feature - based)建模技术。这些技术的实现有相当的难度,但在朝此目标前进的路途中,依然存在着各种局部解决或变异解决的通道。因此实现各种特定领域的水平不等的集成途径将是五彩缤纷的,单一的模式并不存在。

截至目前,世界上对 CIMS 还没有统一的概念。在 CIMS 工程研究实施的进程中人们的认识逐渐深化。CIM 是一种哲理、一种指导思想、一种提供工厂自动化追求的目标,而不是提供唯一的一种模式。企业通过全面规划,用集成特别是信息集成来解决企业产品的竞争力(上市早、质量好、成本低)便是实现 CIMS。从我国目前情况看,大部分企业应该走结合企业本身需求的局部集成或低价 CIMS 的道路。

市场的需求永远是该领域向前发展的推动力,相关学科基本规律是设计路线的基础。今天的理论将是明天的技术和后天的产品。但是消费者要的却是具体的产品,而且是今天的。在争夺各种机遇的竞争中,国内外均认识到人是诸资源中最重要的资源,教育是开发这种资源的手段。

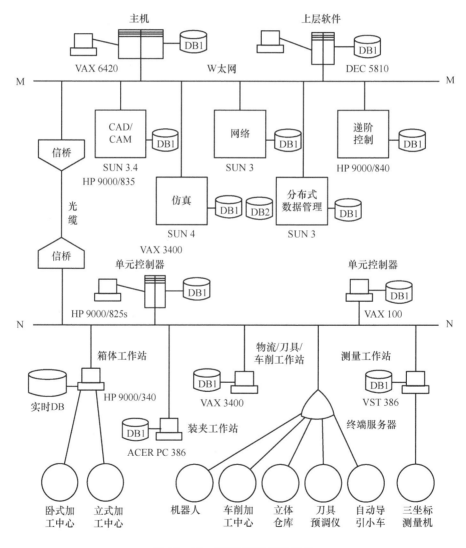

图 11-15　CIMS 实验工程结构

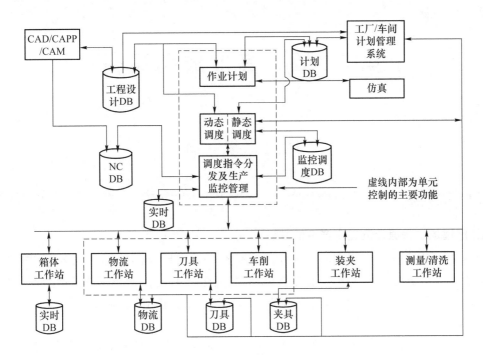

图 11 - 16　CLMS - ERC 单元控制器功能及外部信息关系

思考题

1. 简述塑性成型生产线的分类。
2. 柔性加工系统的组成有哪些？
3. 何谓计算机集成加工系统？

第12章 其他成型设备

12.1 锻 锤

12.1.1 概 述

1. 锻锤的工作原理及在生产中的应用

锻锤是一种重要的、也是最早出现的锻造设备,自19世纪第一台蒸汽锤在英国问世以来,已有一百多年的历史。蒸汽-空气有砧座锻锤(见图12-1)是最早应用于锻造生产的典型代表,主要由落下部分(锤头、上砧,锤杆、活塞,简称锤头)、砧座(砧座、砧垫、下砧)、汽缸和机身等组成。

锻锤是一种能量限定型设备,其工作原理为,在锤头碰到锻件后的极短时间内(千分之几秒),锤头将向下行程中积蓄的动能释放,以巨大惯性力冲击锻件,完成塑性变形。因此,锻锤与液压机和机械压力机的工作原理不同,压力机类锻压设备是靠静压力或准静压力使锻件变形的。当压力机的压力大于锻件变形力时,加压一次即可成型,反之,如压力机的压力小于锻件变形力时,即使加压多次也不能成型。而锻锤则是靠工作部分动能的瞬时释放使锻件变形,当锻锤每次打击的有效能量小于锻件变形所需能量时,仍可采用多次打击完成锻件变形的任务,而且变形速度快,对于不同类别的锻件适应性强,特别适合中小批量的生产厂使用。

锻锤由于设备投资较少、工艺性强,而且结构简单、操作方便,因此广泛应用于锻造车间完成模锻、自由锻,胎模锻等工艺。但锻锤同时也存在基础庞大,振动、噪声严重,工作环境恶劣,能耗大以及不易实现自动化等缺点。为此21世纪相继出现了对击锤、液气锤、电液锤等新式锻锤。

2. 锻锤的分类、型号

锻锤的种类很多,一般按锻锤的驱动形式分为蒸汽-空气锤、空气锤、机械锤、液气锤、高速锤。

(1) 蒸汽-空气锤

蒸气-空气锤以蒸汽或压缩空气作为能量传递物(一般称为工作介质),当一定压力的蒸汽或压缩空气进入汽缸上腔或下腔时,推动锤头下行打击或上行回程。因为它能用蒸汽或压缩空气作为工作介质,故称之为蒸汽-空气锤。这类锻锤所用工作介质由工厂总汽(气)站提供。蒸汽-空气锤如图12-1所示。

(2) 空气锤

空气锤有工作缸和压缩缸,由空气分配阀连通,工作介质为空气。压缩活塞在曲柄连杆机构带动下上下往复运动,通过中间空气的联系而使锤头上下运动。这里空气作用如同弹簧一样,把压缩缸活塞运动与锤头运动联系起来。空气锤如图12-2所示。

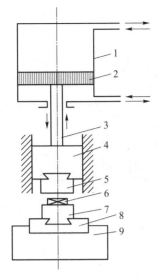

1—汽缸；2—活塞；3—锤杆；4—锤头；
5—上砧；6—锻件；7—下砧；8—砧垫；9—砧座

图 12-1　蒸汽-空气锤

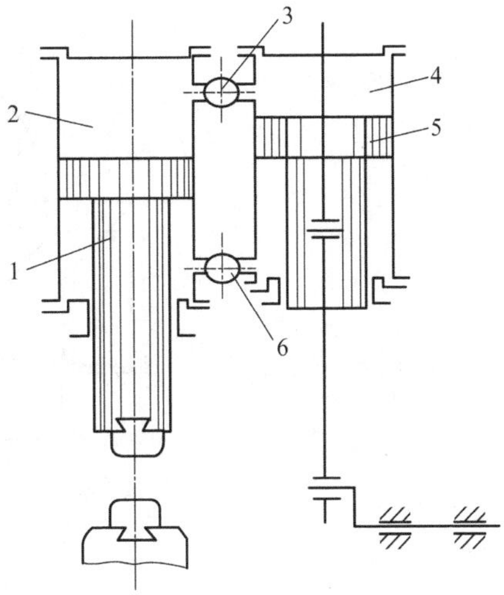

1—锤头；2—工作缸；3—上旋阀；4—压缩缸；
5—压缩活塞；6—下旋阀

图 12-2　空气锤

（3）机械锤

这类锻锤由电动机驱动，而电动机与锤头之间用机械方法连接并传递动力。根据连接方式不同分为夹板锤、皮带锤（或链条锤）、弹簧锤等。

（4）液气锤

液气锤由压力油和气体联合驱动，工作缸上腔充入一定压力的空气或氮气，下腔进油时可使锤头回程并压缩气体蓄能，锤头处于悬空状态。打击时，可通过操纵系统使工作缸下腔的油快速排出，上腔气体膨胀做功，锤头系统下降，同时使锤身系统上跳，实现对击。或者使工作缸下腔的油液通过联通油路进入框架下端的联动液压缸，帮助锤身上跳，实现对击。液气锤如图 12-3所示。

根据相对打击速度不同，分为高速锤和液压模锻锤两大类。如果锤身系统不动，只有锤头系统下行的这类锻锤一般称为电液锤。

（5）高速锤

高速锤的工作原理是气缸中一次性充入高压氮气，靠来自液压系统的高压液体驱动锤头回程，使气缸中的气体得到进一步压缩；打击时，液体快速排出，气体膨胀，驱动锤头快速下落，与此同时，气缸中气体反作用力驱动锤身向上运动，与锤头实现对击。高速锤的特点是打击速度高，能力大。高速锤如图 12-4 所示。

此外锻锤还有其他分类方法，如按工艺用途分为自由锻锤和模锻锤；按打击特性可分为有砧座锤和对击锤（见图 12-5）；按落下部分作用形式可分为单作用锤和双作用锤，锤头下落过程中，单纯靠落下部重力作用实现下落打击的称单作用锤（如夹板锤等），除了重力外还有附加动力作用的，如在活塞上部通入蒸汽或压缩空气等，称为双作用锤。

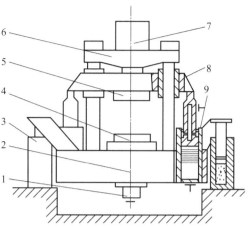

1—顶出缸；2—下梁；3—支承缸；4—下模；5—上模；
6—上梁；7—高压缸；8—动梁；9—回程缸

图 12-3 高速锤

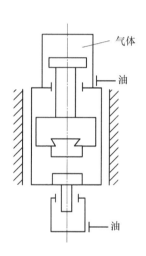

图 12-4 液气锤简图

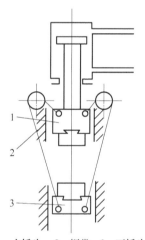

1—上锤头；2—钢带；3—下锤头

图 12-5 蒸汽-空气对击锤简图

各种锻锤型号如表 12-1 所列。

表 12-1 各种锻锤型号

型号	名称	型号	名称
C_{11}	单柱蒸汽-空气自由锻锤	C_{71}	钢带联动式对击锤
C_{13}	双柱拱式蒸汽-空气自由锻锤	C_{72}	液压联动式对击锤
C_{14}	双柱桥式蒸汽-空气自由锻锤	C_{73}	高速锤
C_{21}	蒸汽-空气模锻锤	C_{82}	液压模锻锤
C_{41}	空气锤	C_{83}	消振液压模锻锤
C_{43}	模锻空气锤	—	—

锤类设备是靠锤头动能释放完成锻造工艺的,因此应该用打击能量作为主参数标志其工

作能力,如对击锤就是用打击能量作主参数,但有砧座锻锤习惯上用落下部分质量作主参数,实际上它没有真正标明设备能力。

例:C41-750,C41 代表空气锤,750 代表下落部分质量为 750 kg。

C82-6.3,C82 代表液压模锻锤,6.3 代表下落部分质量为 63 kg。

3. 锻锤的打击过程、打击效率和打击力

锻件在锻锤由于锤头的打击而产生塑性变形,锤头对锻件的打击以锤头接触锻件而开始,以离开锻件而结束。这个打击过程可以分为两个阶段,第一阶段锤头和砧座彼此接近,使锻件产生弹性和塑性变形,伴有砧座、模具等受力件弹性变形。在此阶段中锤头动能释放,打击力越来越大,称加载阶段。锤头能量释放完毕时,锻件、砧座、模具等获得最大变形量,锤头,砧座不再接近,全系统的重心速度达到一致。第二阶段由于锻件、砧座、模具等的弹性变形恢复,使锤头和砧座彼此分离,直至锤头离开锻件。此阶段打击力越来越小,称卸载阶段。

打击过程中,锤头能量转化为锻件塑性变形能和锻件、砧座、模具等的弹性变形能。锻件塑性变形能与打击开始时锤头能量之比称为打击效率。

12.1.2　蒸汽-空气锤

蒸汽-空气锤是目前锻造车间最常用的锻造设备之一,根据工艺用途不同可分为蒸汽—空气自由锻锤和模锻锤。

蒸汽-空气锤由汽缸、活塞、锤杆等组成驱动机构。活塞把汽缸分隔成上下两腔,当汽缸下腔通高压蒸汽(或压缩空气),上腔排汽(气),作用在活塞下环形面积上的汽(气)体压力,克服锤头重力、上部汽(气)体作用力、摩擦阻力,推动落下部分向上运动,把锤头提起;相反,当汽缸上腔进汽(气),下腔排汽(气),作用在活塞上部的汽(气)体压力和锤头重力加速落下部分下行,积蓄能量打击锻件。

蒸汽-空气锤是用具有一定压力的蒸汽或压缩空气作为能量传递物,所使用的蒸汽压强为 0.7~0.9 MPa,压缩空气压强为 0.6~0.8 MPa,它们分别由蒸汽锅炉和总压缩气站供给。主要技术参数见表 12-2。

一般两种工作介质可以互换使用,但由于蒸汽和压缩空气的物理性质不同,致使它们的作功能力和能量利用率不同,因此改变工作介质时,锻锤的气阀等部件要做一些调整。

下面以蒸汽为介质讨论蒸汽-空气锻锤,同样适应于压缩空气介质。

1. 蒸汽-空气自由锻锤

蒸汽-空气自由锻锤用于自由锻造和胎模锻造工艺,其落下部分质量一般在 0.5~5 t 范围内,一般比 0.5 t 小的锻锤被空气锤代替,比 5 t 大的锻锤被水压机代替。蒸汽-空气自由锻锤可锻最大锻件质量,成型锻件为 75 kg,轴类锻件 1 500 kg。

根据锤身结构形式可分为单柱式、双柱拱式和双柱桥式蒸汽-空气锤。蒸汽-空气锤技术参数见表 12-2。

表 12-2　蒸汽-空气锤技术参数

技术参数	数　值						
落下部分质量/t	0.63	2	3	3	5	5	
结构形式	单柱式	双柱式	单柱式	双柱式	单柱式	双柱式	桥式
最大打击能量/kJ	—	353	—	70	120	152	180

续表 12 - 2

技术参数	数　值							
每分钟打击次数	110	100	90	85	90	85	90	90
锤头最大行程/mm	—	1 000	1 100	1 260	1 200	1 450	1 500	1 728
气缸直径/mm	—	330	480	430	550	550	660	685
锤杆直径/mm	—	110	280	140	300	180	205	203
下砧面至立柱开口距离/mm	—	500	1934	630	2310	720	780	—
下砧面至地面距离/mm	—	750	650	750	650	740	745	737
两立柱间距离/mm	—	188	—	2300	—	2700	3130	4850
上砧面尺寸/mm	—	230×410	360×490	520×290	380×686	590×330	400×710	380×686
下砧面尺寸/mm	—	230×410	360×490	520×290	380×686	590×330	400×710	380×686
导轨间距离/mm	—	430	—	550	—	630	850	737
蒸汽消耗量/kgh⁻¹	—	—	2500	—	3500	—	—	—
砧座质量/t	—	12.7	19.2	28.39	30	45.8	68.7	75
机器质量/t	14.0	27.6	44.8	57.94	61.1	77.38	120	138.52
外形尺寸(长×宽×地面上高)/(mm×mm×mm)	2250×1300×3955	3780×1500×4880	3750×2100×4361	4600×1700×5640	4900×2000×5810	5100×2630×5380	6030×3940×7400	6260×2600×7510

（1）单柱式

工人可以从锤身正面、左面和右面三面进行操作,操作和测量都很方便,但锤身刚性较差,不适宜于大吨位,落下部分质量一般在 1 t 以下。图 12-6 所示为单柱式蒸汽-空气锤。

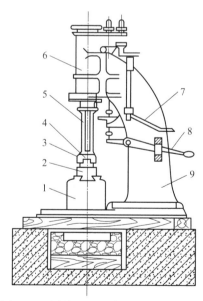

1—汽缸；2—下砧块；3—上砧块；4—锤头；5—锤杆；
6—汽缸；7—滑阀手柄；8—旋阀手柄；9—锤身

图 12 - 6　单柱式蒸汽-空气锤

（2）双柱拱式

双柱拱式蒸汽-空气锤的两个立柱组成拱门形状,上端通过螺柱、气缸垫板与气缸连在一起,下端固定在基础底板上形成框架。双柱拱式蒸汽—空气锤的锤身刚性好,工人可从前后两个方向进行锻造操作,落下部分质量为 1~5 t,是应用最为广泛的一种锻锤。图 12 - 7 所示为双柱拱式蒸汽-空气锤。

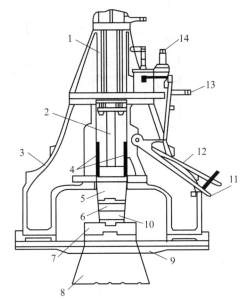

1—汽缸；2—锤杆；3—立柱；4—导轨；5—锤头；6—上砧块；
7—砧垫；8—砧座；9—基础底板；10—下砧块；11—旋阀手柄；
12—滑阀手柄；13—排汽口；14—进汽口

图 12 - 7　双柱拱式蒸汽-空气锤

（3）双柱桥式

双柱桥式蒸汽-空气锤的两个立柱和横梁连接成桥形框架,锤身下面操作空间较大,适合锻造轮廓尺寸较大的大型锻件,锤身结构尺寸大,刚性较差,落下部分质量为 3~5 t。

蒸汽-空气自由锻锤主要由落下部分、气缸部分、锤身(机架)部分、砧座基础部分和滑阀配气机构等组成。落下部分包括锤头、锤杆、活塞和上砧块;气缸由缓冲缸、气体缸、阀体和蒸汽通道等组成,为了便于修复,缸内壁镶有铸铁缸套;砧座部分包括下砧块、砧垫和砧座。

（4）蒸汽-空气自由锻锤的工作循环(工作循环滑阀位置见图 12 - 8)

蒸汽-空气自由锻锤的工作循环过程如下:

① 打击　压下手柄,滑阀拉杆上升,锤头下降。

② 压紧　手柄在最低位置,锤头最低,滑阀最高,气缸上腔进气,下腔排气。

③ 提锤　手柄抬至最高,滑阀下降,下腔进气,上腔排气,活塞带动锤头上升。

④ 悬锤　通过滑阀的通气槽 K 使进气与气缸下腔相通,上腔与排气相通,所以锤头在最高位置可保持悬空状态。

⑤ 单打循环　上行程中下腔气体是进气→膨胀过程,上腔气体是排气→压缩过程;下行程中上腔气体是进气→节流过程,下腔气体是排气过程。图 12 - 9 为上行程预期示功图。

⑥ 自动连打　上行程时下腔气体为进气→膨胀→排气,上腔气体为排气→压缩→提前进

气;下行程时上腔气体为进气→膨胀→排气,下腔气体为排气→压缩→提前进气。图 12 - 10
为打击示功图。

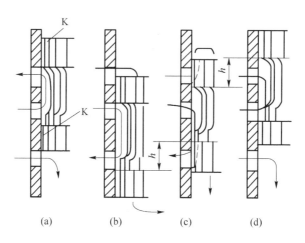

图 12 - 8　工作循环滑阀位置

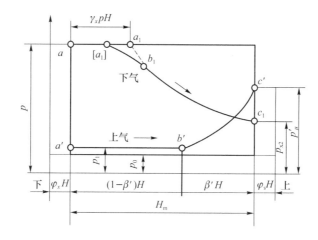

图 12 - 9　上行程预期示功图

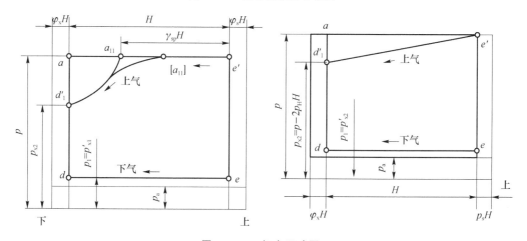

图 12 - 10　打击示功图

工作时调节锤的打击轻重可采用的方法如下：

① 控制提锤高度，提锤高度越小锤的打击能量越小；

② 控制手柄的压下行程，若手柄向下搬动较小行程，滑阀上升的距离就变小，随着锤头下降和刀形杆作用，滑阀下降，使上腔进气和下腔排气产生节流，因而锤的打击能量就变小。即操纵锤头上升的高度、手柄的压下量和压下速度，实现轻打或重打。

2. 蒸汽-空气模锻锤

（1）模锻锤特点

模锻锤结构上的特点：模锻锤的立柱直接安装在砧座上。立柱与砧座之间采用凸台与楔铁定位。模锻锤砧座质量比自由锻锤大，为锻锤落下部分质量的20倍到30倍。模锻锤采用较长而坚固的导轨，且导轨与锤头之间的间隙可通过调节楔来调节。导轨与锤头之间的间隙比自由锻锤小。

模锻锤操作上的特点：模锻锤的司锤与工艺操作应由一个人同时进行。除10 t以上的模锻锤外均采用脚踏板操纵。脚踏板同时带动滑阀和节气阀，即可同时实现进气压力和进气量的调节。工作循环中以摆动循环代替悬锤，当锤头摆动到不同高度时踩下脚踏板，可获得不同的打击能量，并可保证打击的快速性。

（2）模锻锤技术参数。

模锻锤技术参数如表12-3所列。

表 12-3 模锻锤技术参数

技术参数		数 值					
落下部分质量/t		1	2	3	5	10	16
最大打击能量/kJ		25	50	75	125	250	400
锤头最大行程/mm		1 200	1 200	1 250	1 300	1 400	1 500
锻模最小闭合高度(不算燕尾)/mm		220	260	350	400	450	500
导轨间距离/mm		500	600	700	750	1 000	1 200
锤头前后方向长度/mm		450	700	800	1 000	1 200	2 000
模座前后方向长度/mm		700	900	1 000	1 200	1 400	2 110
每分钟打击次数/(次 min)		80	70	—	60	50	40
蒸汽	绝对压力/MPa	0.6～0.8	0.6～0.8	0.7～0.9	0.7～0.9	0.7～0.9	0.7～0.9
	允许温度/℃	—	200	200	200	200	200
砧座质量/t		20.25	40	51.4	112.547	235.533	235.852
总质量(不带砧座)/t		11.6	17.9	26.34	43.793	75.737	96.235
外形尺寸(长×宽×地面上高)/ (mm×mm×mm)		2 380 ×1 330 ×5 051	2 960 ×1 670 ×5 418	3 260 ×1 800 ×6 035	2 090 ×3 700 ×6 560	4 400 ×2 700 ×7 460	4 500 ×2 500 ×7 894

（3）模锻锤结构

模锻锤结构如图12-11所示。

（4）模锻锤的配气操纵机构和工作循环

① 摆动循环 进气管滑阀打开，蒸汽进入气缸的下腔，使锤头上升。当锤头提升一个全行程 H 时，在刀形杆的作用下，滑阀相应上升。这时气缸的上腔进气，下腔排气，锤头立即下

落。由于刀形杆的作用,滑阀下移($h_m - h_1$)距离,改变了配气关系而变成下腔进气和上腔排气,因此锤头又立即向上死点运动,随着锤头上升,滑阀上升。这样往复运动,使锤头在上方$0.7H$范围内实现摆动循环。

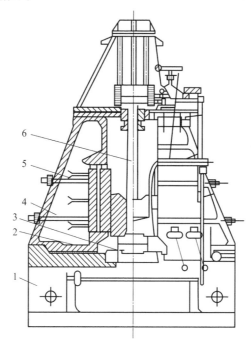

1—砧座; 2—锤头; 3—砧垫; 4—立柱; 5—导轨; 6—锤杆

图 12-11   模锻锤结构

② 单次打击   当锤头向下运动一个行程后,滑阀也下降一个行程,松开脚踏板,则滑阀下降,气缸下腔进气,上腔排气,锤头提升,完成一个循环

③ 连续打击   连续踩下脚踏板即可实现。模锻锤的打击能量和打击适度可通过控制锤头提升高度和脚踏板的压下量来实现。

3. 蒸汽-空气对击锤

用活动的下锤头代替固定的砧座。工作时,气缸中的蒸汽(或压缩空气)驱动上锤头向下打击的同时,联动机构(或下气缸单独驱动)驱动下锤头向上做加速运动,以大致相等的速度和行程与上锤头实现对击。

(1) 蒸汽-空气对击锤技术参数

蒸汽-空气对击锤技术参数如表 12-4 所列。

表 12-4   蒸汽-空气对击锤技术参数

技术参数	数　值					
打击能量/kJ	160	250	400	630	1 000	1 600
每分钟打击次数	45	45	40	35	30	25
导轨间距/mm	900	1 000	1 200	1 500	1 700	2 000
锤头前后长度/mm	1 200	1 800	2 000	2 500	3 700	5 000
锤头行程/mm	2×650	2×650	2×700	2×800	2×900	2×1 100

（2）蒸汽-空气对击锤结构设计和使用特点

下锤头的动量略大于上锤头的动量。活动的下锤头代替了砧座，一般是相同吨位有砧座锤质量的 1/2～1/3，减小了对地基的冲击和振动，并减少了基础的造价，同时对击锤的下锤头不会出现打击时退让的现象，打击效率比有砧座锤高 5%～10%。蒸汽—空气对击锤更适于发展大吨位。

（3）蒸汽-空气对击锤的分类

按上、下锤头联动的方式，蒸汽—空气对击锤可分为钢带联动式、液压联动式和杠杆联动式等。吨位比较大的也有的采用上、下气缸分别驱动的结构。应用比较广泛的是钢带联动和液压联动。

钢带联动式对击锤的上、下锤头之间通过钢带绕过滑轮相连，钢带两端与上、下锤头连接处分别装有多层橡胶缓冲垫。下锤头一般比上锤头重 10%～20%。钢带联动式对击锤结构简单，但钢带的使用寿命较低，常用于中小型规格的对击锤。

液压联动式对击锤的上锤头活塞在蒸汽作用下向下运动时，侧柱塞将液体自两侧液压缸压向中间液压缸，中间柱塞便在液体的推动下上移，并驱动下锤头向上运动，直至上、下锤头实现相互对击。比钢带联动式对击锤可靠，但结构复杂，主要用于大、中型对击锤。

大型蒸汽-空气对击锤的配气操纵机构常增设气动或液压助力随动装置，以减轻司锤工的体力劳动。为了节省蒸汽或压缩空气，大型对击锤在工作行程也可采用上气有进气、膨胀两个工作阶段，下气全程排气，设计操纵配气机构时应有所变化。

图 12 - 12 为蒸汽-空气对击锤回程时预期示功图，图 12 - 13 为蒸汽-空气对击锤工作行程预期示功图。

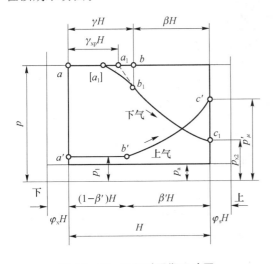

图 12 - 12　回程时预期示功图

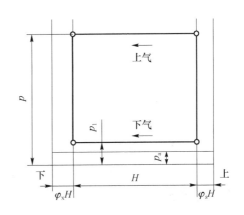

图 12 - 13　工作行程预期示功图

12.1.3　空气锤

1. 空气锤的结构和工作原理

空气锤使用空气作为工作介质，电机直接驱动空气锤本身的压缩活塞做上、下运动，在压缩缸内制造压缩空气。空气锤没有辅助设备，安装费用低，使用维护方便，操作灵活可靠，特别适用于中、小型锻造车间。每一个工作循环中都要由外界补气和向外排气,噪声较大;空气在气缸内反复压缩,缸壁和机身发热,因此使工作环境恶化,且吨位越大越严重。

空气锤的构成:空气锤的结构见图 12-14。

工作部分:包括落下部分(工作活塞、锤杆、上砧块)和砧座部分(下砧块、砧垫、砧座)。

动力传动部分:由电动机、皮带轮、减速机构、曲柄连杆机构和压缩活塞等组成。

配气操纵部分:由空气分配阀(上、下旋阀和中间旋阀)、操纵手柄和杠杆系统组成。控制压缩气体的流向,使锤头产生不同的工作循环。

机身部分:由立柱(工作缸、压缩缸与机身立柱铸成一体)和底座组成,立柱和底座用套环热装连成一体。

工作缸上腔的进气、排气口距工作缸上缸盖有一定距离,起着缓冲作用,所以把这一区域称为缓冲区。压缩活塞是空心铸铁件,活塞杆下部有一排小孔,当压缩活塞在上死点位置时,这排小孔正在压缩缸下缸盖之上,使气缸下腔与缸外部大气相通,气缸中的空气得以补充。压缩活塞的上部在两张圈之间,做出一个穿通的槽,它与气缸壁上部的两排小孔配合,使气缸上腔与外部大气相通,构成上腔空气补气通道。同样,在气缸壁下部也有两排小孔,当压缩活塞在下死点与压缩活塞上的槽对准时,可以使气缸上腔再一次得到空气的补充。

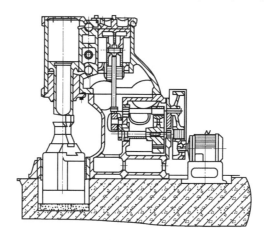

图 12-14   空气锤的结构

2. 空气锤的配气操纵过程

空气锤的配气操纵有空行程、悬锤、压紧和打击 4 种工作循环过程,其中打击又包括单次打击和连续打击,单次打击又分轻打和重打。这些工作循环是通过气阀和操纵系统来实现的。

3 个水平旋阀包括上旋阀、下旋阀和中间旋阀,其中含有一个单向阀(止回阀)。上、下旋阀由拉杆组成联动,用一个长手柄操作。中间旋阀单独由一个短手柄操作,它仅有左右两个通大气和不通大气水平操作位置。不同工作循环的配气关系见图 12-15。

(1)空行程

中间旋阀的短手柄处于右边水平位置(全开),操作长手柄从垂直位置顺时针旋转一定角度(大约 25°)(见图 12-15(a)),压缩缸上、下腔,工作缸上、下腔的气体与大气相通。

（2）悬　　空

中间旋阀的短手柄处于左边水平位置（全关），长手柄处于垂直位置（见图 12 - 15(b)）。此时压缩缸与工作缸的上腔均与大气相通。压缩下腔的气体经下旋阀断面通路顶开单向阀进入工作缸下腔，将锤头托起并悬在行程顶端。

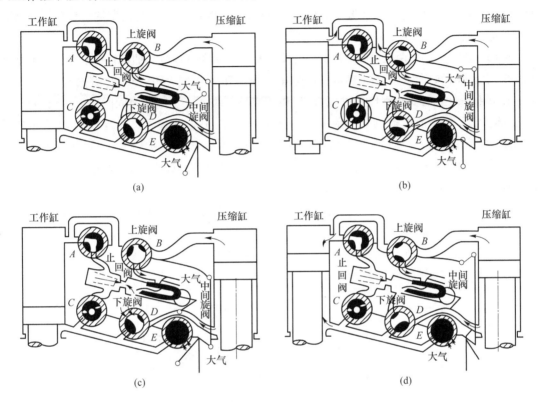

图 12 - 15　不同工作循环的配气关系

（3）压　　紧

短手柄处于左边水平位置，操作长手柄从垂直位置顺时针旋转约 35°（见图 12 - 15(c)）。压缩缸下腔气体经下旋阀 D 截面顶开单向阀，再经上旋阀 A 截面进入工作缸上腔，压缩缸上腔与大气相通。工作缸下腔经下旋阀 E 截面与大气相通。锤头在落下部分的重力作用和工作缸上腔气体压力作用下将锻件压紧。

（4）打　　击

短手柄处于左边水平位置，操作长手柄从垂直位置逆时针旋转一定角度（约 40°）（见图 12 - 15(d)）。压缩缸上腔与工作缸上腔相通，压缩缸下腔与工作缸下腔相通，断开与大气的通路。压缩活塞往复运动时，驱动工作活塞带动落下部分做往复运动，进行打击。手柄保持位置不动，则自动连续打击；手柄在悬空位置与打击位置交替转换，则可实现单次打击；操纵长手柄逆时针方向旋转角度大时，可实现重打；旋转角度小时，则可实现轻打。

3. 空气锤工作过程各阶段分析

电动机-减速机构-曲柄连杆机构，把旋转运动变成压缩活塞的直线运动。压缩活塞位于上极限位置，工作活塞位于下极限位置视为起始位置，此时曲柄位于垂直位置，即曲柄转角

$\alpha=0$，压缩缸的上、下腔通过补气孔均与大气相通。$0<\alpha<\alpha_0$，压缩活塞向下运动，下腔空气压力升高。图 12-16 所示为空气锤工作过程。

$\alpha=\alpha_0$ 时，锤头开始向上做加速运动；$\alpha>\alpha_0$ 时，压缩活塞继续向下运动，两缸下腔容积减小，上腔容积增大，锤头加速上升，压缩活塞接近下死点，运动速度降低，而工作活塞加速向上运动，致使两缸下腔压力下降并低于大气压力，使锤头开始减速。此阶段压缩活塞与工作活塞运动方向相反。

曲柄转角为 180°时，两缸上腔通过下补气孔与大气相通，补充空气。曲柄转角超过 180°时，压缩活塞和工作活塞同时向上运动，上腔容积迅速减小，压力升高，下腔容积增大，压力降低。

工作活塞向上运动刚刚堵住进气口，工作活塞进入缓冲区。两活塞同时向上运动，两缸下腔压力继续下降，而上腔空气分别在两缸内受压缩。在工作缸内缓冲区高度很小，压力迅速升高，从而使锤头的向上运动速度迅速降低为零，工作缸内活塞达到最大行程。

在缓冲区内空气压力和工作缸下腔负压以及落下部分重力作用，锤头加速向下运动；压缩活塞继续上升，压缩缸上腔的压力继续升高。

当压力超过工作缸上腔压力时，将顶开工作缸上腔气道口上球形单向阀，使两缸上腔重新接通，工作活塞下行脱开缓冲区，工作活塞向下运动打开上进气口时，压缩缸上腔的压缩空气立即进入工作缸上腔，推动工作活塞加速向下运动直到发生打击。锤头打击锻件时，压缩活塞还没有回到上死点，锤头将贴着锻件不动。

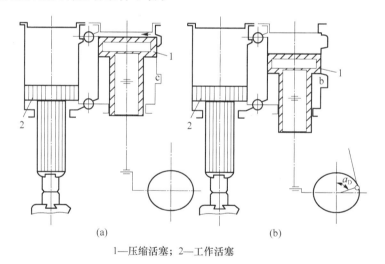

1—压缩活塞；2—工作活塞

图 12-16 空气锤工作过程

12.1.4 模锻空气锤

模锻空气锤为了保证锻件形状和尺寸的精度，具有以下结构特点。

① 模锻空气锤机身放在砧座上，用 6 根带弹簧拉紧螺栓连接在前面，砧座与机身之间装有 T 形键，防止前后、左右错位，保证工作时上下模对中。

② 设有锤头导向装置，导向框架用八个螺栓与机身前部紧固连接，调节导向框架的斜楔可调节锤头导向平面和导轨间隙，提高导向精度。

③ 采用较大的砧座,重量为落下部分的 20 倍,提高了打击刚度和打击效率。

12.1.5　液压模锻锤

1. 液压模锻锤的结构和工作原理

液压模锻锤出现于 20 世纪 30 年代,是 20 世纪 50 年代发展起来的一种新型设备。20 世纪 60 年代以来迅速发展,主要用于热模锻工作,所以又称为液压模锻锤,也叫作液气锤。

液压模锻锤通常指砧座微动型,即打击时锤身(或下锤头)微动上跳结构形式的锤,而把具有固定的锤身或砧座,采用液压动力头驱动的锤,称为电液锤。

液压模锻锤分气动液压模锻锤、纯液压快速模锻锤、锤身微动型液压模锻锤(气液)、下锤头微动型液压模锻锤,蒸汽-空气锤改造液压锤。

气动液压模锻锤(德国 KGK)液压动力头是由带气室的液压缸、主油泵和主控制阀组装的组合体、电动机与飞轮组合体、控制泵与先导电磁阀、油温自动控制装置和油箱五部分组成。不同的打击能量靠不同的落下高度来实现。

锤身微动型液压模锻锤工作缸上腔为气缸,内部充有压缩空气或氮气,当液体进入回程油缸时,驱动活塞、锤杆和锤头提升,并压缩气体蓄能;当液压缸排液时,气体膨胀做功,推动锤头系统向下,连通油路将液体排至下方联动油缸,锤身系统在连通油压和下方气垫的联合作用下微动上跳,与锤头系统对击。锤身微动型液压模锻锤见图 12 - 17。

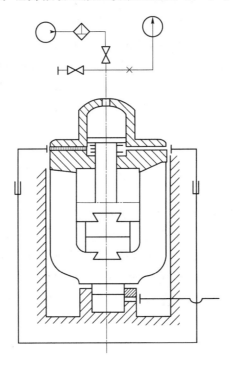

图 12 - 17　锤身微动型液压模锻锤

下锤头微动型液压模锻锤工作缸固定装在外框架上。上腔是气室,工作前通入 0.6 MPa 的压缩空气,下腔通入高压液体推动活塞、上锤头提升,同时压缩气体蓄能;当下腔既不进液又不排液时,锤头悬在上方,回程缸的液体排出,锤头在气体压力作用下向下,同时液体通过连通管路排至下方连通油缸。下锤头在连通缸内液体压力和缓冲器的缓冲力联合作用下上跳与上锤头对击。下锤头与上锤头的质量比为5:1,下锤头上跳行程是上锤头行程的1/5。

对击式模锻锤特点:下锤头质量与上锤头质量比较小,方便加工、安装运输、操作。回程油缸和连通油缸均固定不动的机架上。上锤头在U形的下锤头中导向,下锤头在机架内导向,保证锻造精度,对机架刚性高。

2. 液压模锻锤主要特点

① 能量利用率高,主要能源消耗是电动机消耗的电能,一次性充入定量的压缩空气(或氮气),工作期间并不向外排气。

② 简化动力源装置,动力源装置是电动机、油泵以及液压传动系统。

③ 采用对击式结构的液压锤,减少振动。

④ 操作灵活性和工艺性存在缺陷。高压液体和具有一定压力的气体,因此对锤的制造精度和密封程度要求较高。液压设备的维修工作复杂。

3. 国外液压模锻锤发展概况

国外液压模锻锤分由液压动力头驱动的有砧座式液压锤和由液压或液气驱动的对击式液压锤。液压动力头驱动的有砧座式液压锤可以采用纯液压驱动,也可以采用液气驱动,其效率比蒸汽或压缩空气驱动的有砧座锤可提高几倍到十几倍。采用电液或电液气驱动,容易实现打击能量、打击次数等过程控制。德国Lasco公司生产的KH、KGK系列液压锤,英国MASSEY公司生产的Hydrostamp型液压锤及捷克和斯洛伐克ZDAS工厂生产的KPH系列液压锤,苏联新克拉玛托尔斯克列宁机械厂生产的160 kJ和250 kJ液压模锻锤也是这种类型液压锤。

液压或液气驱动的对击式液压锤,采用液压或液气联合驱动;打击行程中,上锤头下落的同时,下锤头(或锤身)上跳与上锤头实现悬空对击。Lasco公司的GH型电液无砧座锤及捷克和斯洛伐克ZDAS工厂的KJH系列、KHZ系列锤身微升式液压模锻锤,具有一定的先进性和代表性。另一种比较有代表性的液压锤是SMERAL工厂生产的KJH和KHZ系列液压模锻锤,它利用高速锤的封闭气缸中气体膨胀做功的优点,甩掉动力站,结构上采用锤身向上微动与锤头实现对击。

GH型电液无砧座锤的电动机通过挠性联轴节驱动轴向柱塞泵,油泵泵出的压力油驱动液压锤工作。动力头内装有油温自动检测和控制装置,油液循环系统中装有过滤装置。操纵控制系统采用控制面板和脚踏板联合操作,可以实现电动机空转、单打、连打以及程控连打等动作,并可实现打击能量的过程控制。GH型电液无砧座锤如图12-18所示。

KHZ系列液压锤有如下特点:①提高锻造精度;②锤身下方安装气垫;③采用开式液压回路;④采用一体控制结构。

4. 我国液压模锻锤发展概况

我国液压模锻锤的研制开始于20世纪70年代,起步较晚。先后制成打击能量为16 kJ、25 kJ、50 kJ、60 kJ等不同规格、不同形式的液压模锻锤。开发的液压模锻锤,采用液气驱动,液压联动,下锤头(或锤身)微动上跳与上锤头对击的结构形式。砧座微动型液压模锻锤基本参数见表12-5。

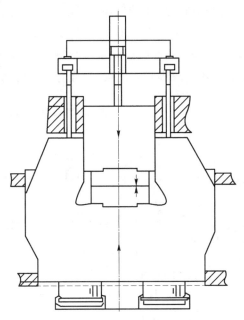

图 12-18　GH 型电液无砧座锤

表 12-5　模锻锤基本参数

参　数		数　值									
打击能量/kJ		2.5	3.15	4	5	6.3	8	10	16	25	40
打击行程 S/mm		450	475	500	530	560	595	630	710	800	900
导轨间距 l/mm		520	550	580	610	650	700	730	810	1 000	1 200
锤头下平面长度 L/mm		450	500	600	700	750	800	900	1 200	1 600	2 000
最小模具高度 H/mm		250	265	280	300	320	350	370	410	460	520
砧座上跳量 s/mm		40～150									
打击次数/（次/分）	直接传动	70	70	0	60	50	50	45	40	35	30
	组合传动							30/1.2	25/1.3	20/1.5	15/2.0

5．液压模锻锤液压系统和程控系统

（1）液压系统

液压模锻锤液压系统分闭式液压系统和开式液压系统。闭式液压系统见图 12-19。20世纪 70 年代国内研制的液压模锻锤,大部分采用闭式液压回路,其基本特点:工作行程时,锤本体回程油缸的油向连通缸以定容积进行系统内部交换,油泵仍以定流量无溢流形式进行空载闭式循环,这既不产生高压溢流之发热损失,又可减少动力消耗;回程时,实际上是连通缸内具有一定压力的油复泵入回程缸,形成回油压力可以回收的闭式液压循环。泵直接传动形式,锤的打击次数取决于泵的流量。

在采用闭式液压回路时,要求油泵的自吸能力较强。常用的连通管道:一种是用伸缩式管接头;一种是用高压软管连接。后者消除了漏油的可能。

（2）闭式和开式液压回路的油液过滤和散热问题

闭式压力油箱,可以对系统的低压回路充油,油泵初次空载运转时可以对其他压力管道充油。油箱的容积不宜过大。控制主阀运动的控制油,可以取自主油路,也可以另加。控制系统液压模锻锤的液压系统是一个很重要的部分,设计时既要考虑各种动作循环,又要保持灵活性。此外还要考虑系统简单、节约能源,即减少驱动功率问题。与闭式液压回路相比,开式液压回路具有系统简单,油液的循环和散热好等优点,并且有较好的动态特性。

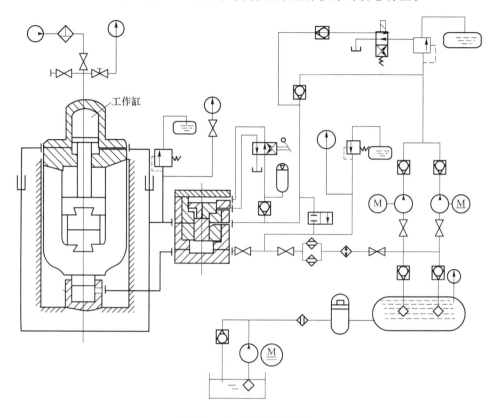

工作缸

图 12 - 19 闭式液压系统

（3）开式液压系统

开式液压系统有利于油液的循环和散热,节省散热辅助装置。打击时,上、下运动体的动量相等,提高了打击效率。主要控制阀均采用插装阀,有利于系统集成,并且切换灵活,动作可靠,通油流量大,系统能量损失小,传动效率高。开式液压系统见图 12 - 20。

（4）液压模锻锤过程控制系统

我国研制的第 1 代液压模锻锤,均采用传统的继电器控制系统,动作灵敏性和工作可靠性差。以 PLC 过程控制器为主机的液压模锻锤开环过程控制系统,可以过程控制液压模锻锤打击能量和打击次数,为全自动锻造生产线创造了条件。

PLC（ProgrammableLogicController）是可编程逻辑控制器,早期的 PLC 主要用来代替继电器实现逻辑控制,PLC 实质是一种专用于工业控制的计算机,其硬件结构基本上与微型计算机相同。现行美国,日本,德国的可编过程控制器质量优良,功能强大。通过应用实践表明,用 PLC 过程控制器所组成的程控系统控制液压模锻锤,工作可靠性高、控制灵敏度高、抗干扰能力强、性能价格比高,改善了锻锤操作和工作条件,可以实现手动操作、脚踏板操作和自动操作。在自动操作的情况下,可以实现打击次数和打击能量的过程控制。此外,该控制系统结构简单,采用模块化结构,因此可根据控制对象的变化,方便地调整硬件配置。在软件设计方面,可以根据锻件操作工艺不同很方便地修改或调整控制程序。

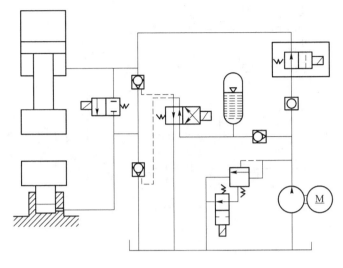

图 12 - 20　开式液压系统

12.2　热模锻压力机

12.2.1　热模锻压力机用途、特点及主要技术参数

热模锻压力机是主要模锻设备之一,适用于生产批量大,产品精度高的模锻车间。

热模锻压力机特点:刚度高,精度高;滑块抗倾斜能力强;滑块行程次数高。热模锻压力机具有上下顶料装置,适应出模斜度小的锻件需要;具有解脱"闷车"装置。

热模锻压力机按工作机构不同分为连杆式、楔式。

12.2.2　热模锻压力机的结构及工作原理

1. 连杆式热模锻压力机

连杆式热模锻压力机采用两级传动,配有气动连锁离合器制动器,象鼻式滑块,附加导向面,提高了抗倾斜能力;同时配有双楔式工作台,调节装模高度;配有上下顶件装置。连杆式热模锻压力机的工作原理如图 12 - 21 所示。

连杆式热模锻压力机的特点:机身机构合理、刚度高。公称压力 40 000 kN 以下整体实心,用 X 型长导轨,间隙不受温度变化影响,可调得很小。偏心轴为合金钢锻件,偏心支承颈较粗。连杆为合金铸件,采用大柱销羽化块连接,柱面受力,抗倾斜。采用单盘浮动镶块式离合制动,其发热小,寿命长。飞轮、制动器盘与偏心轴用无键胀套连接,装卸方便,不削弱轴。热模锻压力机设有工艺变形力指示器、轴承温度监控器、润滑监控器、其他故障显示器,计算机自动监视工作,可靠性高。连杆式热模锻压力机工作结构见图 12 - 22。

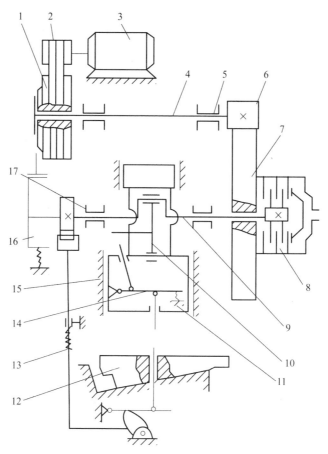

1—大带轮；2—小带轮；3—电动机；4—传动轴；5、17—轴承；6—小齿轮；7—大齿轮；8—离合器；
9—偏心轴；10—连杆；11—滑块；12—楔形工作台；13—下顶件装置；14—上顶件装置；15—导轨；16—制动器

图 12－21　连杆式热模锻压力机的工作原理图

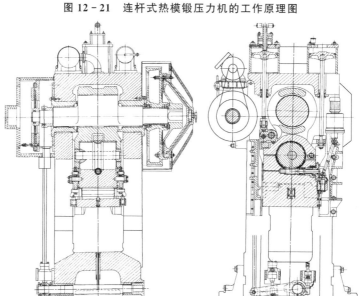

图 12－22　连杆式热模锻压力机工作结构

2. 楔式热模锻压力机

楔式热模锻压力机采用传动楔块,倾角为 30°,表面淬火后工件变形力传到曲轴连杆,尺寸小。

优点:滑块允许承受的偏载能力高;倾斜度小,有利多膛模锻;自动化高;导轨受磨损小;滑块可承受公称压力面积大,为双点 3 倍;锻同样细长杆,倾斜度不到普通 1/3。机身刚度大、锻件精度高。机身预紧,垂直变形小,为单点的 60%,双点的 75%。装模高度采用曲轴偏心套调节,方便可靠。图 12 - 23 是 KP 热模锻压力机原理图。

缺点:结构复杂,造价高。

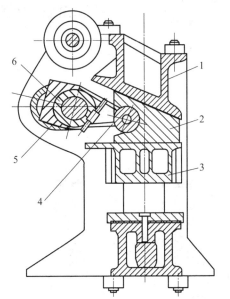

1—机身；2—传动模块；3—滑块；4—连杆；5—偏心蜗轮；6—曲轴

图 12 - 23　KP 热模锻压力机原理图

12.2.3　装模高度调节机构

1. 楔形工作台式

楔形工作台有双楔式、单楔式,前者应用广泛。调节方式分手动和机动。

不得将工作台调至最低位置,一般在 5 mm 以上,以防闷车。图 12 - 24 所示为楔形工作台式装模高度调节机构。

2. 偏形压轴式装模高度调节机构

偏形压轴式装模高度调节机构如图 12 - 25 所示,原理是压缩空气通入 1、2 上腔,活塞下行,脱开锁块,闸瓦松开偏心压轴,带动电机、伞齿轮,调节装模高度。

3. 楔式压力机装模高度调节机构

楔式压力机装模高度调节机构如图 12 - 26 所示,连杆大端带有偏心蜗轮,转动锁紧螺杆,可调节装模高度。

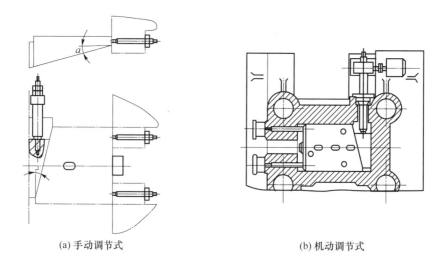

(a) 手动调节式　　　　　　　　(b) 机动调节式

图 12 – 24　楔形工作台式装模高度调节机构

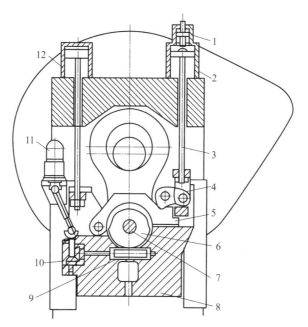

1—控制缸；2、12—平衡缸；3—活塞杆；4—锁块；5—弓形闸瓦；
6—偏心压轴；7—连杆销；8—滑块；9—蜗杆；10—锥内轮；11—电动机

图 12 – 25　偏形压轴式装模高度调节机构

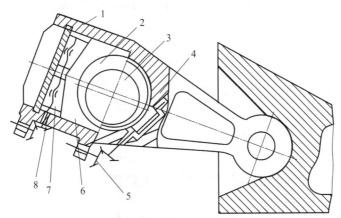

1—连杆；2—偏心蜗轮；3—曲轴；4—蜗杆；5—锥齿轮；
6—压紧块；7—锁紧楔块；8—锁紧螺杆

图 12－26　楔式压力机装模高度调节机构

12.2.4　顶件机构

顶件机构要有足够的顶件力,足够长度的顶出行程,下顶件机构的顶出动作要滞后于滑块的回程。下顶件机构,在顶出后,有一段停留时间,以便夹持锻件。

根据顶件机构安装位置不同,分上顶件机构,下顶件机构。

图 12－27 所示为上顶件机构;图 12－27(a)所示为象鼻式滑块常用机构,凸块 8 推动杠杆,弹簧复位,调楔块 2 改变杠杆初始位置,调节顶件行程。

图 12－27(b)所示为楔式压力机用顶件机构。滑块接近下死点,杠杆被装在机身两侧,弹簧缓冲器 4 抬起,顶件杆被压下,只要回程,立即顶料。

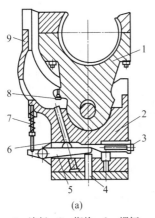

(a)

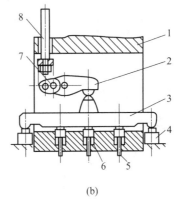

(b)

1—连杆；2—楔块；3—螺钉；
4—顶件杆；5—杠杆；6—推杆；
7—复位弹簧；8—凸块；9—象鼻滑块

1—滑块；2—摆杆；3—杠杆；
4—弹簧缓冲器；5—顶件杆；
6—弹簧；7—接头；8—活塞杆

图 12－27　上顶件机构

图 12－28 所示为机械式下顶件机构,顶件机构又分机械式、液压式和气动式,机械式应用最广。顶件机构由曲轴上凸轮驱动,顶件轴另一端有一足够宽的摆杆 10,可并排布置多根下

顶件杆。螺母 6 调节顶件起始位置,气缸 12 控制顶件杆在最高位置的停留时间。图 12－29(a)
所示为液压式下顶件机构,图 12－29(b)所示为气动式下顶件机构。

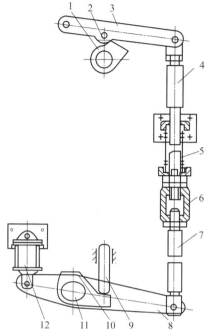

1—凸轮;2—滚轮;3—上摆杆;4—上拉杆;5—弹簧;6—调节螺母;7—下拉杆;
8—下摆杆;9—下顶件杆;10—摆架;11—顶件轴;12—气缸

图 12－28　机械式下顶件机构

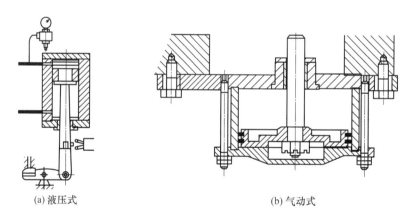

(a) 液压式　　　　　　　　　　　　(b) 气动式

图 12－29　液压式和气动式下顶件机构

12.2.5　压力机过载及其解除

　　设备选用不合理,锻件温度过低,模具调整不当,重复放入锻件,模具上留有硬性异物,离
合器摩擦材料损坏等,都会使压力机过载,影响压机寿命。

　　防止压力机过载的方法:准确计算锻件工艺变形力,合理选择压力机,计算留有余地;严格
控制锻造温度,温度过低时,须重新加热;小心操作,严防锻件重叠,硬物遗留。

压力机过载解脱方法:打反车,用专用空气压缩机将离合器的进气压力提高一倍左右,即 1～1.2 MPa。电动机反转,接通离合器,利用飞轮惯性解脱。锤击楔形工作台板,或用强力调节装置,移动调节楔块,使工作台板下降。采用液压螺母预紧机身的压力机,通过液压螺母使机身卸载。某些压力机的装模高度调节机构兼有预防过载和解脱闷车的作用。

12.2.6　预锻及精整成型压力机

预锻及精整成型压力机利用液压驱动,全程施加全部作用力,无过载现象,滑块能高速运动,可完成多个成型工序而无较大热量损失,锻件在足够高的温度下送往热模锻压力机。机架为预应力钢板结构,滑块导轨呈 X 形,导轨受热保持恒定间隙,并备有顶料器。操作上有调整单次行程、连续运转功能。滑块上下限位置可预定,滑块可快速下降,减速转为加压,加压速度可自动调整,高速返回。多个工序预锻时,通过过程控制装置,预选不同的下死点。图 12 - 30 所示为预锻及精整成型压力机。

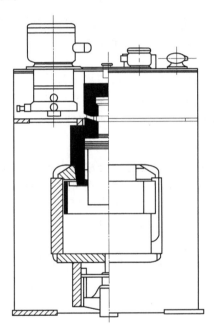

图 12 - 30　预锻及精整成型压力机

思考题

1. 蒸汽-空气自由锻锤结构与原理是怎样的?
2. 蒸汽-空气模锻锤与自由锻锤有什么不同之处?
3. 对击锤的结构和原理是怎样的?
4. 空气锤结构是怎样的?
5. 简述空气锤工作原理。
6. 简述空气锤工作循环。

第 13 章　螺旋压力机

13.1　螺旋压力机的工作原理及工作特性

1. 工作原理

以惯性螺旋压力机螺旋副为例进行说明。

① 惯性螺旋压力机的共同特征是采用一个惯性飞轮；

② 打击前传动系统输送的能量以动能形式暂时存放在打击部分（包括飞轮和直线运动质量），飞轮处于惯性运动状态；

③ 打击过程中，飞轮的惯性力矩经螺旋副转化成打击力使毛坯产生变形，对毛坯做变形功；

④ 打击部件受到毛坯的变形抗力阻抗，速度下降，释放动能，直到动能全部释放后停止运动，打击过程结束；

⑤ 惯性螺旋压力机每次打击，都需要重新积累动能，打击后所积累的动能完全释放；

⑥ 每次打击的能量是固定的，这是惯性螺旋压力机的基本工作特征。

2. 螺旋压力机的工作特性

螺旋压力机的工作特性如下：

① 工艺适应性好，锻造同样的零件可选用公称压力比热模锻压力机小 $25\% \sim 50\%$ 的螺旋压力机。多数螺旋压力机的允许压力为公称压力的 1.6 倍，配上摩擦过载保险装置，允许在这个压力下长期工作；

② 滑块位移不受运动学上的限制，终锻可以一直进行到上下模打靠为止。与热模锻曲柄压力机相比，锻件在垂直方向上的尺寸精度高；

③ 模具安装调试方便，不须调整封闭高度或导轨间隙；

④ 滑块速度较低（$0.6 \sim 1.5$ m/s）；适合各种钢和合金的锻造，模具所受应力较小（设备刚性较小）。

13.2　螺旋压力机的典型结构

13.2.1　摩擦压力机（摩擦螺旋压力机）

摩擦压力机兼有锤和压力机的某些特性。

1. 摩擦压力机的特点

摩擦压力机的特点如下：

① 工艺万能性强；

② 结构简单操作方便、制造使用成本低；

③ 模具结构简单、安装调整方便；

④ 传动效率低（打滑）；

⑤ 行程速度低，生产率不高。

2. 摩擦压力机的类型和主要技术参数

摩擦压力机的类型和主要技术参数如下：

① 按摩擦传动机构分：双盘、三盘、双锥盘。

② 主要技术参数：公称压力、运动部分能量、滑块行程、滑块行程次数。

3. J53－400 型双盘摩擦压力机结构

J53－400 型双盘摩擦压力机结构包括：传动部分，运动部分，机身部分，附属装置，操纵系统。打击行程是飞轮从静止开始加速所经过的路程；返回行程，打滑剧烈，回程困难，大型设备需要配备平衡缸；径向也存在相对滑动。

13.2.2 电动螺旋压力机简介

电动螺旋压力机利用可逆式电动机不断做正反方向的换向转动，带动飞轮和螺杆旋转，使滑块上、下运动。

1. 电动螺旋压力机分类

电动螺旋压力机分电动机直接传动式和电动机机械传动式。

2. 电动螺旋压力机结构简介

（1）电动机直接传动式螺旋压力机

电动机直接传动式螺旋压力机采用特殊电动机，电动机的转子就是压力机的飞轮或飞轮的一部分；传动环节少，结构简单，打击能量恒定，操作维修方便。电动螺旋压力机传动原理见图 13－1。

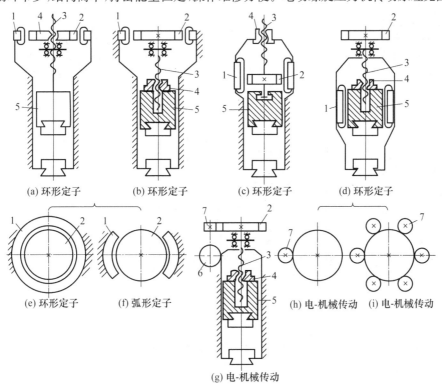

1—定子；2—转子；3—螺杆；4—螺母；5—滑块；6—电动机；7—齿轮传动机构

图 13－1 电动螺旋压力机传动原理

（2）电动机机械传动式螺旋压力机

电动机机械传动式螺旋压力机由于特殊电机成本高,公称压力超过 4 000 t 以后,通常采用电机—齿轮传动。

13.2.3　液压螺旋压力机简介

相对于摩擦和电动螺旋压力机,液压螺旋压力机具有高效节能的优点,易于实现工作能力大型化,公称压力范围为 4 000～14 000 t。

1. 液压螺旋压力机分类

液压螺旋压力机分液压马达式和缸推式两种。

2. 液压螺旋压力机结构简介

① 液压马达式螺旋压力机采用转子直接和螺杆连接,转子通过齿轮传动机构和螺杆连接,见图 13 - 2。

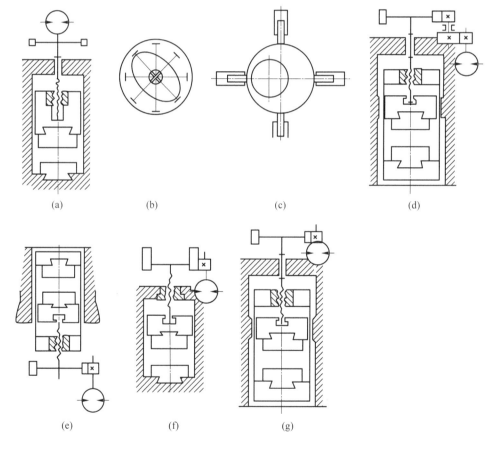

(a)　　　　(b)　　　　(c)　　　　(d)

(e)　　　　(f)　　　　(g)

图 13 - 2　液压马达式螺旋压力机

② 缸推式螺旋压力机采用胶木副螺母能储存微量润滑油,自润滑性能好,传动效率 95%以上。缸推式胶木副螺母结构见图 13 - 3。

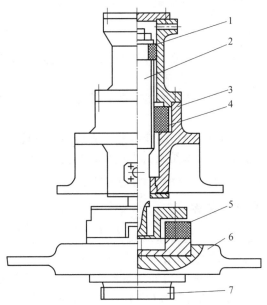

1—活塞；2—副螺杆；3—玻璃钢销；4—胶木副螺母；
5—尼龙联轴器；6—飞轮；7—主螺杆

图 13 - 3　缸推式胶木副螺母结构

13. 2. 4　离合器式高能螺旋压力机简介

高能螺旋压力机采用复合传动形式,利用液压缸回程。高能螺旋压力机和惯性螺旋压力机的区别在于飞轮的工作方式完全不同。

1. 高能螺旋压力机的工作过程

高能螺旋压力机的工作过程如下:

高能螺旋压力机的飞轮由电动机通过皮带驱动,朝一个方向旋转;向下行程时,由液压推动离合器接合,带动螺杆转动,通过固定在滑块上的螺母使滑块向下运动,进行打击;离合器接合后,飞轮转速逐渐下降,当飞轮转速降到一定数值时离合器脱开,飞轮继续沿原方向旋转,并逐渐恢复速度;打击完成后,液压回程缸推动滑块上行,完成一个工作循环。

2. 打击力的控制

高能螺旋压力机一次打击能量不是飞轮的全部动能,通常设计为飞轮转速降 12.5% 时所释放的能量。该种螺旋压力机属于压力限定型设备,当出现下列情况时打击过程将结束。

① 打击力增大到给定数值时,摩擦离合器打滑,螺杆很快停止运动;打击力可通过控制离合器缸的油压来设定;

② 滑块行程达到给定数值时,位移传感器发出信号控制杠杆系统使离合器脱开。

3. 高能螺旋压力机特点

① 从动件惯性小,冷击时不会产生惯性螺旋压力机那样的冷击力;

② 向下空程速度快,打击过程以飞轮同步速度快速完成;

③ 打滑时间短,换向速度快,闷模时间短(10～20 ms);

④ 打击能量高,能保证在任意位置的能量发挥;

⑤ 根据螺旋副力矩与力的关系,螺杆上的作用力与打滑力矩相对应。离合器出现打滑

时,打击过程即告结束。

4. 打击过程的三个阶段

① 离合器出现打滑之前是它的主要工作阶段,打击性质同惯性螺旋压力机一样,但允许释放的能量不同;

② 离合器打滑阶段和具有打滑飞轮的惯性螺旋压力机打滑阶段的情形一样,打滑阶段很短,仅形成一个过渡;

③ 离合器脱开后,从动部分尚有部分动能,由于从动部分惯量较小,相当于一台小的惯性螺旋压力机进行打击,打击强度不大即结束打击过程,在冷击时不会产生惯性螺旋压力机那样大的冷击力。

13.2.5 螺旋压力机的力能关系

螺旋压力机工作时的能量转化:设备运动部分的动能包括飞轮、螺杆、滑块的平动动能加上飞轮、螺杆的转动动能。打击结束时,滑块速度为零,打击能量转化为工件变形功、设备及模具弹性变形功和摩擦功。螺旋压力机的力能关系见图 13-4,从图中可以看出:

① 螺旋压力机具有较好的工艺力能性(变形力大小都能适应);

② 绝对禁止在全能量下进行冷击(滑块压力越大,用于锻件变形的能量越小);

③ 螺旋压力机能量的调节(锻造时给出的能量刚好满足工艺要求)。中小型设备工作台加垫板;减小滑块行程(减小飞轮转速)。对大型设备(有能量调节装置):控制滑块位移,控制滑块速度,控制时间。图 13-5 为螺旋压力机负荷图。

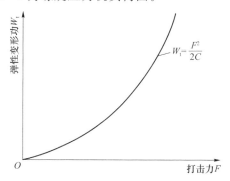

图 13-4 螺旋压力机的力能关系

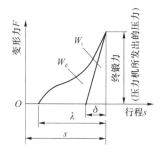

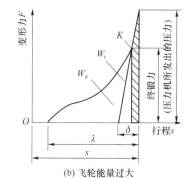

(a) 飞轮能量正好

(b) 飞轮能量过大

δ—机器及锻模的弹性变形行程;λ—锻件的塑性变形行程;s—滑块行程

图 13-5 螺旋压力机负荷图

13.2.6　螺旋压力机的技术参数及使用

1. 螺旋压力机的技术参数

螺旋压力机的技术参数包括公称压力,运动部分能量,滑块行程,滑块行程次数。

2. 使用技巧

螺旋压力机大多数结构允许以 1.25～1.6 倍公称压力长期工作,允许以 2 倍公称压力短期工作。在公称压力使用时有效能量不低于 60%。

注意事项:螺旋压力机行程次数低,不适合拔长、滚压;不适合预锻;锻件尺寸精度较高。重型螺旋压力机的使用见图 13-6。图 13-6(a)所示为曲轴,在 63 MN HSPRZ-800 型液压螺旋压力机上锻造,重量 130 kg,从预制坯经 2 次打击锻成。图 13-6(b)所示为叶片,长为 1 300 mm,宽为 310 mm,材料为钛合金,在 140 MN HSPRZ-1180 型液压螺旋压力锻造,一次成型。图 13-6(c)所示为半球座,重 80 kg,毛坯为 φ180 mm×240 mm,材料为优质奥氏体钢,在 63 MN HSPRZ-800M 液压螺旋压锻造,打击 2 次成型。图 9-6(d)所示为轴座,同样应用上述设备锻造,在无砧锤须锻打 10～15 次而用螺旋压力机打击一次完成。图 9-6(e)所示为饼形件,重 115 kg,毛坯为方坯 275 mm×275 mm×200 mm,在 56 MN HSPRZ-750 M 液压螺旋压力机锻造;使用能量 1 900 kJ,一次打击成型,完成时间仅为 0.125 min。同一个锻件在320 kJ无砧锤上需要打击 8～10 次,花费时间 2.5 min。这突显了大型现代螺旋压力机的工作性能。

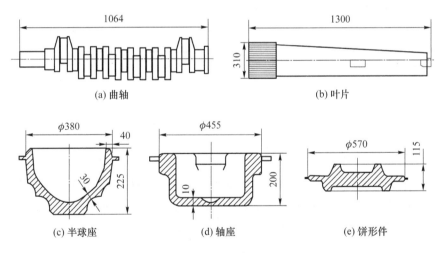

(a) 曲轴　　(b) 叶片　　(c) 半球座　　(d) 轴座　　(e) 饼形件

图 13-6　重型螺旋压力机的使用

13.2.7　螺旋压力机的工作能力和工艺适应性

现代螺旋压力机公称压力从 0.4 MN 到 140 MN。125 MN 的液压螺旋压力机和 80 MN 的电动螺旋压力机已在工业中应用多年。在现代螺旋压力机上生产的锻件重量从几十克到二百五十千克,国内应用的液压传动螺旋压力机的最大公称压力为 40 MN(进口),摩擦传动螺旋压力机的压力为 25 MN(国产)。惯性螺旋压力机长期可使用的压力为公称压力的 1.6 倍,因此最大使用压力可达 224 MN。对一次锻造的总能量而言,最高达 75 MJ。在公称压力使用时,有效能量不低于 60%,所以,在工作能力方面现代螺旋压力机已超过热模锻压力机。

由于螺旋压力机行程次数低,不适于做拔长和滚挤,也不适于在模具增加单独动力的分模机构,因此可在螺旋压力机进行分模模锻。利用工作台的中间孔和可倾式工作台,可锻长杆的法兰。已经有利用摩擦螺旋压机机镦锻汽车半轴的工业实例。螺旋压力机没有固定下死点,用于无飞边模锻和精整的工序也比较适合。螺旋压力机的工艺适应性见表 13-1。

表 13-1 工艺适应性

工序名称		设备名称			
		蒸汽空气锤	液气锤	螺旋压力机	热模锻压力机
制坯工序	拔长	+	+	—	—
	滚压	+	+	—	—
	镦粗、压扁	+	+	+	+
	弯曲	+	+	+	+
模锻工序	预锻	+	+	+	+
	终锻	+	+	+	+
	回转体深孔挤压	+	+	+	+
	非回转体挤压	+	(+)	(+)	+
	分模模锻	+		+	+
	无飞边模锻	+	+	+	—
	长杆镦锻	(+)	—	+	(+)
	精压	—	—	+	—

注:+——适用,———不适用,(+)——可用。

13.3 电动螺旋压力机

13.3.1 电动螺旋压力机的工作原理和种类

电动螺旋压力机是利用可逆式电动机不断作正反方向的换向转动,带动飞轮和螺杆旋转,使滑块作上下运动。按其传动特征分为电动机直接传动式和电动机机械传动式两类。

1. 电动机直接传动式螺旋压力机

电动机直接传动式螺旋压力机无单独的电动机,定子固定在压力机机架的顶部,电动机的转子就是压力机的飞轮或飞轮的一部分,利用定子的旋转磁场,在转子(飞轮)外缘表面产生感应电动势和电流,由此产生电磁力矩,驱动飞轮、螺杆转动。定子与飞轮间有空气间隙,主要传动部件之间是无接触传递能量,所以称为无接触式传动。

2. 电动机机械传动式螺旋压力机

特殊电动机的功率大于 500 kW 时,结构庞大,造价高,当电动螺旋压力机公称压力大于 40 MN 后,采用电机齿轮传动,由一台或几台异步电动机通过小齿轮带动有大齿圈的飞轮旋转,飞轮只起传动和蓄能作用,飞轮和螺杆只作旋转运动,通过装在滑块上的螺母,使滑块上下直线运动。图 13-7 所示为电动螺旋压力机工作原理。

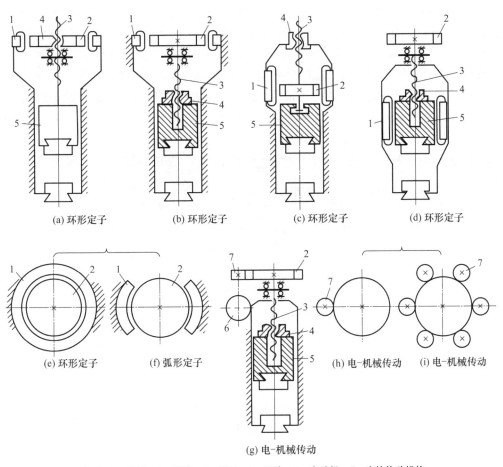

(a) 环形定子　　(b) 环形定子　　(c) 环形定子　　(d) 环形定子

(e) 环形定子　　(f) 弧形定子　　(h) 电-机械传动　　(i) 电-机械传动

(g) 电-机械传动

1—定子；2—转子；3—螺杆；4—螺母；5—滑块；6—电动机；7—齿轮传动机构

图 13-7　电动螺旋压力机工作原理

13.3.2　电动机直接传动式电动螺旋压力机的结构和参数

1. 环形定子式电动螺旋压力机

环形定子式电动螺旋压力机传动环节少、结构简单、打击能量恒定、操作维修方便,深受用户欢迎。德国穆勒-惠加顿公司水平最高,产品的品种和产量在世界上名列前列。我国西安红旗机械厂引进了公称压力为 4 000 kN、7 000 kN 和 1 100 kN,型号分别为 PSS22、PSS265 和 PSS325 三个规格五台该公司的产品用于航空发动机叶片精锻,此外,还有德国贝歇(Beche)公司、哈森公司的电动螺旋压力机产品进入国际市场。华中理工大学与辽阳锻压机械厂合作研制成功公称压力为 630~2 500 kN 的多种形式的电动螺旋压力机。

图 13-8 为公称压力为 1 000 kN 的 JD58-100 电动螺旋压力机结构图。其特点如下:

① 为使特殊设计的多极低速电机具有高启动性能,转子采用双鼠笼型结构,启动时转子电阻较大,启动电流小,仅为额定电流的 2.5 倍。增大了最初启动转矩,因而,启动速度快,转子只旋转 1.5~2 转即达到额定速度,能满足电机在非稳定状态下工作的性能要求;

② 当滑块空程上下时,飞轮、螺旋副、滑块以其自重悬挂支承在机身顶部的推力滚动轴承上;当滑块接触锻件时,锻击力推动螺杆向上,使螺杆中段的环形轴肩上支承面与踵块接触,并在其间产生高比压的相对摩擦滑动,将锻击力传至机身的上横梁。为了在空程时能使润滑油进入轴肩支承面和踵块之间减少锻击时的摩擦损失,并在滑块换向时减少上、下止推轴承间冲击,螺杆轴肩和踵块间必须保持合适的间隙值。螺杆上端的连接螺母必须要有良好的防松措施,应先将螺母旋紧,使轴肩和睦片间的间隙为零,然后按已知的螺距将连接螺母旋松一定的角度,使间隙达到规定值将防松螺钉和止动销装紧。

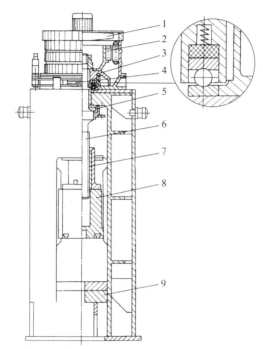

1—风机;2—电动机;3—飞轮;4—制动器;5—踵块;6—主螺杆;7—主螺母;8—滑块;9—机身

图 13 - 8 JD58 - 100 电动螺旋压力机结构图

③ 制动器采用外闸瓦式气动装置操纵,由弹簧和压缩空气作用在气缸活塞上产生的压力使闸瓦制动。其优点是制动力臂大,动作灵敏可靠,能使滑块停在任意位置,选定摩擦材料更换方便。

④ 为了使电动机能良好地通风和散热,在转子一飞轮上加工出多种形式的通风孔,组成合理的风道,并设置抽风式冷却风扇,使电机温升保持在允许的范围内。

穆勒-惠加顿公司按工艺要求生产了多种系列的电动螺旋压力机,各种系列的用途如下:

PA/PS 系列用于餐具、刀、剪、钳锻造压印;PS 系列螺杆直径 φ 为 100～480 mm,公称压力为 1.6～23 MN,用于冷锻、精压、校正、弯曲和冲压等工艺,其冷击力为 1.6 pg;PSS 系列螺杆直径 φ 为 200～630 mm,公称压力为 4～40 MN,主要用于热模锻,其冷击力为 2 pg。以上三种系列产品都采用多极特殊电动机,由于受到电机热负荷和机器超载能力的限制,运动部分能量较小。

PSR 系列的主要特征是:转子-飞轮带超载保险装置,内外圈打滑面呈锥面结构,制动器制动外圈轮缘。调节弹簧的变形,能得到不同的打滑点,得到不同的冷击力并获得不同的力能特性。转子-飞轮超载保险装置如图 13 - 9 所示。

　　PSH 系列是穆勒公司生产的运动部分能量最大的新型电动螺旋压力机,主要特征是采用调频电动机和带液压过载保护装置。PSH 系列电动螺旋压力机见图 13 - 10。

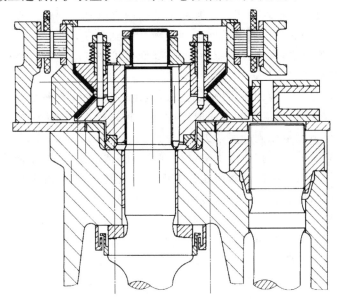

图 13 - 9　转子-飞轮超载保险装置

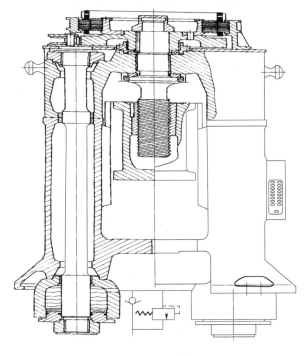

图 13 - 10　PSH 系列电动螺旋压力机

　　环形定子电动机的输入电频率是一个调速因素,电动机采用变频调速,电动机的调速特性最大限度地与螺杆-滑块系统的加速过程一致,可以进一步提高压力机的经济性。这种传动以恒扭矩工作,在电动机接通的瞬间,不会出现峰值电流。加速时,电动机的工作电压和频率成比例变化,也就是说,用较低的电压和频率启动电机,加速到额定值时,这两值达到很高的数值。电动机的转差率始终保持在 5%～7% 范围内,电机的能耗最小。

锻击后飞轮反向旋转,滑块回程加速到一定的速度后由电气制动。这时,电机处于发电机状态,并将存储在飞轮内的剩余能量送回电网。滑块达到上死点前的一小段距离内机械制动器动作,使之停在上死点位置,这样的制动方式,降低了机械制动的负荷,在不损害压力机可靠性的同时,大大地减小了制动损耗。

采用调频传动可以精确地调节压力机的打击能量,控制整个行程的重复精度和飞轮的角速度。对需要大行程、小打击能量的金属成型过程,例如,校正、压印等工序,这种调节技术可以产生一个与最大打击能量相同的启动力。

液压超载保护系统的两根拉杆的下端设计成油缸和活塞的结构,油缸内的油压按压力机的规格调整到规定的压力范围。若载荷超过了规定的数值,少量的液压油从溢流阀中溢出,达到预防压力过增长的目的。若油在较长时期内未超过预调值,小容量的油泵只需补充少量泄漏油即可。当压力机超载后,只须经过几秒钟处理之后,压力机就可重新进行锻造操作。

两根拉杆的液压缸必须互相连通以防单方面的油缸压力增加。在承受偏心打击时,可使两根拉杆的预紧程度一起改变,机身立柱有少量弹性恢复,使上横梁有少量均衡地升高。

德国多年的使用实践表明:这种液压超载保护系统性能优良,又不会引起机械损失,目前已用于螺杆直径为 480～560 mm 的 PSH 系列电动螺旋压力机。电动螺旋压力机参数见表 13 - 2。

表 13 - 2　电动螺旋压力机参数

型号 SDP		单　位	400S	500S	630S	800S	1000S	1250S	1600S
公称压力		MN	4	5	6.3	8	10	12.5	16
允许长期使用的最大压力		MN	6.3	8	10	12.5	16	20	25
冷击力		MN	8	10	12.5	16	20	25	32
螺杆直径		mm	220	245	275	305	345	385	435
运动部分能量		kJ	28	40	56	80	112	160	225
滑块行程(产生最大打击能量时)		mm	265	280	300	315	335	355	375
滑块最大行程		mm	355	375	400	425	450	475	500
最大打击速度		m/s	0.71	0.71	0.71	0.71	0.71	0.71	0.71
最大能量时最短周期时间		s	1.5	1.6	1.7	1.8	1.9	2	2.1
滑块行程次数		次/分	24	22.5	21	20	19	18	17
滑块有效面积	左右	mm	630	710	750	800	850	900	950
	前后	mm	710	750	800	850	900	950	1 000
工作台有效面积	左右	mm	710	750	800	50	900	950	1 000
	前后	mm	710	750	800	850	900	950	1 000
最小封闭高度		mm	355	400	450	500	560	630	710
滑块顶出器顶出力		kN	25	28	32	36	40	45	50
滑块顶出器顶料行程		mm	32	34	36	38	40	43	45
工作台顶出器顶出力		kN	63	71	80	90	100	112	125
工作台顶出器可用最大行程		mm	80	85	90	95	100	106	112
传动电动机的额定功率		kW	25	34	45	60	80	110	144

长铁磁体实心转子(飞轮)、螺杆做螺旋运动的新型电动螺旋压力机的特点是启动转矩大、启动电流小,短路功率因数高,启动时间短、发热量小、温升低,特别适于正、反启动、制动频繁的非稳态过程。实心转子电机的结构简单、加工方便,转子的机械强度高,便于对现有老式摩擦压力机进行改造。具有我国特色的电动螺旋压力机,已在辽阳和郑州锻压机床厂生产。新型电动螺旋压力机见图 13-11。

电动机转子直接与压力机的主螺杆相连,做旋转运动或螺旋运动,其定子部分与普通鼠笼电机完全相似。为减少实心转子表面附合损耗,定子尽可能采用半闭口槽或用磁性槽楔。选用 M-S 曲线较"软"的光滑型转子,转子材料以磁导率较低、比电阻较小的铜铁合金最好,容易产生偏折时,可选用普通碳素钢材,如 ZG270-500 铸钢。

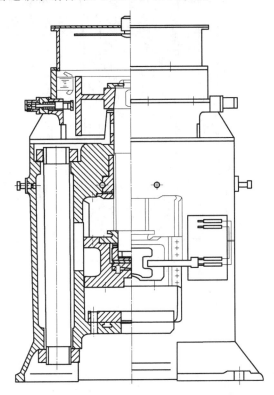

图 13-11　新型电动螺旋压力机

2. 弧形走子式电动螺旋压力机

弧形走子式电动螺旋压力机采用弧形定子电机,改变定子包角能方便地降低定子磁场的角速度。图 13-12 为苏联奇姆肯特工厂生产的弧形走子式电动螺旋压力机结构图,两个弧形定子 3 对称地安放在机架横梁的支架上。

(1) 弧形定子结构

弧形定子结构为每块弧形定子均由外壳、定子铁芯、嵌在定子槽中的绕组、扇形压铁及其固定零件组成。通过弧形定子绕组的电流改换相序,来使滑块获得不同的运动方向。弧形定子结构见图 13-13。

(2) 电动机械传动式电动螺旋压力机的结构和参数

电机功率大于 500 kW 的电动机械传动式电动螺旋压力机,结构庞大,造价高,压力机用

电机直接传动的固定定子式有很大困难。所以,当电动螺旋压力机的公称压力等于或大于
40 MN后,采用电机-齿轮传动,由一台或几台异步电机,通过小齿轮带动有大齿圈的飞轮。
此时飞轮不再作为电动机的转子,像通常的飞轮一样,只起传动和储能作用。

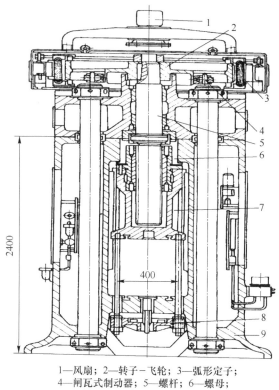

1—风扇; 2—转子-飞轮; 3—弧形定子;
4—闸瓦式制动器; 5—螺杆; 6—螺母;
7—滑块; 8—顶出器; 9—机架

图 13-12　弧形走子式电动螺旋压力机

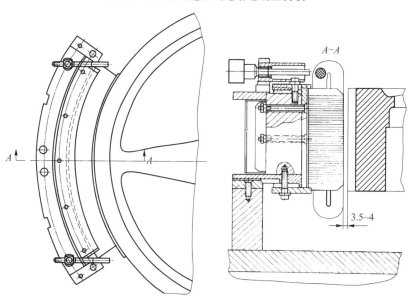

图 13-13　弧形定子结构

图 13-14 是德国惠加顿公司生产的 PZS 系列重型电动螺旋压力机结构图。带摩擦超载打滑装置的飞轮做旋转运动,由固定在滑块中的螺母带动滑块做上下直线运动。为了做到大能量、大刚度又不致有过大的冷击力,在飞轮中设置摩擦过载安全装置。气动式制动器制动组合飞轮外圈的端面。德国惠加顿公司有公称压力为 44~144 MN 共 8 种规格的巨型电动螺旋压力机,特殊的异步电动机只有 250 kW 和 350 kW 两种规格,配备 2~6 台电动机,如 PZS1000 型公称压力 100 MN 的压力机用六台 350 kw 电动机并联驱动飞轮旋转。

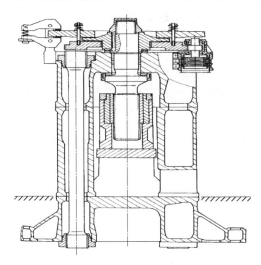

图 13-14　PZS 系列重型电动螺旋压力机

3. 电动螺旋压力机的优缺点

(1) 优　点

① 传动方式简单,除 PZS 系列以外,直接传动的电动螺旋压力机定子和转子(带飞轮)之间不接触,无机械磨损,因此,检修工作量(包括备件的更换量)很小,节约劳动力和维修费用;

② 便于电控,力能参数调节方便可靠,动作平稳,传动噪声很小;

③ 传动链短,部件少,结构简单,设备体积小,外形美观,一般无传动部件暴露于机器外。因此,在电力充分的国家颇受欢迎。

(2) 缺　点

电动螺旋压力机的最大缺点是每次行程要换向旋转而启动两次,下行程时电机转速由零增加到储能结束时电机转速,回程逆转,又要从零增加,每启动一次,均产生启动能量耗损。开始启动时,电机的定子和转子滑差率为 100%,加速结束时为 12%~15%,电流从 $4I~4.5I$(I 为稳定状态电流)降低到 $2I~2.5I$,即使具有沉重飞轮的弧形定子电动机的电流冲击倍率成功地降低到三倍以下(普通鼠笼式电动机为 4~6 倍),但启动电流仍然很大,电流峰值提高要求变压器容量增大,以避免车间其他设备的压降过大和工作的不稳定性。对大多数企业来说,也只能安装 40 MN 以下的压力机。中型以上压力机要有专门的变压器,例如安装一台 PZS710 型电动螺旋压力机(公称压力 50 MN 装有两台 250 kW 的电动机),即使调至每分钟滑块行程次数为 4 次时,需要 1 250 kVA 变压器。理论讲电动螺旋压力机可达到较高的行程次数,但行程次数受电机热负荷的限制。为了排除定子和转子产生的热量,在螺旋压力机的整个工作过程中,风扇要不断地运转,因而又要考虑附加能耗,根据俄国的研究数据,电力传动的总工作时间为机器工作周期的 0.5~0.75,风扇电机消耗电能为传动能耗的 10%。电动螺旋压力机的总效率与锻件的变形能量变形力有关,其值在 13%~20% 范围内,此效率不高,甚至低于某些摩擦螺旋压力机。惠加顿公司研制的 PSH 和 PZS 系列电动螺旋压力机,采用变频装置直接传动是降低损失的有效途径。

13.4 液压螺旋压力机

13.4.1 液压螺旋压力机的工作原理和种类

1. 工作原理

液压泵中产生的高压液体通过液压操纵系统,借助做直线运动(液压缸)、螺旋运动或旋转运动(液压马达)的液压动力装置驱动压力机的工作部分(飞轮、螺杆、滑块)产生上下运动,在空程加速下降过程中积蓄动能,其中大部分用于锻件成型所需的变形能。

相对于摩擦和电动螺旋压力机,液压螺旋压力机具有高效节能的特点,又因液压部件由很多标准的液压组件构成,易于设备工作能力的大型化。随着航空和电力工业的发展,大型叶片等零件的精锻要求发展大规格的螺旋压力机,因而使液压螺旋压力机得到了广泛的发展。

2. 种 类

液压螺旋压力机分为液压马达式和缸推式两大类。

(1) 液压马达式液压螺旋压力机

图 13-15 所示为液压马达式液压螺旋压力机,液压马达的转子直接和螺杆连接(见图 13-15(a)~(c)),也可通过齿轮传动机构和螺杆连接(见图 13-15(d)~(g))。

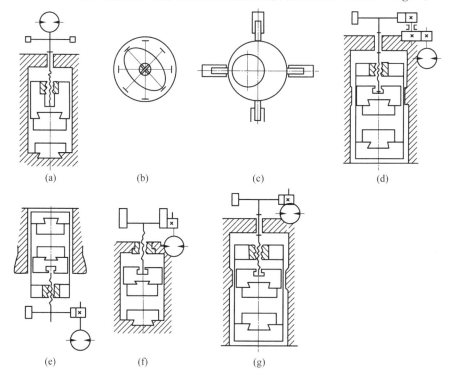

(a)　　　　(b)　　　　(c)　　　　(d)

(e)　　　　(f)　　　　(g)

图 13-15 液压马达式液压螺旋压力机

（2）缸推式液压螺旋压力机

缸推式液压螺旋压力机如图 13－16 所示，液压轴向推力直接作用螺旋副接触面，结构简单，传动效率低，能耗指标高。

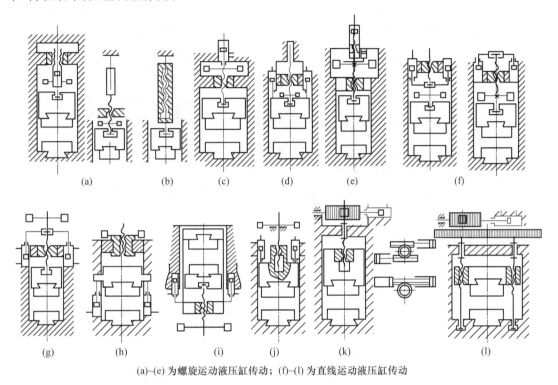

(a)～(e) 为螺旋运动液压缸传动；(f)～(l) 为直线运动液压缸传动

图 13－16　缸推式液压螺旋压力机

13.4.2　液压螺旋压力机的结构和参数

生产液压螺旋压力机的国家有德国、捷克、苏联、波兰、法国等，其中以德国 SMS 哈森公司的产品水平最高，我国投入市场的是华中理工大学和鄂州市锻压机床厂合作研制生产的 JB57－630型 6 300 kN 和 JB57－1600 型 16 000 kN 液压螺旋压力机。

1. 缸推式液压螺旋压力机

（1）捷克 ZDAS 公司 LVH 型液压螺旋压力机

公称压力为 25～40 MN，运动部分能量为 20～700 kJ，公称压力为 16 MN 的液压螺旋压力机的总体结构和滑块如图 13－17。它是采用活塞式液压缸推动带主螺母的框形滑块上下运动，使主螺杆带动飞轮做旋转运动，使运动部分在规定的空程向下行程中获得额定的动能以使锻件成型。公称压力小于 10 MN 的压力机采用一个工作缸，装在机身的上部，液压动力装置装在机身的平台上。大于 10 MN 公称压力的压力机，采用两个工作缸，装在机身下部的两侧立柱内，液压动力装置则装在单独的基础上。

飞轮 1 和螺杆 2 布置在地面以下。16 MN 压力机的螺杆为外径为 400 mm、螺距为 70 mm 的四头螺纹，螺杆下端和工作台 5、机身 7 用滚柱轴承支承，而端面通过铜垫和位于工作台下面的液压超载保险缸的活塞 6 接触，更换轮缘的飞轮用切向键固定在螺杆下端。

滑块 4 是用铸钢制成的整体式框架,外侧面为导向面。在滑块的上横梁中安装螺母 3,在上横梁上安装上模,下模装在工作台上,工作台的形状为可通过滑块开挡的平行六面体,两端在机座的前后壁上固定。

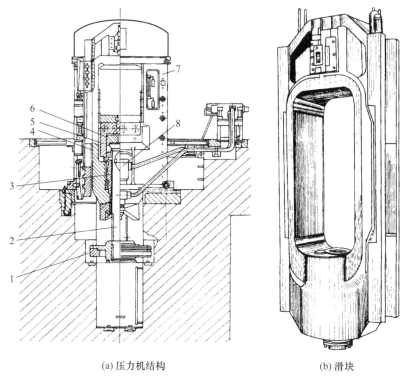

(a) 压力机结构   (b) 滑块

1—飞轮; 2—螺杆; 3—螺母; 4—滑块; 5—工作台; 6—活塞; 7—机身; 8—工作缸

图 13-17 LVH 型液压螺旋压力机

机身 7 为组合式铸钢件,剖分面沿平行于机身正面的中面。两个工作缸 8 安装在机身下端部,其活塞杆与框架式滑块下梁连接。16 MN 压力机的工作缸每个活塞的面积为 254 cm²,活塞杆的横截面积为 100 cm²。

阀式液压超载保险装置如图 13-18 所示。因为模锻时螺杆 1 的上端顶住活塞 2,所以变形力要由封闭在超载保险装置中的液体(公称压力为 16 MN 液压螺旋压力机约为 3 000 cm³)传递,当单位压力超过 63.7 MPa 时,液体经阀 4 从超载保险装置排入油箱,吸收机器运动部分的动能。超载保险装置腔 3 的液体由单独的泵 5 供给以恢复初始容积。

图 13-19 是苏联锻压设备研究所设计制造的公称压力为 6.3 MN,直径 φ 为 2 738 型液压螺旋压力机的结构图。机身 3 由两个铸铁立柱、底座和钢制上横梁用四根钢制拉杆拉紧组合而成,机身上的四个导向面都可调,用螺栓固定在立柱上。滑块 4 是带有加长导轨的钢铸件。螺杆 2(螺旋缸)由 40CrNiMo 钢制成,通过六头矩形螺纹和装在上横梁中的螺母 1 配合;螺母 1 由铜内套和钢外套组成。螺杆下端通过踵块和止推轴承与滑块相连。安装在滑块上方螺杆下部的钢制飞轮用四只圆柱销固定,螺杆上部做成工作缸的缸体,通过青铜导套密封与空心柱塞配合,柱塞在上横梁上铰接。两个回程缸 5 装在机身两侧立柱内,压力机底座中装有液压顶出器 7。

2. 液压马达式液压螺旋压力机

（1）旋转液压马达驱动的液压螺旋压力机

液压马达式液压螺旋压力机用液压马达通过小齿轮带动工作。有齿圈飞轮旋转的液压螺旋压力机以德国哈森公司（现改为隶属于 SMSEumuco 集团公司下的 EumucoHasen - clever 模锻设备制造公司）生产的 HSPRZ 系列产品水平较高，我国共引进 HSPRZ630 型 40 MN 两台、20 MN 一台。该公司将此种结构用于大、重型螺旋压力机，公称压力范围为 31.5～140 MN，与该公司生产的 FPRN 系列热锻型摩擦压力机的最大公称压力相配套。旋转液压马达驱动的液压螺旋压力机见图 13 - 20。

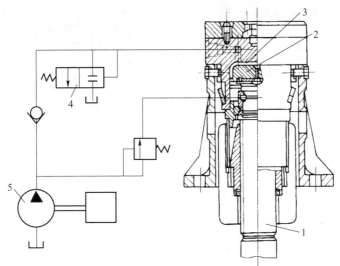

1—螺杆；2—活塞；3—超载保险装置腔；4—阀；5—泵

(a) 原理图

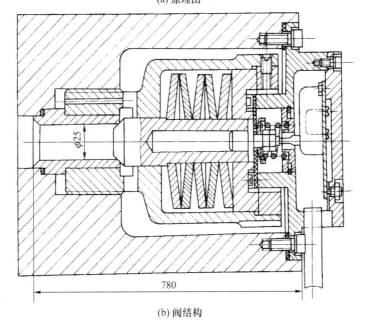

(b) 阀结构

图 13 - 18　阀式液压超载保险装置

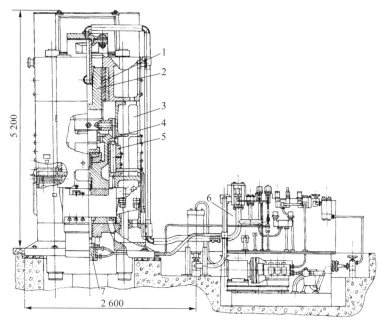

1—螺母；2—螺杆；3—机身；4—滑块；5—回程缸；6—液压动力站；7—顶出器

图 13 – 19　液压螺旋压力机结构图

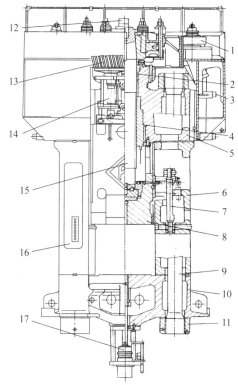

1—传动小齿轮及液压马达；2—滑动轴承；3—保护平台；4—铜螺母；5—上横梁；6—侧立柱；
7—平衡重液压缸；8—滑块；9—拉杆；10—底座；11—拉杆螺母；12—飞轮打滑测量装置；
13—飞轮；14—制动器；15—螺杆；16—行程调节装置；17—下顶出器

图 13 – 20　旋转液压马达驱动的液压螺旋压力机

　　旋转液压马达驱动的液压螺旋压力机用四台轴向柱塞大液压马达通过一级齿轮减速,带动带齿圈的飞轮做螺旋运动,从而使运动部分产生运动并储存能量进行模锻工作。液压马达因处于频繁换向、变速运转和有液压冲击的恶劣工况下运行,故对其制造质量和技术性能有很高的要求,采用瑞士 VonRoll 公司生产的 TF 型轴向柱塞式液压马达,HSPRZ630 型压力机用5 台 TF63 型液压马达。TF 型液压马达使用寿命长达 30 000 h,液压马达参数见表 13 - 3。

表 13 - 3　液压马达参数

型 号	单位排量 /(cm³·r⁻¹)	转速/(r·min⁻¹)		转 矩 /(N·m)	功 率 /kW	效率/%		工作压力/MPa	
		额定的	短时的			容积的	实际的	额定的	最大值
TF50	865	1 500	1 800	2 750	472	94.5	89	21	40
TF63	1 750	1 200	1 500	5 550	765	94.5	90	21	40
TF80	3 584	950	1 200	11 300	1 240	95.5	90	21	40
TF100	7 000	800	1 000	22 000	2 050	95	89	21	40

　　装在液压马达输出轴上的小齿轮(见图 13 - 21)是用木材与合成树脂在一定温度下压制的材料制成的,优点是:自润滑性能好、摩擦系数小、噪声低、冲击韧性高、抗油浸蚀性好、转动惯量小、加工性能好、成本低,传力轴套 3 通过键与液压马达 4 的轴相连,传力轴套又通过键与压紧套 1 连接,小齿轮 2 则空套在压紧套卜,并依靠碟形弹簧的作用力,使压紧套和传力轴套紧压在小齿轮的两端面上,两端摩擦面所传递的扭矩必须大于液压马达的额定扭矩。采用这种连接形式,避免了这种材料的零件因出现尖角导致裂纹而破坏。

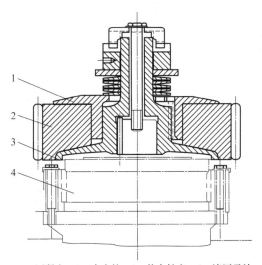

1—压紧套;2—小齿轮;3—传力轴套;4—液压马达

图 13 - 21　液压马达输出轴上的小齿轮

　　随着航空和大型电站技术及叶身长度超过 1 m 的叶片等零件精锻工艺的发展,促使大型螺旋压力机的需要量不断增加。HSPHZ 型螺旋压力机由于能够采用多个液压马达同时驱动大齿轮-飞轮旋转,使设备能力的大型化成为可能,该设备在大零件精锻领域内占据了突出的地位。最大的公称压力达 140 MN 的 HSPRZ1180 型液压螺旋压力机已安装于奥地利

Kapfenberg 的联合优质钢厂,这台地面高度约 15 m、总重达 1 700 t 的巨型设备,能精锻长度 1.1 m 的汽轮机不锈钢叶片、长度 1.3 m 的钛合金叶片及重量约 200 kg 的燃气轮机涡轮盘。

(2)专用螺杆式液压马达驱动的液压螺旋压力机

专用螺杆式液压马达驱动的液压螺旋压力机,亦称为副螺杆式液压螺旋压力机。

德国哈森公司曾研制成功冷击力为 125 MN 的 HSPR 型液压螺旋压力机,由于副螺杆与铜制副螺母间有一定的摩擦损失而影响整机传动效率,该公司转而发展 HSPRZ 系列液压马达式液压螺旋压力机。由于我国液压马达性能较低,而液压缸和副螺旋副制造容易,华中理工大学结合我国国情,采用减摩工程塑料作副螺母,使这种传动方案获得了新的生命力。

液压系统供给的高压油进入液压缸的上腔后,推动活塞并带动副螺杆下行,由于副螺母固定在油缸支座上不能转动和移动,使得副螺杆做向下螺旋运动。副螺杆与主螺杆的行程相同,两者用尼龙十字沟槽联轴节联结,副螺杆带动飞轮及主螺杆做同步向下螺旋运动,使飞轮获得能量,滑块下行,经模具锻打锻件。当高压油进入液压缸下腔时,推动活塞带动副螺杆及主螺杆做向上螺旋运动,滑块提升回程。油缸上、下腔停止供给高压油,下腔排油阀关闭时,滑块静止不动。液压缸上、下腔供油可以很方便地控制,因而滑块可停于任意位置。

传动部件中,首次采用特制的酚醛树脂层压材料制造副螺母,因该材料的纤维微孔能储存微量润滑油,因而具有极好的自润滑性能,使副螺旋副传动效率提高到 95% 以上。实验表明,这种材料具有良好的耐磨性和足够的强度,可使传动部件结构简单、制造容易、使用寿命长、维修方便、不受外购件供应的限制等。

副螺母和钢制油缸支座的连接:因两种材料切削性能相差悬殊,要加工出能与圆销配合很好的深孔,有一定难度。因此采用玻璃钢销,并用直接在销孔内浇铸的方法制成。玻璃钢销的受力安全系数为 25 以上。实践证明,这种连接方式的孔的加工要求很低,浇铸玻璃钢销的工艺也很简便。经 6 300 kN 液压螺旋压力机千余次的重负荷试验后拆开检查,连接可靠。

JB57 - 630 型 6 300 kN 液压螺旋压力机早已批量生产,广泛地用于军工、汽轮机和航空发动机叶片、齿轮等锻件的生产。华中理工大学于 1997 年研制成功 16 000 kN 液压螺旋压力机(见图 13 - 22)。

JB57 - 1600 型液压螺旋压力机采用组合机身、超高型滑块,并配有液压顶出器,在液压和电控系统上有所创新,特别适用于精锻工艺。进行发动机叶片精锻时,

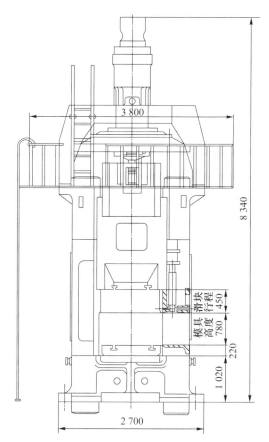

图 13 - 22 16 000 KN 螺旋压力机

叶片的厚度公差为 0.2~0.4 mm,可达到国内最佳水平,该设备结构先进、性能优良。

13.4.3　各类螺旋压力机的优缺点分析

1. 优　点

螺旋压力机的优点有：

① 螺旋压力机是定能量的设备，没有固定的下死点，锻件尺寸精度靠模具"打靠"和导柱导向（用于精密模锻）来保证，机器受力零件的变形对锻件高度尺寸精度没有影响。因而，螺旋压力机是模锻和精锻理想的锻压设备。

② 螺旋压力机特有的力能特性可满足多种工艺的要求，既能付出较多的锻压能量和有一定的锻击力，又能满足大变形能的工艺要求，即有较好的工艺适应性。

③ 与其他几种模锻设备相比，螺旋压力机有结构简单、制造成本低、工作条件较好的特点，是一类符合我国国情的锻压设备，因而，螺旋压力机在我国有很大的发展前景。

2. 缺　点

螺旋压力机的缺点有：

① 现有各类螺旋压力机的螺杆和飞轮连成整体，在空程上、下时，螺杆和飞轮一起加速，惯性质量较大，因而，加速时间长，加速行程占滑块总行程的绝大部分，使滑块每分钟行程次数难以有较大的提高。

② 飞轮与驱动装置分离后，运动部分能量必须一次消耗完，若能量选择不当，多余部分的能量消耗在机器受力零件的变形和摩擦上，因而降低了螺旋压力机的总效率和使用寿命。

③ 对摩擦和电动螺旋压力机，每一次工作循环，飞轮和螺杆的回转质量要从静止状态加速两次，因而频繁地引起电流冲击，启动电流峰值很大。

13.5　离合器式高能螺旋压力机

1. 离合器式高能螺旋压力机的工作原理和特点

离合器式螺旋压力机最早在德国辛佩坎普（SiempelKamp）公司研制成功，产品型号为NPS 型，德国 SMS 哈森公司、奥穆科（Eumuco）、贝歇（beche）和拉斯科（Lasco）公司也研制出各自特色的离合器式螺旋压力机。1985 年，我国大连锻造厂引进一台 NPS1600 型压力机，大连机车车辆厂引进一台 NPS2500 型压机。青岛锻压机械厂已有公称压力为 4～25 MN 的五种规格的产品投放市场。1995 年 9 月无锡叶片厂引进的 SPKA11200 型离合器式螺旋压力机是当今规格最大（公称压力为 112 MN）、技术最先进，由德国奥穆科·哈森克勒弗公司（即SMS 哈森公司）制造的螺旋压力机。

NPS 型压力机的工作原理和结构：NPS 型压力机与传统的螺旋压力机区别在于飞轮的工作方式完全不同。主电机通过三角带驱动飞轮 3，使它单向自由旋转。工作时由液压推动离合器活塞 2，使与螺杆连成一体的离合器从动盘与飞轮 3 结合，带动螺杆做旋转运动，通过固定连接在滑块上的螺母，使沿块向下运动，并进行锻击。飞轮的转速降低到一定数值时，控制离合器系统的脱开机构将起作用，通过控制顶杆顶开液压控制阀使离合器脱开，飞轮继续沿原方向旋转，恢复速度，与此同时，利用固定在机身上的液压回程缸 5，使滑块上行，完成一个工作循环。NPS 型压力机的工作原理如图 13 - 23 所示。

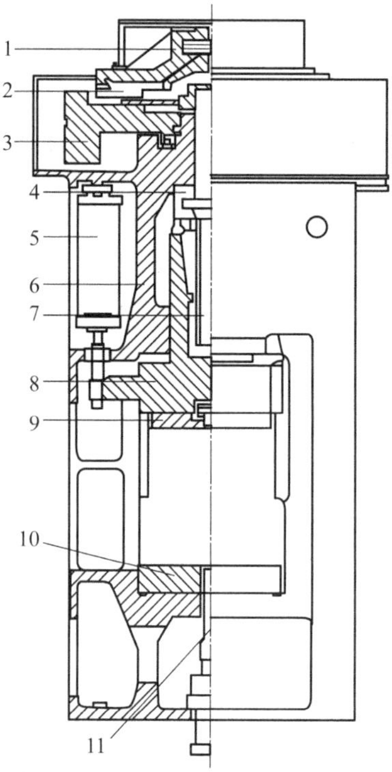

1—离合器油液压；2—离合器活塞；3—飞轮；4—推力轴承；5—回程缸；6—机身；
7—主螺杆；8—滑块；9—滑块垫板；10—台面垫板；11—下模顶出器

图 13 - 23　NPS 型压力机的工作原理

　　离合器结构构件组成:离合器结构构件组成如图 13 - 24 所示。飞轮 1 与液压离合器相连;带摩擦衬垫的从动盘 4,通过渐开线花键装在螺杆 6 上;离合器控制阀组,与机械脱开装置连接,该机械脱开装置包括两个钢盘。钢盘上装有对称布置但方向相反并装有钢球的斜槽,其中一个钢盘固定在主螺杆上,另一个钢盘能够在钢球上自由运动且产生惯性。当锻件变形结束使模具完全闭合时,螺杆和滑块行程停止。螺杆上方的自由钢盘因其惯性的缘故仍相对于固定在螺杆上的钢盘继续旋转,由于这种趋势使得钢球将自由回转的钢盘向上抬起,这时控制顶杆被向上推动,顶开液压控制阀,使离合器油缸中的油液迅速卸压,导致离合器脱开。

　　如果压力机配备有滑块行程控制装置,则离合器的脱开可以采用电气操纵。这主要适用于模具不必完全闭合的操作(例如镦粗等),这时可以在控制板上预选行程长度,通过滑块的行程控制来实现离合器的脱开。启动时,离合器液压缸 2 内通入油压为 9.5 MPa 的高压油,推动从动盘 4 使之与飞轮结合,由于从动盘和螺杆为花键连接,使飞轮与螺杆结合成一体而加速旋转。由于加速部件(离合器从动盘、螺杆、螺母和滑块)质量很小,所以加速时间极短,整个工作行程实际上可认为是以稳定的速度进行,变形阶段也基本上保持这一滑块速度,只不过相对飞轮的转速稍降(最大降速 12.5%)。滑块向下行程结束后,离合器自动脱开,飞轮继续沿原方向旋转,恢复速度,滑块利用固定在机身上的回程缸而向上回程。储存在机身内的回弹能量使滑块回程获得较高的回程速度,滑块向下和向上的稳定速度为 500 mm/s,回程缸的提升力相当于滑块、垫板和上模重力的 6 倍,调整模具的慢动作也是用回程缸进行的。封闭循环的润滑系统对轴承进行冷却和润滑,螺杆、螺母和滑块上端的圆柱部分全部封密在上横梁内。

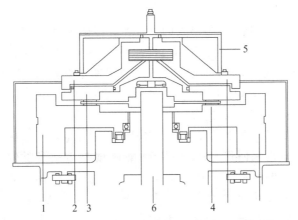

1—飞轮;2—离合器液压缸;3—离合器活塞;4—从动盘;5—消声罩;6—主螺杆

图 13 - 24　离合器结构构件组成

2. NPS 型离合器式螺旋压力机的特点分析

(1)具有高的打击能量

打击能量指离合器式螺旋压力机运动部分与锻件接触能量。NPS 型压力机在降速 12.5% 时给出的有效能量约为现有锻造型螺旋压力机能量的 2 倍左右,高能螺旋压力机之名由此而来。

(2)保证在任意位置的能量发挥

几乎在滑块的任意位置上都能充分发挥出规定的能量输出值和最大锻击力。由于从动部分惯量很小,滑块只须经过 100 mm 的驱动行程后就达到规定的最大速度和能量,而普通螺旋压力机一般要接近下死点或行程的 80% 后能达到最大能量。

(3)闷模时间短

飞轮和螺杆是分离的,螺杆和从动盘惯性负载小,易于反向提升,故滑块在下死点停留时间极短,很快即以 500 mm/s 的速度提升,闷模时间一般只有 10～20 ms,而普通螺旋压力机达 60 ms,因而,模具寿命可提高 30%～50%。

(4)节　能

由于飞轮是连续运转的,并且与螺杆是脱开的,驱动电机的功率主要按能启动和拖动具有大转动惯量的飞轮能进入正常的工作转速来确定,因此,电机功率较小,启动电流不大。一台公称压力为 25 000 kN 的 NPS 型离合器式螺旋压力机在工作行程开始时的启动电流为 350 A,而大小相近普通螺旋压力机工作循环中的两次启动,即工作行程、滑块回程开始时为 1 000 A。

(5)基础工作条件好

离合器式螺旋压力机作用在基础(地基)上的垂直动载荷仅为压力机重量的 1.6 倍;由于从动部分惯量小,作用在基础(地基)上的冲击扭矩亦大大低于现有各类螺旋压力机,致使基础的工作条件大为改善。青岛锻压机械厂已有这种形式的产品投入市场。

3. SKPA11200 型 112 MN 离合器式螺旋压力机

SKPA11200 型 112 MN 离合器式螺旋压力机是大型航空发动机和汽轮机叶片精锻及大型曲

轴等锻件生产的大型锻压设备,此设备是世界规格最大、技术最先进的设备。其特点如下:

(1) 规格大

此螺旋压力机是当前世界上规格最大的离合器式螺旋压力机。其主机总重达 940 t,由上横梁(163 t)、下横梁(142 t)和两个立柱(长 11 m,单重 20 t 的四根拉杆和八个螺母)组成组合式机身,重量约占主机总重的 50% 以上。往复运动部件由直径为 950 mm 的主螺杆、高度为 3.7 m 的滑块和主螺母组成,重达 130 t,飞轮外圈的直径达 6.2 m。

(2) 采用先进合理的回程驱动机构

SKPA11200 型 112 MN 离合器式螺旋压力机采用低速大扭矩液压马达 14 直接驱动主螺杆 4 做顺时针旋转,带动滑块回程上升。下降行程中,螺杆带动液压马达起油泵作用,输出高压油以回收能量。为了减小液压马达的驱动功率,平衡缸 6 要平衡掉滑块和上模重量的 90%~95%,使滑块呈悬浮状通过,主螺母 8 在主螺杆上,这无疑为螺纹副之间形成润滑油膜,改善润滑创造了极为有利的条件,使螺旋副的寿命显著提高。碟簧加载、液压脱开的制动器 13 可使滑块停在任意行程位置。

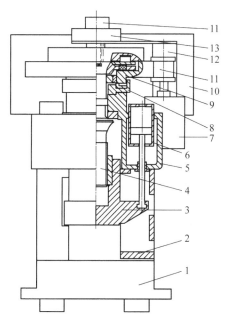

1—下横梁;2—立柱;3—滑块;4—主螺杆;5—上横梁;6—平衡缸;7—主电机;8—飞轮静压轴承;
9—带离合器的飞轮;10—上平台机罩;11—小带轮和传动平带;12—制动器支架;13—制动器;14—回程驱动液压马达

图 13-25 离合器式螺旋压力机

第 14 章　数控弯管设备

14.1　三维数控弯管机概述

本章介绍三维数控弯管机采用 CNC 专用数控系统,能同时控制 F(送料)、R(旋转)、B(折弯)三个轴定量运动。根据加工要求编程,达到空间管路的成型,适应家用空调配管、汽车空调管路,油管的弯制加工。

14.2　主要技术参数(标准机型 TBM20 - R1)

标准机型 TBM20 - R1 的主要技术参数如下:
① 弯管直径:适用加工弯管直径 φ 为 6～20 mm 的铜管、铝管。
② 弯管壁厚:可加工弯管壁厚为 0.5～2 mm 的铜管、铝管。
③ 弯曲半径:可加工 R10～R60 的弯曲模半径。
④ 弯曲角度:可弯制 0～200°的弯曲角度。
⑤ 空间旋转角度:可旋转 0～360°。
⑥ 送料轴机械行程:送料有效行程为 1 200 mm。

14.3　设备的构造

14.3.1　机械结构

标准机机架及机身采用船舱型龙骨结构,由方型钢管及弧型钢板焊接成型,消除应力后整体加工,确保设备具有足够的强度、刚度及稳定性;标准机身配有四个可调水平和高度的脚杯。设备各部分的零部件根据实际工作状况、工作环境而进行必要的表面处理,如电镀、发黑、淬火、渗碳、静电喷涂等,以满足部件具有足够的强度及表面性能。

圆模为整体模具;夹模、导模、圆模、芯棒头等模具的表面硬度不低于 HRC50,各种模具的更换操作简单、方便,同时符合管件加工工艺要求。

送料机构采用行星减速机驱动钢丝同步带传动,直线轴承采用进口高速滚珠轴承,减速机为进口品牌。

机头为整体式箱型结构,弯曲臂采用精密齿形链传动,传动链轮及减速机输出轴两端均有支撑轴承,链条调整方式为对接式双螺旋结构。

旋转机构采用行星伺服减速机传动,夹紧机构为平行四边形运动方式,过对角线锁模,确保足够的夹持力且避免夹伤铜管,所有的关节均有德国高分子免润滑轴承。导模夹采用滑块连杆结构,有半退及全退两段行程。夹料机构采用三瓣式卡盘结构,确保有足够的夹持力、机械强度及使用寿命;抽芯机构具有快速定位及防转装置。设备的气动元件采用进口优质品牌,气动回路有稳压、净化、润滑及调节装置。

14.3.2　机械配置

整个设备由 CNC 系统控制,送料、旋转、折弯、三个轴通过伺服驱动来完成加工管件的送料长度、空间角度及弯管角度。动作执行由电磁阀来驱动气缸对管件的夹持,完成整个管件的加工。

1. 送料 F 轴

F 轴由 AC 伺服电机通过减速机驱动,钢丝同步带传动,直线导杆副组件导向,对加工管件进行定尺控制。其运动方向:往后为 F+,往前为 F−。

2. 旋转 R 轴

R 轴由 AC 伺服电机通过减速机驱动,对加工管件做旋转运动,实现管件的空间角度。其运动方向:顺时针为 R+,逆时针为 R−。

3. 弯曲 B 轴

由 AC 伺服电机通过减速机驱动折弯臂,对管件做弯曲运动,控制管件的折弯角度。其运动方向:旋出为 B+,旋进为 B−。

4. 夹模机构

夹模机构由电磁阀驱动气缸(夹紧/松开),主要是在弯管时起夹管的作用,型号为 $\varphi63\times50$。

5. 靠模、半靠模机构

靠模、半靠模机构由电磁阀驱动气缸动作。靠模主要在弯管时起靠住管,防止管件回弹的作用;半靠模主要在拉料或送料过程中起加工料往下掉的作用。

6. 芯轴进退机构

芯轴进退机构由电磁阀驱动气缸动作,型号:100×10。

芯轴进:主要是在弯管时,保证弯出的管子的弯扁率。

芯轴退:在管子折弯后,送料时起降低阻力的作用。

7. 料夹机构

料夹机构由电磁阀驱动气缸动作,主要是拉料、送料、旋转管件时起夹管的作用,型号为 $\varphi32\times30$。

8. 左右平移机构(双模机)

左右平移机构(双模机)由电磁阀驱动气缸动作。换模时,起脱模或合模的作用,型号为 $\varphi50\times80$。

9. 上下换模机构(双模机)

上下换模机构(双模机)由电磁阀驱动气缸动作。换模时,起运行上下模或下模的作用,型号为 $\varphi100\times30$。

14.3.3　模具的安装与调整

CNC 弯管机性能虽然优越,但尚需要配备制作精良,安装正确的模具,才能得到最好的效果。

1. 模具的定义

模具的定义如下：

① 圆模：控制弯管半径的元件，安装于圆模座上。

② 夹模：弯管时夹工件的元件，安装于折弯臂的夹模座上。

③ 靠模：弯管时防止工件回弹的元件，安装于靠模座上。

④ 芯棒：弯管时防止工件皱折的元件，芯杆安装于尾座气缸前端，芯棒头安装于芯杆前端。

⑤ 料夹：送料及旋转管件时，用于夹持管件，安装于小车炮筒的前端。

2. 模具的安装

模具的安装位置及放置如图 14 - 1 所示。

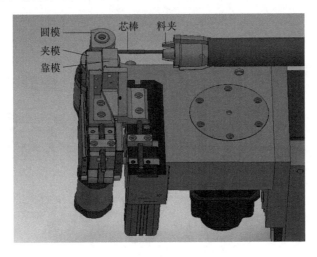

图 14 - 1　模具的安装位置及放置

3. 模具的调整

模具的调整放置如图 14 - 2 所示。

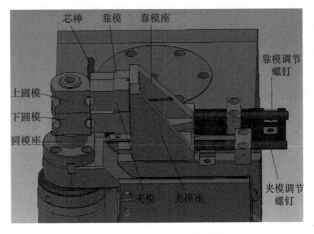

图 14 - 2　模具的调整放置

① 圆模的安装调节　把圆模放在圆模座上,要注意圆模的安装方向,把有直线段的方向朝夹模、靠模方向安装。圆模上面放有圆模压盖,然后用锁紧螺栓固定。

② 夹模的安装调节　把夹模固定在夹模座上,用固定螺丝锁紧夹模。把夹模座调节退后,动作夹模气缸进,夹模气缸进到位后调节夹模座,让夹模贴紧圆模,然后调节夹模的高低与圆模同心,安装时必须保证夹模与圆模同轴,不允许有高低误差。用夹模座固定螺丝固定夹模坐,夹模的松紧度由夹模调节螺钉调节。

③ 靠模的安装调节　把靠模固定在靠模座上,用固定螺丝靠模锁紧。把靠模座调节退后,动作靠模气缸进,靠模气缸进到位后调节靠模座,让靠模贴紧圆模,然后调节靠模的高低与圆模、夹模同心,安装时必须保证靠模与圆模、夹模同轴,不允许有高低误差。用靠模座固定螺丝固定靠模坐,靠模的松紧度由夹模调节螺钉调节。靠模安装调节示意图见图 14 - 3。

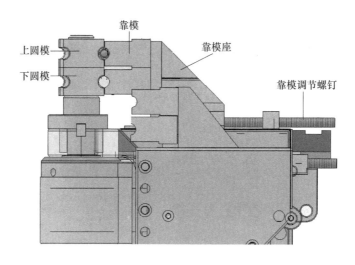

图 14 - 3　靠模安装调节示意图

④ 料夹的安装调节　把料夹夹具安装在小车炮筒前的三爪上,先用料夹固定螺钉轻轻带上,然后用料夹气缸夹夹紧,保证夹具同心后再紧固料夹锁紧螺钉。

⑤ 芯棒的安装调节　先把芯棒头装在芯杆上,然后把芯杆穿过小车炮筒,安装在芯杆连接座上。芯棒头的初始位置安装为:芯棒头的前端超过圆模中心 3 mm 的距离,具体位置由弯管时弯出管子的效果调节而定。确保装在芯轴上的管料与模具在同一圆轴中心线上。芯棒、芯杆安装调节示意图见图 14 - 4 和图 14 - 5。

⑥ 单模机芯棒调节　通过松开尾座调节手柄,手动左右移动气缸,到位后锁紧尾座调节手柄调节。以上调距功能可适应不同弯曲半径之模具。

⑦ 双模机芯棒调节　通过移动机头的左右平移气缸,调节平移左右限位螺钉来调节芯棒与管料的中心。

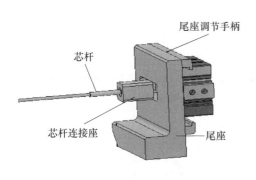

图 14-4　芯杆安装调节示意图

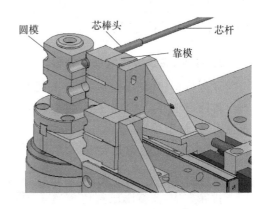

图 14-5　芯棒安装调节示意图

14.3.4　气压回路

1. 气压调节

设备上的气压可以通过三连体上的压力调节阀来调节,压缩空气需要保持在 0.5~0.7 MPa 范围内。气压组件如图 14-6 所示。

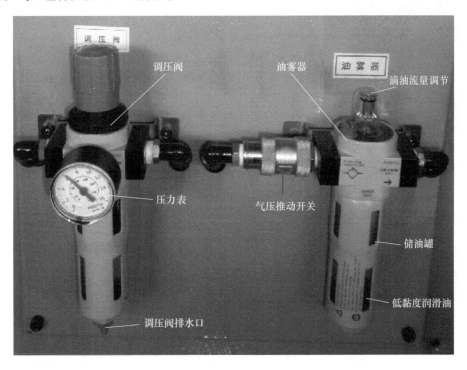

图 14-6　气压组件图

当调压阀内有水时,可以通过调压排水口排水。气压推动开关是主要打开与关闭气源的装置。油雾器主要是把油通过气雾化之后,给气缸和电磁阀起润滑的作用。滴油流量调节装置可以调节油雾器雾化滴油的大小。

14.3.5 常见问题及处理

1. 靠模、夹模等气缸动作缓慢

原因分析:气动压力不足;调节阀调节过慢;气缸的缓冲未调节好;机械部分不顺畅等。

排除方法:调整气路压力,使之达到正常标准;重新调节节阀;重新调节气缸的缓冲;调节机械部分,调节顺畅。

2. 料夹夹不紧管料

原因分析:气压力不足,气缸行程不足,管料外径不符合要求等。

排除方法:调整调压阀使气路压力达到正常标准;调整微调螺母,使气缸行程走完;更换管料。

3. 管料跑出模沟外,夹管时易夹扁管料

原因分析:圆模与夹模、圆模与靠模之间间隙过大或高低不合适;芯杆、夹爪、圆模是否在同一中心线上。

排除方法:调节夹模或靠模的调距螺钉,使之达到正常;调整小车、尾座及圆模的中心,使其保持一致。

4. 弯管内测出现皱折

原因分析:芯杆位置靠后;夹模夹不紧,弯管时打滑等。

排除方法:芯轴向前调节;调整夹模夹紧力。

5. 弯管断裂或外测鼓出

原因分析:芯杆位置靠前;靠模调节太紧。

排除方法:芯轴向后调;靠模适当调松。

6. 气缸突然不动作

原因分析:电磁阀线圈被烧坏;电磁阀内有杂物;输出继电器损坏。

排除方法:更换电磁阀;拆开电磁阀清洗之;更换继电器。

思考题

1. 简述三维数控弯管机主要技术参数。
2. 简述三维数控弯管机主要结构。

第 15 章　深孔加工设备

15.1　深孔的定义

孔加工分为浅孔加工和深孔加工两类,也包括介于两者之间的中深孔加工。一般规定孔深 L 与孔径 d 之比大于 5,即 $L/d>5$ 的孔称为深孔;$L/d<5$ 的孔称为浅孔。

15.2　深孔加工技术

深孔加工技术是深孔刀具、辅具和机床及其相关技术的统称。其中,深孔刀具及其排屑技术是决定整个技术发展的关键。深孔加工技术最初是在国防军工生产部门应用,用来加工枪管和炮筒。二战后,深孔加工技术的主阵地由枪炮制造逐步向广泛的经济建设领域转移,成为机械制造技术的一个重要分支,从而对深孔加工技术提出了商品化的要求(可靠性、高工效、高加工质量、低成本、易操作)。但深孔加工刀具和技术的发展,始终是围绕着解决顺利排屑,提高加工质量,提高加工效率,降低加工成本和易操作性等中心课题而进行的。

深孔加工技术通常指的就是深孔钻削技术,它和车削、铣削等加工方法不同,其刀具本身进入工件,并在封闭的条件下进行切削,因而受到较多的限制。其特点有:

① 在工作过程中,无法直接观察刀具的工作情况,目前只能凭经验通过不断观察铁屑形状和手摸钻杆等手段来判断刀具的工作情况;

② 不可能制成具有足够刚度与足够牢靠的刀具和夹具,如钻杆细而长,钻出的孔不可避免地会产生某些偏差,如走偏、孔中心线弯曲等。

③ 钻头工作条件恶劣;切屑是在不能保证其正常形成的不良条件下产生的;整个切削刃全部参加工作,切屑宽度大,易产生振动;切削刃上各点的切削速度不同等。

④ 断屑与排屑困难,在孔内钻头钻杆要占据很大一部分空间,排屑空间受到限制,而且切屑难以自动排出。

⑤ 刀具的散热冷却条件不好。

15.3　枪钻机床

作为刀具和加工方法的载体——机床,随着刀具材料及控制技术的发展也得到了很大的提高,向着高速、高效、多功能、精密、环保的方向发展。

深孔机床从控制方面来讲,有两轴控制的加工回转体的通用枪钻机床,也有三轴控制的加工非回转体的通用枪钻机床及加工中心 FMC,以及针对加工特殊工件而设计的专用深孔机床。

目前,对于微小孔深孔枪钻机床,其转速已达到 25 000 rpm;柔性制造单元的出现,极大地提高了加工效率,进给速度达 4 m/min;中等孔径的机床,其主轴转速多为 4 000~6 000 rpm。这充分体现了深孔机床向高速、高效、多功能、高自动化,绿色加工的方向发展。图 15-1 所示为通用枪钻数控机床,图 15-2 所示为微型深孔枪钻数控机床,图 15-3 所示为深孔钻削单元。

图 15-1 通用枪钻数控机床

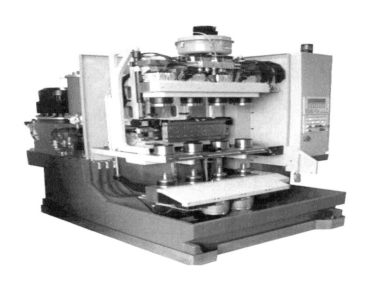

图 15-2 微型深孔枪钻数控机床

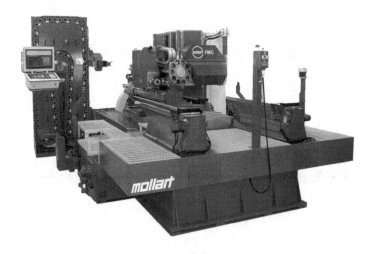

图 15 - 3　深孔钻削单元

15.4　BTA 钻深孔机床

作为 BTA 深孔刀具和深孔加工技术的载体——BTA 钻深孔机床,随着刀具材料及控制技术的发展,同样向着高速、高效、多功能、精密、环保的方向发展。

BTA 钻深孔机床主要以卧式形式较多,由于钻孔大而长,所以显得这类机床身长个大。BTA 钻深孔机床运动配置有工件旋转,刀具进给;工件旋转,刀具进给并旋转;工件进给,刀具旋转;工件固定,刀具旋转并进给。

目前,这类机床的主轴转速多为 4 000～6 000 rpm,充分体现了深孔机床向高速、高效、多功能、高自动化、绿色加工的方向发展。图 15 - 4 所示为 BTA 钻深孔机床。

图 15 - 4　BTA 钻深孔机床

思考题

1. 简述深孔加工技术概念。
2. 简述深孔加工技术特点。

第16章　柔性自动化钻铆系统

16.1　柔性自动化钻铆系统构成简介

柔性自动化钻铆系统主要由自动钻铆机、柔性工装、数字化定位检测系统、物料传送系统、控制系统组成（见图16-1）。

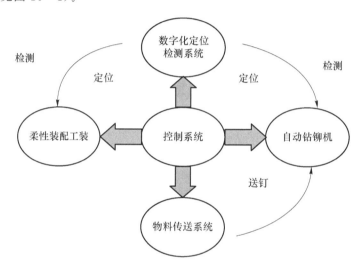

图16-1　柔性自动化钻铆系统构成

1. 自动钻铆机

自动钻铆机是一种可以自动完成夹紧、钻孔、锪窝及铆接等工序，集电气、液压、气动、自动控制为一体的自动钻铆设备。自动钻铆机主要分为C框型钻铆机、D型钻铆机、龙门钻铆机、轻型机器人自动钻铆机四种。由于龙门钻铆机避免了以往在C框型和D型自动钻铆机所采用的大型塔架和旋转工作框，使整个定位系统的运动速度更快，因此已逐渐成为未来主流的自动钻铆设备之一。国外铆接装配技术几十年的应用证明，采用自动钻铆机是改善飞机性能的重要工艺措施之一。

2. 柔性工装

柔性工装是指可适用于不同形状、不同尺寸组件或部件的装配，且基于产品数字量尺寸协调体系可快速重组的模块化、自动化并保证装配准确度的装配工装系统。柔性工装系统执行机构的运动方式考虑了装配对象固有特点，依靠控制系统与数字化定位和测量系统等完成对装配定位、夹紧等的控制过程。柔性工装技术在国外飞机的各级装配中均已得到广泛的应用，缩短了产品研制周期，降低了制造成本。现已发展起来的柔性工装技术主要有：用于壁板类组件装配的多点阵成型真空吸盘式柔性装配工装，用于机翼翼梁和机翼壁板装配的行列式高速柔性装配工装,用于机身部件装配的分散式机身柔性装配工装,以及用于大部件对接的自动化对接平台等。

3. 数字化定位测量系统

数字化定位测量系统是一种在自动钻铆过程中,采用恰当的测量技术,得到目标点的测量数据,并将其与理论位置的偏差反馈到控制系统,对产品定位夹紧装置、托架位置、钻铆执行器位置、工件位置的数字化定位校正,并对全程加工过程进行测量跟踪的定位和测量系统。数字化定位和测量系统包括 IGPS 系统、激光跟踪仪系统、照相测量系统等几种测量设备、数据处理单元等。

4. 物料传送系统

物料传送系统是一种具有多种紧固件智能化选择和输送的系统,在夹持产品时,可根据测量出的产品厚度选择适当的紧固件规格,并输送到末端执行器上。

5. 控制系统

控制系统是指在钻铆机控制系统、机器人控制系统、柔性工装控制系统、数字化定位和测量系统等各系统开发的基础上进行集成,通过在各系统之间的通信或触发,对整个钻铆过程进行管理和控制,实现流程控制的准确化、自动化、清晰化。

16.2　主流柔性自动化钻铆系统简介

以自动钻铆机与柔性工装构成为主的自动钻铆系统和以轻型机器人配合多功能钻铆末端执行器构成为主的自动钻铆系统是当今两大主流柔性自动化钻铆系统。

在机身机翼壁板、翼梁等组合件中,由于其可自动化安装紧固件的比重大、结构开敞易实现自动化,因此采用自动钻铆机与柔性装配工装结合的柔性自动钻铆系统。其核心是,采用适用于机身壁板类组件装配的多点阵成型真空吸盘式柔性装配工装,或者采用适用于机翼翼梁和机翼壁板装配的行列式高速柱柔性装配工装。

广泛应用于波音公司的机身壁板类组件装配的柔性自动化钻铆系统,采用了多点阵成型真空吸盘式柔性装配工装。该系统以工装或产品精加工的定位信息作为定位基准,工艺设计人员根据壁板组件的类型、长度以及刚度,确定壁板保型夹持的真空吸盘数量和分布,用丝杠及导轨驱动真空吸盘,使其可成组移动到指定位置,其定位精度可达 0.005 英寸。当更换不同的组件产生外形变化时,通过天之信控制系统自动调整真空吸盘,以适应不同的装配组件外形。当自动钻铆机在一个工位上进行钻铆时,前后工位可同时进行其他产品的准备工作或者补充工作,从而实现产品的快速定位,缩短产品从地面到地面的加工时间。

为适应不同的工作环境要求,在机身、机翼壁板与骨架的铆接中,虽然可自动化安装紧固件的比重较大,但在装配时仅一面开敞,采用传统自动钻铆机的难度较高,因此,依托机身部件装配的分散式机身柔性装配工装或者用于大部件对接的自动化对接平台,又逐渐发展出以轻型机器人配合多功能钻铆末端执行器及位姿定位系统构成的柔性自动化钻铆系统。

宝捷公司研发的一种新型机器人装配单元(见图 16-2),用于欧洲直升机公司的货舱门内部铆接结构的铆钉安装,定位精度达±0.3 mm。通过机器人视觉系统对产品的定位信息进行测量,如零时铆钉/孔/边缘等,将测量结果进行坐标转换,由机器人驱动末端执行器来补偿实际产品的位置和姿态以实现精确定位后,末端执行器完成钻铆作业,并对作业过程和定位精度进行实时检测和标定,并反馈给控制系统。

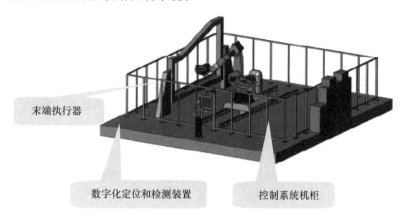

图 16 - 2　机器人装配单元

　　自动钻铆技术在国外发展极为迅速,未来的自动钻铆技术将向系统集成方向发展,所有的数据资源被集中共享和处理,实现不同产品、设备、工装的自动化调度,从而实现柔性装配制造,为提高制造效率和充分应用制造资源提供基础平台。

　　我国自动钻铆技术虽然在近几年有了一定程度的发展,但由于起步晚,与国外先进国家仍存在较大差距。随着我国大型飞机研制的步伐加快,急须探索出一条适应我国航空企业自身的工艺技术改造和革新之路,全面提高数字化装配技术水平,满足我国高新武器装备的快速研制需求。

思考题

　　1. 简述柔性自动化钻铆系统概念。
　　2. 简述何谓柔性工装。

参 考 文 献

[1] 中国机械工业学会锻压分会.锻压手册:第3卷[M].4版.北京:机械工业出版社,2021.

[2] 林道盛,杨雨甡,曹桂荣,等.锻压机械及其有限元计算[M].北京:北京工业大学出版社,1998.

[3] 彭建声.冷冲压技术问答[M].北京:机械工业出版社,1996.

[4] 何德誉.曲柄压力机[M].北京:机械工业出版社,1987.

[5] 俞新陆.液压机[M].北京:机械工业出版社,1991.

[6] 《钣金冲压工艺手册》编委会.钣金冲压工艺手册[M].北京:国防工业出版社,1989.

[7] 李培武等.塑性成型设备[M].北京:机械工业出版社,1995.

[8] 王运赣.快速成型技术[M].武汉:华中理工大学出版社,1999.

[9] 北京化工学院,天津轻工业学院.塑料成型机械.北京:中国轻工业出版社,1998.

[10] 王志新,张华,葛宜达.现代注塑机控制[M].北京:中国轻工业出版社,2001.

[11] 王兴天.注射成型技术[M].北京:化学工业出版社,1989.

[12] 孙凤勤.冲压与塑压设备[M].北京:机械工业出版社,1997.

[13] 阎亚林.冲压与塑压成型设备[M].西安:西安交通大学,1999.

[14] 李忠文.注塑机电路维修[M].北京:化学工业出版社,2001.

[15] 王秀峰,罗宏杰.快速原型制造技术[M].北京:中国轻工业出版社,2001.

[16] 黄向东.基于快速原型技术的金属模具制造发展概况[J].制造技术与机床,2002(7).

[17] 宋天虎.我国快速成型制造技术的发展与展望[J].机械工程学会会讯,2001(6):3-4.

[18] 周达飞,唐颂超.高分子材料成型加工[M].北京:中国轻工业出版社,2000.

[19] 张丽叶.挤出成型[M].北京:化学工业出版社,2002.

[20] 范有发.冲压与塑料成型设备[M].北京:机械工业出版社,2001.